高等院校规划教材

数据结构

主　编　马世霞

参　编　王朝云　王镇威

李　娜　刘　丹　张　昆

机械工业出版社

本书是应用型本科计算机类专业教材，在内容的编排上尽量符合高等院校的要求，叙述简洁、深入浅出，注重实践和应用。本书对常用数据结构的基本概念做了介绍，在讲解数据的存储结构时，使用了大量的图示和表格，有助于读者对数据结构及相关算法的理解。全书共分 10 章，第 1 章为数据结构与算法基础，第 2～8 章分别介绍了线性表、栈和队列、串及数组、树和二叉树、图、查找、排序，第 9 章为综合实例，第 10 章为实验。全书用 C 语言作为算法描述语言，本书还附有游戏及一些典型实验项目，可供读者上机练习每章的知识。

本书主要面向高等院校计算机类专业的学生，也可以作为非计算机类专业学生的选修课教材和相关技术人员的自学参考书。

为了方便教学，本书配有电子课件等教学资源。凡选用本书作为教材的教师均可登录机械工业出版社教育服务网（www. compedu. com）下载。

图书在版编目（CIP）数据

数据结构／马世霞主编．—北京：机械工业出版社，2019.11（2021.9 重印）
高等院校规划教材
ISBN 978－7－111－64066－0

Ⅰ．①数…　Ⅱ．①马…　Ⅲ．①数据结构-高等学校-教材
Ⅳ．①TP311.12

中国版本图书馆 CIP 数据核字（2019）第 230289 号

机械工业出版社（北京市百万庄大街 22 号　邮政编码 100037）
策划编辑：王玉鑫　　责任编辑：王玉鑫　陈崇昱　王小东
责任校对：陈　越　　封面设计：张　静
责任印制：李　昂
北京中科印刷有限公司印刷

2021 年 9 月第 1 版·第 2 次印刷
184mm×260mm·14.25 印张·353 千字
标准书号：ISBN 978－7－111－64066－0
定价：37.00 元

电话服务
客服电话：010－88361066
　　　　　010－88379833
　　　　　010－68326294

网络服务
机　工　官　网：www. cmpbook. com
机　工　官　博：weibo. com/cmp1952
金　　书　　网：www. golden-book. com
机工教育服务网：www. cmpedu. com

前　言

“数据结构”是高等院校计算机类专业的一门重要专业基础课程，具有专业性、理论性强，内容抽象等特点，不仅是计算机软件专业课程的先导，而且也逐渐被其他工科类专业所重视。

本书主要是按照教育部关于计算机专业数据结构课程大纲的要求来组织内容的。本书针对高等院校学生的特点，改变传统数据结构课程的教学方法和教学手段，通过设计相应的教学情景，以趣味性、易接受的形式来展现数据结构的知识点，使学生在轻松、愉悦的学习环境和气氛中掌握知识，更好地调动了学生的学习兴趣和学习积极性、主动性，让学生把学习当作一种乐趣而不再是一种负担，从而达到提高教学质量的目的。

本书共分 10 章。第 1 章为数据结构与算法基础，主要叙述数据、数据结构和算法等基本概念；第 2 ~6 章分别讨论了线性表、栈和队列、串及数组、树和二叉树、图等基本数据结构的实现及其应用；第 7、8 章分别讨论了查找和排序操作的各种实现方法及其特点；第 9 章为综合实例；第 10 章为实验，可方便学生上机实习，有助于进一步加强对学生实际应用及动手能力的培养。

本书特色：

1. 趣味引导

为吸引学生的注意力，知识讲解的引入是从生活中比较熟知的内容开始，如身边事例、趣味题目等形式，兴趣是主导。

2. 图文并茂

一图抵千言，用文字描述不了的东西，用图就能解释清楚。书中图示多，用大量的图示也可增加视觉效果，增加趣味性。

3. 代码详解

尽量摒弃了“重理论思想而轻代码讲解”的做法。全书例题代码经过上机调试，将完整算法呈现给读者，配合相应的示意图，更加容易理解算法的实质。

4. 形式新颖

书中的文字非常口语化，目的是给读者一种直观的感觉，读书的过程也像是有老师在上课讲解。

5. 资料全

对于初学者，要完全独立编写数据结构与算法的代码是相当困难的。因此，本书对书中所讨论的数据结构与算法都加以实现并进行了严格测试，提供了完整的测试程序，书中的习题不但包括了基本练习题，还包括了仿照书中数据结构构造新数据结构的题目，或改造已有算法的题目，以使读者具有构造新结构及改造或改进算法的能力。

本书讲课时数为 60 学时，上机时数为 10～20 学时。教师可根据学时数、专业和学生的实际情况选讲相应的应用实例。

本书由马世霞任主编并负责统稿。本书的主要分工：第 1、9 章由王镇威编写；第 2、3 章由王朝云编写；第 4、5 章由李娜编写；第 6～7 章由马世霞编写；第 8 章由张昆编写；第 10 章由刘丹编写。

写作过程中，编者参考了大量与数据结构相关的书籍，在此向这些图书的作者表示衷心的感谢。由于编者的水平有限，书中难免会存在疏漏和不妥之处，望广大读者批评指正。

编　者

目 录

前 言

第1章 数据结构与算法基础 …… 001
1.1 初识数据与结构 …… 001
1.2 数据结构的概念 …… 002
1.2.1 基本概念和术语 …… 002
1.2.2 数据结构的物理结构与逻辑结构 …… 003
1.2.3 数据结构=数据+数据的物理结构+数据的逻辑结构 …… 006
1.2.4 数据类型与抽象数据类型 … 007
1.3 为什么要学习数据结构 …… 008
1.4 如何学好数据结构 …… 009
1.5 算法和算法分析基础 …… 010
1.5.1 算法特性 …… 010
1.5.2 算法描述 …… 011
1.5.3 算法性能分析与度量 …… 012
1.5.4 算法大致分类 …… 015
1.6 习题 …… 016

第2章 线性表 …… 018
2.1 线性表的逻辑结构 …… 018
2.1.1 线性表的定义 …… 018
2.1.2 线性表的基本操作 …… 019
2.2 线性表的物理结构 …… 020
2.2.1 顺序表存储结构及基本运算的实现 …… 020
2.2.2 链式存储结构及基本运算的实现 …… 027
2.2.3 循环链表 …… 036
2.2.4 双向链表 …… 037
2.3 线性表的应用 …… 039
2.4 习题 …… 041

第3章 栈和队列 …… 045
3.1 栈 …… 045
3.1.1 栈的定义及基本运算 …… 045
3.1.2 栈的存储实现和运算实现 … 046
3.2 栈的应用举例 …… 051
3.3 队列 …… 055
3.3.1 队列的定义及基本运算 …… 055
3.3.2 队列的存储实现及运算实现 … 055
3.4 栈应用举例 …… 064
3.5 习题 …… 067

第4章 串及数组 …… 070
4.1 串及其基本运算 …… 070
4.1.1 串的基本概念 …… 070
4.1.2 串的基本运算 …… 071
4.2 串的定长顺序存储及基本运算 …… 072
4.3 串的链式存储及基本运算 …… 075
4.4 模式匹配 …… 081
4.5 数组 …… 083
4.6 应用举例 …… 088
4.7 习题 …… 089

第5章 树和二叉树 …… 092
5.1 树的定义及相关术语 …… 092
5.1.1 树的定义 …… 092
5.1.2 基本术语 …… 093
5.2 二叉树 …… 094
5.2.1 二叉树的定义和基本操作 … 094
5.2.2 二叉树的主要性质 …… 095
5.2.3 二叉树的存储结构 …… 097
5.2.4 遍历二叉树 …… 100
5.2.5 二叉树其他常见操作的相关算法 …… 102
5.3 树和森林 …… 105
5.3.1 树的存储结构 …… 106
5.3.2 树、森林与二叉树的转换 … 107
5.4 赫夫曼树 …… 108
5.4.1 赫夫曼树的定义 …… 108
5.4.2 赫夫曼编码 …… 110
5.5 树的应用 …… 111
5.6 习题 …… 112

第6章 图 …… 116
6.1 图的基本概念 …… 116

6.2 图的存储表示 …… 120
6.2.1 邻接矩阵 …… 120
6.2.2 邻接表 …… 123
6.3 图的遍历 …… 124
6.3.1 深度优先遍历 …… 125
6.3.2 广度优先搜索 …… 127
6.4 最小生成树 …… 132
6.4.1 最小生成树的基本概念 …… 132
6.4.2 构造最小生成树的Prim算法 …… 133
6.4.3 构造最小生成树的Kruskal算法 …… 137
6.5 最短路径 …… 138
6.5.1 从一个源点到其他各点的最短路径 …… 138
6.5.2 每对顶点之间的最短路径 …… 139
6.6 拓扑排序 …… 140
6.6.1 拓扑排序的概念 …… 141
6.6.2 拓扑排序算法 …… 141
6.7 图的应用 …… 146
6.8 习题 …… 148

第7章 查找 …… 151
7.1 基本概念与术语 …… 151
7.2 线性表查找 …… 152
7.2.1 顺序查找 …… 152
7.2.2 折半查找 …… 154
7.2.3 分块查找 …… 157
7.3 二叉排序树 …… 159
7.3.1 二叉排序树的定义 …… 159
7.3.2 二叉排序树的插入和生成 …… 159
7.3.3 二叉排序树的删除操作 …… 159
7.3.4 二叉排序树的查找 …… 160
7.4 哈希表查找 …… 160
7.4.1 哈希表与哈希方法 …… 161
7.4.2 哈希函数的构造方法 …… 161
7.4.3 处理冲突的方法 …… 163
7.5 应用举例 …… 167
7.6 习题 …… 168

第8章 排序 …… 170
8.1 排序的概念 …… 170
8.2 插入排序 …… 171
8.2.1 直接插入排序 …… 171
8.2.2 希尔排序 …… 172
8.3 交换排序 …… 173
8.3.1 冒泡排序 …… 173
8.3.2 快速排序 …… 174
8.4 选择排序 …… 176
8.4.1 简单选择排序 …… 177
8.4.2 堆排序 …… 177
8.5 二路归并排序 …… 184
8.6 基数排序 …… 186
8.7 应用举例 …… 190
8.8 习题 …… 192

第9章 综合实例——旅游景区信息管理系统 …… 195
9.1 项目需求 …… 195
9.2 知识目标 …… 196
9.3 系统功能设计 …… 196
9.4 数据结构 …… 198
9.5 程序清单 …… 198

第10章 实验 …… 201
实验一 单链表操作 …… 201
实验二 栈 …… 203
实验三 队列 …… 206
实验四 二叉树 …… 210
实验五 图的遍历操作 …… 213
实验六 查找 …… 217
实验七 排序 …… 219

参考文献 …… 222

第 1 章

数据结构与算法基础

本章要点

- 数据结构的基本概念
- 数据结构的学习方法
- 算法时间复杂度和空间复杂度的求解分析方法

随着互联网行业的蓬勃发展，人们在生活中所谈论的数据（Data）成了大数据时代的缩影，数据不再仅仅是一个整数、一个实数或一串字符等，而变成了互相之间带有相互关系的数据集，这种相互之间的关系被抽象成结构。越来越多的问题需要用计算机编程来解决，编程的实质，其实是数据结构与算法的结合。世界上的大多数问题，都可以用是什么（What），为什么（Why）和怎么做（How）来进行解析，因此本章将从这三个角度出发，阐述数据结构与算法的基本概念，使读者对数据结构与算法理清一个基本的脉络，方便对之后的其余章节进行学习和理解。

1.1　初识数据与结构

数据结构（Data Structure），顾名思义等于数据 + 结构。人们常说的大数据时代与信息时代，究竟什么是数据，什么是信息呢？

其实在计算机这个庞大的领域内，数字、文字、图片、声音、视频都是数据，简单地说，一切可以被计算机所识别的文字、符号、图像、音频、视频等都属于数据。因此数据是一个相当庞大、抽象和笼统的概念。在计算机当中，所有的数据都会被转化成为二进制数被计算机理解，运行操作出结果。

信息，总是和数据被混为一谈，实际上信息是对数据进行操作和分析之后得出的产物。换句话来说，信息是基于数据的分析结果。举个例子来讲，假如张三身高 175cm，李四身高 176cm，那么这些身高的数字很明显属于数据，通过对两人身高数据的分析，我们可以得出结论，张三比李四矮 1cm，那么这个结论就是信息了。

在大数据时代，因为数据量庞大，类型复杂多样，并非所有数据都是有效数据，因此我们需要对数据进行筛选、分析，得出有用的信息，也就是所谓的大数据分析。

理解了数据与信息之后，让我们来看看数据结构中的结构又是指什么？

数据结构是编程的重要组成部分，数据结构当中的结构，简单来讲就是盛放数据的容器。比如，我们要编程完成喝水这个过程，数据就是水，结构就是装水的容器。有了容器，有了水源，那么喝水就变成一个简单的动作了。装水容器可以有各种各样的大小形状与使用方法，比如，水杯、水桶、烧杯、碗，等。使用什么容器与我们的需求有关，因此在解决实际问题的时候，会用不同的容器来装载数据以达到最终的目的，使用的数据容器也就是我们常说的数据结构了。

1.2 数据结构的概念

在上一小节，我们提到数据是一个非常抽象与笼统的概念，其实在计算机这个学科内描述数据的时候，我们还有更加详细的术语划分，因此在系统地学习数据结构知识之前，先对一些基本概念和术语赋予确切的含义。

1.2.1 基本概念和术语

数据：是一些可以被计算机接收和处理的、描述客观事物的符号。这些符号可以是数字、字符、图形、声音及其他。它是计算机操作的对象的总称，计算机会根据需要对这些数据进行存储、加工和输出。在这里，数据是一个集合的概念。

数据元素：是有一定意义数据的基本单位，一个数据元素可由若干个数据项组成，在计算机中通常作为一个整体单位进行处理，也可称为结点、记录。如在人类中，“人”是数据元素，是有一定意义的、作为整体处理的单位。

数据项：是数据的最小标识单位。如刚才提到的“人”这个数据元素可以有眼、耳、手等数据项，也可有姓名、年龄、性别等数据项。一个记录可称为一个数据元素，而这个元素中的某一字段就是一个数据项。

数据对象：是具有相同性质的数据元素的集合，是数据的子集。比如在人类中，一个人可以当作数据元素来处理，那么几个人组成了一个小群体，这个小群体就可以是数据对象。在实际应用中，处理的数据元素通常具有相同性质，这里我们都将数据对象简称为数据。

数据结构：相互之间存在一种或多种特定关系的数据元素的集合。

结构，简单的理解就是数据之间的关系，所谓的关系其实是数据与数据之间的排列方式。按照不同的排列方式堆放数据，就构成了不同的数据结构。所以我们才说数据结构就像数据的容器，规定了数据按照什么样的方式进行排列和存放。如图 1-1 描述了数据和其他术语之间的架构关系。

从学术上来讲，数据结构是一个特性相同的数据元素的集合，如果在数据元素之间存在一种或多种特定的关系（排列、存放方式），则称为一个数据结构。

提示：数据结构就是：数据 + 结构（关系），数据结构是带结构的数据元素的集合。

【例 1-1】有一个学生表如表 1-1 所示。这个表中的数据元素是学生记录，每个数据元

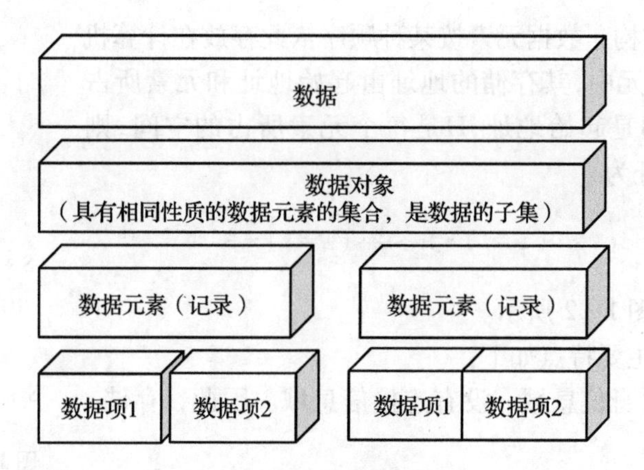

图1-1　术语层次图

素由四个数据项（即学号、姓名、性别和C语言）组成。张小明的C语言考试成绩为92分，92就是该同学的成绩数据。家长、社会要了解一个学生的学习成绩和能力，就要查看他的学习档案，而学习档案即是说明该学生学习情况的数据，而分析出的能力结果就是信息。

表1-1　学生表

学号	姓名	性别	C语言
200901	李军	男	89
200902	王华	女	96
200903	张小明	男	92
200904	赵红	女	95
200905	黄敏	女	87

→一个数据项（C语言）
→一个数据元素（200902 王华 女 96）

1.2.2　数据结构的物理结构与逻辑结构

按照视点不同，数据结构分为物理结构和逻辑结构。

（1）物理结构：是数据元素在计算机中的表示和实现（实现层）。

（2）逻辑结构：是对数据元素之间的逻辑关系的描述。属于用户视图，是面向问题的，反映数据内部的构成方式（抽象层）。

1. 数据的物理结构

在学习C语言的时候，我们都知道编程的过程中要定义一些常量、变量等数据，这些数据在计算机当中需要先进内存，再被识别处理。计算机的内存可以被看作一块存储区域，存储区域由一堆连续的存储单元组成，每一个存储单元都有着自己独一无二的存储地址。数据进入内存后会被存放在这些存储单元当中，存放的方式有两种，一种是一个挨着一个进行存放，另一种是跳跃随机存放。这两种方式是数据存放在计算机当中的物理实现，因此它们也被称为物理结构或存储结构。

物理结构（存储结构）描述的是数据在计算机内部的存储实现，按照刚才描述的两种存储方式，物理结构分为顺序存储和链式存储两种。

(1) 顺序存储结构：数据元素按某种顺序依此存放在计算机存储器的连续存储单元中，其存储的地址由起始地址和元素所占的存储空间来决定。S是起始地址，H是每个元素所占的空间，则第 i 个元素的存储地址为

$$Loc(i)=Loc(1)+(i-1)*H=S+(i-1)*H$$

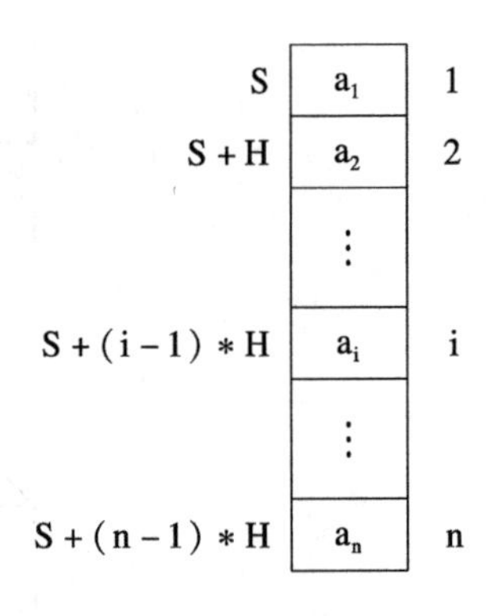

图 1-2　顺序存储结构

顺序存储结构如图 1-2 所示。

顺序存储结构的主要特点如下：

1）结点中只有自身信息域，没有连接信息域。因此，存储密度大，利用率高。

2）可以通过计算确定数据结构中第 i 个元素的位置，且可以（直接）随机存取。

3）插入和删除操作会引起大量的元素移动 。

4）必须存储在一片地址连续的存储单元中 。

(2) 链式存储结构：是把数据元素存放在任意的存储单元里，这组存储单元可以是连续的，也可以是不连续的，因此需要用一个指针存放数据元素的地址，这样通过地址就可以找到相关联数据元素的位置，如图 1-3 所示。

在链式存储结构中，每个结点（即数据元素）由数据域（Data）和指针域（Next）两部分组成，数据域存放元素本身的数据，而指针域则用于存放与其相邻的元素地址。链式存储结构如图 1-4 所示。

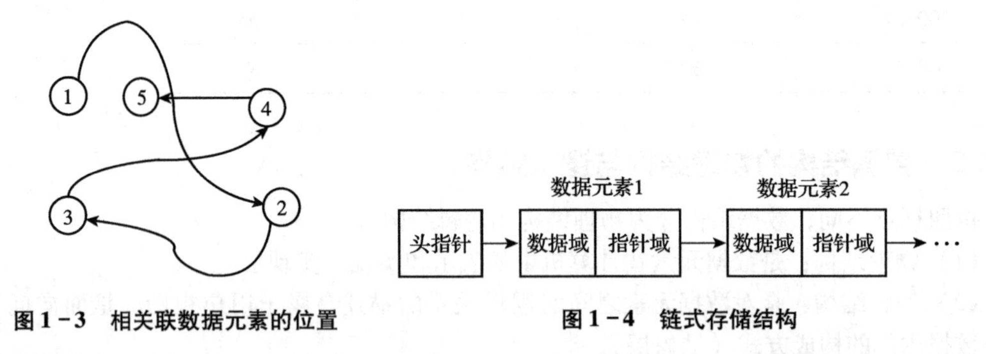

图 1-3　相关联数据元素的位置　　**图 1-4　链式存储结构**

提示： 银行排队取钱与链式结构类似，现在银行设置了排队系统，每个取钱的顾客需要先取号，等着叫号，叫到时才能取钱。在等待期间，可随意走动，甚至出去，只要关注自己的前一个号就行（需要用指针存放前一个数据元素的地址）。

在这种存储结构中，可以把逻辑上相邻的元素存放在物理上不相邻的存储单元中；也可以在线性编址的计算机存储器中表示结点的非线性联系。

链式存储结构的主要特点：

1）结点除有自身信息域外，还有表示连接信息的指针域。因此存储密度小，利用率低。

2）逻辑上相邻的结点在物理上不一定邻接，适用于复杂的逻辑结构。

3）插入和删除操作灵活方便，只要修改指针域的值即可。

4）可以存储在不连续的存储单元中。

2. 数据的逻辑结构

抛开数据的存储方式不谈，数据和数据本身之间可以有不同的关系，比如用C语言中的数组来实现一个学生花名册，里面每一个同学的信息都可以存放在数组的一个单元内，其实数组这个结构是由程序员抽象出来的，描述了每个同学之间的一种逻辑关系，可以按照他们的学号线性排列，因此数组是一种线性的结构。这种抽象出来的模拟数据和数据排列关系的结构叫作数据的逻辑结构。

数据的逻辑结构是对数据元素之间关系的描述，可以看作是从具体问题抽象出来的数学模型，与数据的存储无关，是独立于计算机的。

寻求数学模型的实质是分析问题，从中提取操作的对象，并找出这些操作对象之间含有的关系，然后用数学的语言加以描述。当人们用计算机处理数值计算问题时，所用的数学模型是用数学方程描述的。所涉及的运算对象一般是简单的整型、实型和逻辑型数据，因此程序设计者的主要精力集中于程序设计技巧上，而不是数据的存储和组织上。然而，计算机应用的更多领域是“非数值型计算问题”，它们的数学模型无法用数学方程描述，而是要用数据结构来描述，解决此类问题的关键是设计出合适的数据结构，描述非数值型问题的数学模型是用线性表、树、图等结构来描述的。

通常逻辑结构有下列四类，图1－5所示为这四类基本结构的示意图。

（1）集合结构：在集合结构中，数据元素间的关系是“属于同一个集合”。集合是元素关系极为松散的一种结构。

（2）线性结构：该结构的数据元素之间存在着一对一的关系。

（3）树形结构：该结构的数据元素之间存在着一对多的关系。

（4）图形结构：该结构的数据元素之间存在着多对多的关系，也称作网状结构。

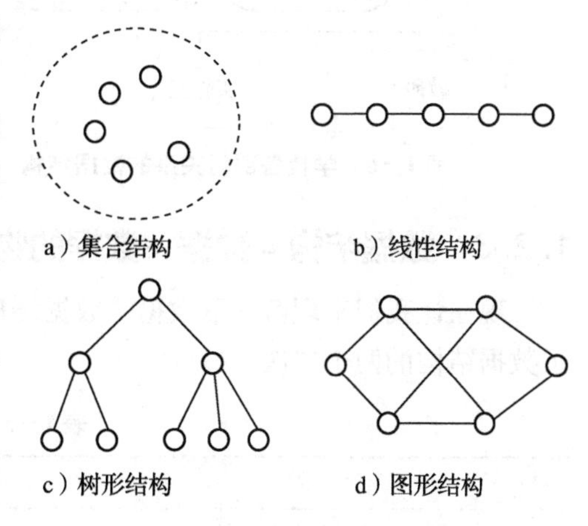

图1－5　四类基本结构的示意图

我们可以通过几个例子来探究一下逻辑结构在实际问题里是被如何抽象出来的。

【例1－2】 学生信息查询系统（见表1－2）。

表1－2　学生信息查询系统

学号	姓名	性别	专业	年级
01801	何文颖	女	计算机应用	2018级
01802	赵胜利	男	计算机网络	2018级
01803	崔文靖	男	数字媒体	2018级
01804	刘丽	女	计算机应用	2018级
01805	魏永鸣	男	计算机网络	2018级

逻辑结构：线性结构。

抽象过程：把每个学生当作一个整体，学生与学生之间按照线性一个挨一个进行排列，那么数据的排列方式就是线性的，逻辑结构也为线性。

【例 1-3】 学校各部门关系查询系统（见图 1-6）。

逻辑结构：树形结构。

抽象过程：学校和系部之间属于一对多的关系，系部和教研室之间属于一对多的关系，也就是说一个学校存在多个系部和行政结构，每个系部和行政机构又可以分列自己的教研室或办公室。数据的排列方式是树形的，逻辑结构也为树形。

【例 1-4】 在某市大学和大学之间规划公共交通线路（见图 1-7）。

逻辑结构：图形结构。

抽象过程：某市大学和大学之间相通的路径不止一条，也就是说任意两个大学之间可以有多条路径，存在多对多的关系。数据的排列方式是网状的，也就是图形的，逻辑结构为图形。

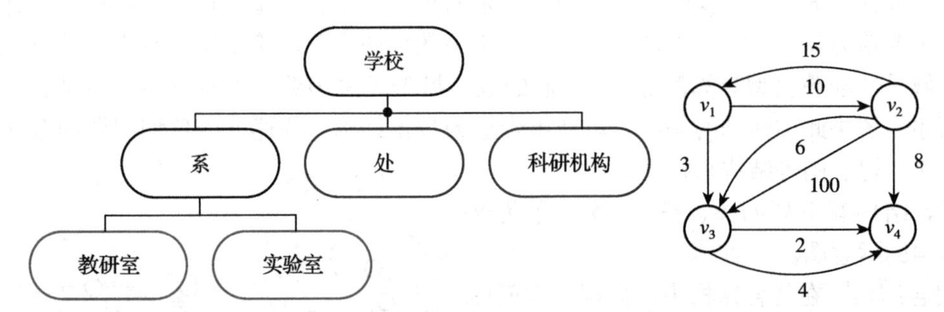

图 1-6　学校各部门关系的数据结构　　**图 1-7　各大学之间路程的数据结构**

1.2.3　数据结构 = 数据 + 数据的物理结构 + 数据的逻辑结构

现在让我们来理解一下数据、数据结构、物理结构与逻辑结构之间的关系。表 1-3 描述了数据结构的两个层次。

表 1-3　数据结构的层次

数据结构	
逻辑结构（抽象层）	物理结构（实现层）
集合结构 线性结构 树形结构 图形结构	顺序存储结构 链式存储结构

上文说过，数据结构 = 数据 + 结构。结构更像是数据的容器。容器可以有不同的大小形状和使用方法，这代表了数据在容器中可以按照容器的形状进行排列，排列的样式也就是我们所说的逻辑结构。

在数据结构中，通常这些排列的样式只有集合、线性、树形和图形这几种。而这些容器内的数据在计算机内进行处理的时候，本质上只有两种存储方法，即顺序存储和链式存储。因此数据的排列样式与数据在计算机里如何存储无关，它们只是决定了数据的排列方式，即逻辑结构决定了数据的排列方式，物理结构决定了数据的存储方式。每种逻辑结构都可以用顺序存储或链式存储进行实现，不同的逻辑结构与不同的物理结构的组合构成了不同的结构。

数据被放进了不同的结构内，就构成了不同的数据结构。不同的数据结构可以有不同的使用方法与使用效果。

本书之后描述的所有数据结构，都是由逻辑结构与物理结构的结合组成的。例如，第2章的线性表，描述了线性的逻辑结构，其中又分为顺序存储的线性表和链式存储的线性表。

1.2.4　数据类型与抽象数据类型

在实际的编程过程当中，数据结构中的数据必须是同一种数据类型的，因此需要根据实际问题来决定把什么类型的数据存放在什么数据结构中。存放在数据结构中的数据可以是基本数据类型，也可以是抽象数据类型。

数据结构不同于数据类型，也不同于数据对象，它不仅要描述数据类型的数据对象，而且要描述数据对象各元素之间的相互关系。

1. 数据类型

我们在学习C语言的过程中，接触过数据类型的概念，数据类型是编程中对不同种类数据的一种分类与定义，方便程序员对数据进行计算和处理。常见的数据类型有整型、浮点型、字符型、布尔型等。

为什么开发计算机语言的人要考虑数据类型呢?

比如我们的住房，要买大房子就需要很多钱，不是每个人都很有钱。为满足不同人的需求，市场会出售多种类型和结构的房屋，如四室两厅（$100m^2$ 以上）的，两室一厅（$60m^2$ 以上）的，还有公寓（$10m^2$ 以上）。

同样，在计算机中，内存也不是无限大的，如计算 $1+2=3$ 用整型的运算就够了，不需要开辟太大的适合小数运算的内存空间。于是计算机的设计者就考虑，要对数据进行分类，分出来多种数据类型。

2. 抽象数据类型

计算机的设计者已经提供了一些基本分类，如整型、实型、字符型等基本数据类型。在实际问题当中，并不是所有的基本数据类型都可以满足需求。例如，C语言中用数组来实现存放一个班级学生的花名册，名册由学号、姓名和性别组成。很显然，存放的方式是把每一名学生的名册信息存放在数组的一个存储空间内，同一个存储空间只能存储同一类型的数据，此时我们可以自己定义一个抽象数据类型名为student，这个数据类型由三种属性组成，即学号、姓名、性别。这也就是C语言中结构体的概念，整个结构体就是一种抽象数据类型，描述了学生的学号、姓名、性别这三种属性。三种属性是一个整体，抽象地描述了一个学生。这样一来，我们就可以在数组的每个存储单元内存储这个数据类型为student的数据了。

所谓抽象，就是按需求抽取事物的一些属性和特性对其进行描述，抽象数据类型也就是用基本数据类型来描述事物的各个属性，再把所有属性当作一个整体来看待。

抽象数据类型：一个数学模型以及定义在该模型上的一组操作。抽象数据类型实际上就是对该数据结构的定义。因为它定义了一个数据的逻辑结构以及在此结构上的一组算法。抽象数据类型可用以下三元组表示：（D，S，P），其中D是数据对象，S是D上的关系集，P是对D的基本操作集。ADT的定义如下：

ADT 抽象数据类型名：

```
{
数据对象:(数据元素集合),
数据关系:(数据关系二元组结合),
基本操作:(操作函数的罗列)
};
```

3. 数据结构的运算

数据结构的运算是指对数据结构中结点里的数据进行操作处理，这些运算与数据结构的逻辑结构和物理结构有直接的关系。数据结构的运算很大程度上组成了算法。常用的运算如下。

插入：在数据结构中的指定位置插入新的元素。

删除：根据一定的条件，将某个结点从数据结构中删除。

更新：更新数据结构中某个指定结点的值。

检索：在给定的数据结构中，找出满足一定条件的结点，条件可以是一个或多个数据项的值。

排序：根据某一给定的条件，将数据结构中所有的结点重新排列顺序；从操作的特性看，操作可以分为加工型操作和引用型操作。

加工型操作：操作改变了存储结构的值。

引用型操作：操作只是查询或求得结点的值。

1.3 为什么要学习数据结构

越来越多的问题需要用计算机编程解决，这就要求编程人员对待处理的数据及数据之间的关系有更好的理解和认识，这也是“数据结构”这门学科一直被重视并持续发展的原因。

“数据结构”是计算机科学与技术专业的专业基础课，是十分重要的核心课程。所有的计算机系统软件和应用软件都要用到各种类型的数据结构。要想有效地使用计算机、充分发挥计算机的性能，就必须学习和掌握好数据结构的有关知识。

在计算机发展的初期，人们使用计算机的目的主要是处理数值计算问题。对数值计算问题，一般需要经过下列几个步骤。

（1）建模：从该具体问题抽象出一个适当的模型。

（2）设计：设计解此数学模型的步骤。

（3）实现：对设计进行编码调试、测试，直至得到最终的解答。

在上述的步骤当中，建模的过程，需要程序员对问题进行分析，并选择或者创建合适的数据结构当作数据的容器。设计是程序员为了解决问题的一系列操作步骤。实现则是程序员选择适当的编程语言对设计出来的步骤进行编码试验。这个过程就是起初的编程过程。

随着计算机应用领域的扩大和软、硬件的发展，当今处理非数值计算性问题占用了90%以上的机器时间。这类问题涉及的数据结构更为复杂，数据元素之间的相互关系一般无法用数学方程式加以描述。因此，解决这类问题的关键不再是数学分析和计算方法，而是要设计出合适的数据结构，才能有效地解决问题。

程序设计的实质就是对实际问题选择一种好的“数据结构”，由于数据结构其实质是一种思想，所以它并不取决于具体使用的编程语言——编程语言其实是大同小异的，就像世界各国语言看似不同，其实在大体上都可以以类似的方式去表达同样的意义。如表示友好，无论中国人还是外国人，都面带微笑说话。数据结构也一样，与高级语言无关，同一种结构可以用不同语言实现。但由于 C 语言的可控性强的特点，通常数据结构都是以 C 语言为例进行教学。

数据结构可以说是编程的灵魂，它给程序开发人员提供一系列的编程思路，讲的主要是编程思想和算法。编程和学外语有相似处，如学英语，假如只背单词，是写不出漂亮的文章的。在计算机领域中同样如此，学习程序设计语言时，如果只是学会了它的语法（类似于记住很多英语单词），而不理解算法，是编不出程序的。而学习数据结构能让程序员写出程序。我们写文章时很注重那种驾驭语言文字的能力，要让那些普通的字词为自己所用，使其构成一篇精妙的文章。而编程思想其实就是驾驭程序设计语言的一种能力，它要让编程者把那些基本的编程元素组合成有意义的、能够解决问题的程序，最终形成有规模的应用软件。

提示： 编程就像是写文章。将词语（算法）按一定的思想（算法）组织在一起。

1.4　如何学好数据结构

要学好数据结构，首先，要透彻地理解数据、物理结构与逻辑结构。其次，要了解常见的数据结构类型及其基本操作。因为编程 = 数据结构 + 算法，所以数据结构是程序员控制、管理和操作数据的容器与工具，算法是使用数据结构来达到目的的一系列步骤。因此，算法离不开数据结构的支持。

数据结构是数据的一种组织方式，其目的是为了提高算法的效率，它通常与一组算法的集合相对应，通过这组算法集合可以对数据结构中的数据进行某种操作。在下一小节我们会对算法做更加详细的讨论。

算法一般都是类编程语言，这些代码是不能运行的，它只是借助类编程语言去描述数据结构和算法核心的过程而已，因此我们也把这种类编程语言称作伪代码。如果要使用这些算法，就需要把它转换一下，比如转换成 C 语言代码。算法是一门纯粹属于设计的科目，需要把理论变为上机调试，是其他编程语言的一门基本学科。

学习数据结构的具体要求如下：

（1）要求已经掌握了基本的 C 语言知识，掌握了模块化程序设计的基本思想，能够利用 C 语言熟练编写一些简单的程序。

（2）要求已经比较熟悉 Turbo C（或兼容的）编程环境，能够在该环境下熟练地编辑、调试及运行 C 语言程序。

（3）在学习时，首先要掌握各种基本的数据结构，并对各种数据结构的逻辑结构和物理结构有足够的认识。

（4）对基于各种数据结构的常见操作及其算法要重点掌握，并要了解评价某个具体算法优劣的方法。

（5）多思考，多做练习题，多上机实践。

1.5 算法和算法分析基础

瑞士著名的科学家 N. Wirth 教授曾提出：数据结构 + 算法 = 程序。

数据结构是程序的骨架，算法是程序的灵魂。

在我们的生活中，算法无处不在。我们去超市购物，总是要考虑买什么商品合适，货比三家之后算算要花多少钱。我们办事，总是算算时间与路程。如果时间充足，路程又近，可选择步行走路；如果时间充足，路程远，可选择乘坐公交车；如果时间紧张，就不考虑路程远近，直接选择打出租车。所以，不要说你不懂算法，其实你每天都在用!

计算机在解决一个具体问题时，大致需要经过下列几个步骤：首先，要从具体问题中抽象出一个适当的数学模型；然后，设计一个解此数学模型的算法；最后编出程序，并进行测试和调整，直至得到最终解答。

计算机算法与数据的结构密切相关，算法无不依附于具体的数据结构，数据结构直接关系到算法的选择和效率。运算是由计算机来完成的，这就要设计相应的插入、删除和修改的算法 。也就是说，数据结构还需要给出每种结构类型所定义的各种运算的算法。

算法的设计取决于数据（逻辑）结构，而算法的实现则依赖于采用的存储结构。数据的存储结构实质上是它的逻辑结构在计算机存储器中的实现，为了全面地反映一个数据的逻辑结构，它在存储器中的映像包括两方面内容，即数据元素之间的信息和数据元素之间的关系。不同数据结构有其相应的若干运算。数据的运算是在数据的逻辑结构上定义的操作算法，如检索、插入、删除、更新和排序等。

算法很大程度上描述了编程解决问题的核心步骤，它主要是一种思想，与数据结构的联系紧密。编程解决问题时首先要确定好相应的数据结构，如何利用数据结构装载数据解决问题就是设计算法的过程。让我们回到喝水问题当中，简单来说，在这个问题里算法就是设计使用什么容器，去哪里装载水源，通过什么样的步骤将水喝进嘴里等一系列步骤。在本小节中，将从算法的特性、算法的描述方法和大致分类、算法的性能分析与度量这三个方面来对算法进行讨论。

1.5.1 算法特性

算法：是描述解决问题的方法。在计算机中表现为指令的有限序列。其中每一条指令表示一个或多个操作。一个算法应该具有下列特性：

（1）有穷性。一个算法必须在有穷步之后结束，即必须在有限时间内完成。如果编写的算法计算机需要 30 年的时间才能结束，算法的意义就不大。

（2）确定性。算法的每一步都必须有确切的定义，无二义性。相同的输入仅有唯一的输出结果。

（3）可行性。算法中的每一步都可实现，即每一步都是经过有限次数执行得以实现。

（4）输入。一个算法具有零个或多个输入，也可以没有输入。

（5）输出。一个算法具有一个或多个输出。

算法的含义与程序十分相似，但又有区别。一方面，程序不一定满足有穷性。例如，有的程序死循环；另一方面，程序中的指令必须是机器可执行的，而算法中的指令则无此限制。算法代表了对问题的解，而程序则是算法在计算机上的特定实现。一个算法若用程序设计语言来描述，则它就是一个程序。

算法与数据结构是相辅相成的。解决某一特定类型问题的算法可以选定不同的数据结构，而且选择恰当与否直接影响算法的效率。反之，一种数据结构的优劣由各种算法的执行来体现。

要设计一个好的算法通常要考虑以下的要求。

（1）正确性。算法的执行结果应当满足预先规定的功能和性能要求。

“正确性”的含义是所设计的程序没有语法错误，对于刁难性的数据也能够得到满足要求的输出结果。

（2）可读性。一个算法应当思路清晰、层次分明、简单明了、易读易懂。

一个好的算法首先应该是便于交流，其次才是机器可执行，可读性好的算法有助于编程人员对算法的理解，而难懂的算法对于隐藏的错误不易调试和修改。

（3）健壮性（鲁棒性）。当输入不合法数据时，应能做适当处理，不致引起严重后果，陷入死机。

（4）高效率和低存储量。有效使用存储空间和有较高的时间效率。对于一个具体问题的解决通常有多个算法，对于执行时间短的算法其效率就高。所谓的存储量需求是算法在执行过程中所需要的最大存储空间，这两者都与问题的规模有关。

【例1-5】 求 n 个数的最大值。

```
main()
{  int max = 0,x;
   for(i = 1;i < = n;i + +)
     { scanf("% d",&x);
      if(x > max) max = x;
     }
   printf("% d",max);
}
```

提示： 本程序无语法错误，当输入全为正数时，结果正确；当输入全为负数时，求得的最大值为0，结果不正确。既要输入正确的数据，也要输入错误的数据，以进行健壮性测试。

1.5.2 算法描述

1. 数据结构中算法、描述语言、程序的关系

（1）算法：描述了数据对象的元素之间的关系（包括数据逻辑关系、存储关系描述），

可以使用各种不同的方法来描述。

（2）描述算法的工具：自然语言、框图或高级程序设计语言等。

1）自然语言简单但易于产生二义。最简单的方法是使用自然语言。用自然语言来描述算法的优点是简单且便于人们对算法的阅读。缺点是不够严谨。

2）框图虽然直观但不擅长表达数据组织结构，可以使用程序流程图、N－S 图等算法描述工具。其特点是描述过程简洁、明了。

3）高级程序语言较为准确但又比较严谨。

用以上方法描述的算法无法直接在计算机上执行，若要将它转换成可执行的程序还要进行编程。

（3）程序是算法在计算机中的实现（与所用计算机及所用语言有关）：可以直接使用某种程序设计语言来描述算法，不过直接使用程序设计语言并不容易，而且不太直观，常常需要借助于注释才能使人看明白。

2. 类描述算法的语言选择

为了解决理解与执行这两者之间的矛盾，人们常常使用一种称为伪码语言的描述方法来进行算法描述。伪码语言介于高级程序设计语言和自然语言之间，它忽略高级程序设计语言中一些严格的语法规则与细节描述，因此它比程序设计语言更容易描述和被人理解，同时又比自然语言更接近程序设计语言。它虽然不能直接执行，但很容易被转换成高级语言。

近年来在计算机科学研究、系统开发、教学以及应用开发中，C 语言的使用越来越广，成为计算机专业与非专业必修的高级程序设计语言。C 语言类型丰富，执行效率高，本书假设读者在学习数据结构课程之前，都已具备了熟悉 C 语言的基础条件，因此，本书采用了标准 C 语言作为算法描述的工具。为了便于学习者掌握算法的本质，尽量压低语言描述的细节，每一部分所使用的结构类型都在相应部分的首部统一定义，以确保类型定义不重复。目的是能够简明扼要地描述算法，突出算法的思路，而不拘泥于语言语法的细节。书中所采用的是 C 语言，个别处使用了对标准 C 语言的一种简单化表示。

3. 设计实现算法过程步骤

（1）找出与求解有关的数据元素之间的关系（建立结构关系）。

（2）确定在某一数据对象上所施加的运算。

（3）考虑数据元素的存储表示。

（4）选择描述算法的语言。

（5）设计实现求解的算法，并用程序语言加以描述。

1.5.3 算法性能分析与度量

一种数据结构的优劣是由实现其各种运算的算法具体体现的，对数据结构的分析实质上就是对实现运算算法的分析，除了要验证算法是否能够正确解决该问题之外，还需要对算法的效率做性能评价。在计算机程序设计中，对算法进行分析是十分重要的。通常对于一个实际问题的解决，可以提出若干个算法，那么如何从这些可行的算法中找出最有效的算法呢？或者有了一个解决实际问题的算法，我们该如何来评价它的好坏？这些问题需要通过算法分析来确定。因此算法分析是每个程序设计人员都应该掌握的技术。评价算法的标准很多，评价一个算法主要看这个算法所占用机器资源的多少，而时间代价与空间代价是两个主要的方面，通常是以算法执行所需的机器时间和所占用的存储空间来判断一个算法的优劣。

好的算法具备时间效率高和存储量低的特点。对同一问题，有多个算法，执行时间短的效率高，存储量是指执行过程中所需要的最少存储量。

提示：“少花钱多办事”，算法也是一样的思想，用最少的存储空间，用最短的时间，办成同样的事，就是好的算法。但在实际问题当中，鱼与熊掌不可兼得，很多算法选择牺牲时间换取空间，或者牺牲空间换取时间，真正速度快、空间小的算法少之又少。

关于算法的性能分析，主要从算法执行的效率（时间）与算法占用存储资源（空间）两个方面进行评判。

（1）关于算法执行时间。

由于语句的执行要先由源程序经编译程序翻译成目标代码，目标代码经装配再执行，因此语句执行一次实际所需的具体时间与机器的软、硬件环境（机器速度、编译程序质量、输入数据量等）密切相关，精确计算不容易做到，所以抛开与计算机硬件、软件有关的因素，所谓的算法分析不是针对实际执行时间进行分析，而是针对算法中语句的执行次数做出估计，从中得到算法执行时间的信息。

一个算法的执行时间大致上等于其所有语句执行时间的总和，语句的执行时间则是指该条语句的执行次数和执行一次所需时间的乘积（见表 1-4）。

表 1-4　执行次数和执行一次所需的时间

A 算法	B 算法

`int s = 0,n = 1000; //执行1次`
`s = (1 + n) * n/2;   //执行1次`
`printf("% d",s); //执行1次`
	`int s = 0,n = 1000;        //执行1次`
	`for(i = 1;i, = n;i + + )  //执行n+1次`
	`   s = s + i;              //执行n次`
	`   printf("% d",s);       //执行1次`

A 算法共执行 3 次	B 算法执行了 $2n+3$ 次

两个算法的第一条和最后一条语句是一样的，中间部分是我们要关注的，把循环当作一个整体，忽略头尾循环判断的次数，这两个算法的差别就是 1 与 n 的区别。

（2）时间复杂度（Time Complexity）。

而对于算法分析，我们关心的是算法中语句总的执行次数 $T(n)$，它是关于问题规模 n 的函数，进而分析 $T(n)$ 随 n 的变化情况并确定 $T(n)$ 的数量级（Order of Magnitude）。常用“大 O 表示法”表示：

$$T(n) = O(f(n))$$

它表示随着问题的规模 n 的增大，算法执行时间的增长率和 $f(n)$ 的增长率相同，称作算法的渐近时间复杂度，简称时间复杂度。

函数的渐近增长：给定两个函数 $f(n)$ 和 $g(n)$，如果存在一个整数 N，使得对于所有的 $n > N$ 时，总有 $f(n) > g(n)$，我们称 $f(n)$ 的增长渐近快于 $g(n)$。如表 1-5 中的 C 算法、D 算法与 E 算法。

表 1-5 函数渐近增长的计算

次数	算法 C($3n+5$)	算法 D($2n^2$)	算法 E($2n^2+3n+5$)
$n=1$	8	2	10
$n=2$	11	8	19
$n=3$	14	18	32
$n=10$	35	200	235
$n=100$	305	20000	20305
$n=1000$	3005	2000000	2003005

当 $n=1$，2 时，C 算法不如 D 算法。但当 $n>2$ 时，C 算法优于 D 算法。随 n 的增加，算法 C 比 D 越来越好。于是我们可以说，当输入数据 n，只要超过某一数值 N 时，这个函数就总是大于另一函数，我们称函数是渐近增长的。

当 $n>2$ 时，即 $N=3$ 时，算法 D 与 E 的渐近增长是相同的。都记为 $O(n^2)$。

推导大 O 阶的方法：

1）程序运行时间中的常数用 1 代替。如运行 3 次，记为 $O(1)$，运行 100 次，也记为 $O(1)$。

2）在大 $O()$ 函数中运行次数只取最高阶项，并且最高阶项的常数为 1。如 $5n^2$ 记 $O(n^2)$。

它表示随问题规模 n 的增大算法的执行时间的增长率和 $f(n)$ 的增长率相同，称作算法的渐进时间复杂度，简称时间复杂度。

一般情况下，随着 n 的增大，$T(n)$ 的增长较慢的算法为最优的算法。

按大 O 阶推导方法：

A 算法 $f(n)=3$，常数项 3 次用 1 代替，记 $O(1)$。

B 算法 $f(n)=2n+3$，常数项 3 次用 1 代替，$2n$ 的系数 2 也改为 1，记 $O(n)$

C 算法 $f(n)=C(3n+5)$，记为 $O(n)$。

D 算法 $f(n)=(2n^2)$，记为 $O(n^2)$。

E 算法 $f(n)=(2n^2+3n+5)$，记为 $O(n^2)$。只保留最高项，其余忽略不计。

也就是说，按照大 O 阶来推导算法的时间复杂度时，只保留多项式的最高次幂，忽略低次幂与常数项。因此按照大 O 阶来推导算法时间复杂度，可以只计算算法中关键步骤的执行次数，得出执行次数的多项式，不必精确计算算法总共执行了多少步。

【例 1-6】在下列三段程序段中，给出原操作 $x=x+1$ 的时间复杂度分析。

```
(1)x=x+1;
```

程序执行 1 次，其时间复杂度为 O（1），我们称之为常量阶。

```
(2)for (i=1; i<=n; i++) //执行 n+1 次
   x=x+1;               //执行 n 次
```

程序共执行 $2n+1$，只取最高项，去掉该项的系数，$T(n)=O(n)$，我们称之为线性阶。

```
(3)for(i=1; i<=n; i++)   //执行n+1次
     for(j=i;j<=n; j++) //执行n(n+1)次
     x=x+1;   //执行n² 次,
```

程序共执行 $2n^2+2n+1$，只取最高项，去掉该项的系数，$T(n)=O(n^2)$，我们称之为平方阶。

提示：常见的时间复杂度 $O(1)<O(\log_2 n)<O(n)<O(n\log_2 n)<O(n^2)<O(n^3)<O(2^n)$。

（3）算法的空间复杂度。

一个程序的空间复杂度（Space Complexity）是指程序运行从开始到结束所需的存储量。

关于算法的存储空间需求，类似于算法的时间复杂度，我们采用空间复杂度作为算法所需存储空间的量度，记作 $S(n)=O(f(n))$，其中，n 为问题的规模。

一般情况下，一个程序在机器上执行时，除了需要寄存本身所用的指令、常数、变量和输入数据以外，还需要一些对数据进行操作的辅助存储空间。其中输入数据所占的具体存储量只取决于问题本身，与算法无关，这样我们只需要分析该算法在实现时所需要的辅助空间单元个数就可以了。若算法执行时所需要的辅助空间相对于输入数据量而言是个常数，则称这个算法为原地工作，辅助空间为 $O(1)$。

而算法的执行时间的耗费和所需的存储空间的耗费这两者是矛盾的，难以兼得。即算法执行时间上的节省一定是以增加空间存储为代价的，反之亦然。不过，就一般情况而言，常常以算法执行时间作为衡量算法优劣的主要指标。

1.5.4 算法大致分类

按照惯用分类规则，本书涵盖的算法大致可以被分为蛮力法、分治法、减治法、变治法以及动态规划法等几大类。

蛮力法（Brute Force）：直接解决问题的方法，不讲究任何策略，基于问题的描述对结果进行枚举或暴力破解，因此也被称为穷举算法或枚举算法。蛮力法属于最容易应用的算法，因为其直接且没有策略，所以简单，但是通常来讲时间复杂度较高，效率低下。蛮力法的典型算法有顺序查找算法等。

分治法（Divide and Conquer）：将复杂问题分解的方法，也就是俗称的分而治之。将一个复杂的问题分解成两个甚至更多的相同或相似的子问题，使得解决复杂问题的目标变成解决多个简单的子问题。原来复杂问题的解就是多个子问题的解的合集。因此，分治法的设计思想大致分为分解问题、求解子问题、合并子问题的解这三个步骤。分治法是很多高效算法的基础。分治法的典型算法有快速排序算法、归并排序算法等。

减治法（Decrease and Conquer）：将大问题缩小规模最终变为小问题的方法。将算法中每一步的问题规模缩小，使得一个较大、较复杂的问题最终变为较小的小问题，对最后的最小问题求解，便是最终大问题的解。因此，减治法是一种缩小问题规模的递归算法。减治法的设计思想大致分为三步：①减小问题规模；②求解最终不能再减小的小问题的解；③扩展子问题的解获得原问题的解。减治法的典型算法有二分查找、插入排序、拓扑排序等。

变治法（Transfer and Conquer）：变化问题求解的方法。基于变换的思想，把复杂问题变成简单的、更容易求解的问题，也就是俗称的变而治之。因此，变治法的设计思想大致分为变换问题和求解变换过后的问题这两个步骤。典型的变治算法有堆排序等。

动态规划法（Dynamic Programming）：将问题分解称为不同的状态，后一个状态的最优解由前一个状态的最优解得到。也就是说动态规划也将问题分解称为若干子问题，当前子问题的解将由上一次子问题的解推出。因此，动态规划是一种解决多组合最优化问题的高效算法。典型的动态规划算法有弗洛伊德算法等。

1.6 习题

1. 名词解释

（1）数据结构

（2）数据元素

（3）数据项

（4）逻辑结构

（5）物理结构

（6）时间复杂度

（7）空间复杂度

2. 判断题

（1）数据元素是最小的项。 （ ）

（2）算法就是程序。 （ ）

（3）数据结构是数据对象与对象中数据元素之间关系的集合。 （ ）

（4）从逻辑关系上讲，数据结构主要分为两大类：线性结构和非线性结构。 （ ）

（5）数据的逻辑结构与数据元素本身的内容和形式无关。 （ ）

3. 填空题

（1）算法的一个特性是________，即针对一组确定的输入，算法应始终得出一组确定的结果。

（2）算法的一个特性是________，即算法必须执行有限步就结束。

（3）数据是________的载体，它能够被计算机程序识别、________和加工处理。

（4）数据结构包括________、________和数据的运算三个方面。

（5）数据结构的逻辑结构包括________结构和________结构这两大类。

4. 简答题

（1）数据结构中数据元素之间的逻辑关系可以由四种基本数据关系组成，简述它们的名称与含义。

（2）简述算法的特性。
（3）设计一个好的算法通常要考虑哪些要求？
（4）常用算法大致可以分为几大类？

5. 观察下列算法回答以下问题。

（1）每一个算法的意图是什么？
（2）每一个算法的关键步骤是什么？
（3）每一个算法的关键步骤执行了多少步？
（4）算法的时间复杂度是多少？

```
①for(i=0;i<n;i++)
    for(j=0;j<n;j++)
        a++;
②for(i=0;i<n;i++)
    for(j=i;j<i;j++)
        x++;
③i=1;
```

第2章 线性表

本章要点

- 线性表的逻辑结构
- 顺序表存储结构及相关操作的算法
- 线性单链表存储结构及相关操作的算法
- 双向链表中插入与删除操作的步骤

线性表是最简单、最基本、也是最常用的一种线性结构。它有两种存储方法：顺序存储和链式存储，它的主要基本操作是插入、删除和检索等。

2.1 线性表的逻辑结构

学生花名册就是一种线性结构，每个学生有且仅有一个学号，学号前后也只对应有一个学号。还有买饭时排的队伍、一节连一节的火车等都是线性结构。

2.1.1 线性表的定义

线性表是一种线性结构。数据元素“一个接一个地排列”。在一个线性表中数据元素的类型是相同的。如学生情况信息表是一个线性表，表中数据元素的类型为学生类型；一个字符串也是一个线性表，表中数据元素的类型为字符型，等等。线性表定义如下：

线性表是具有相同数据类型的 $n(n\geqslant 0)$ 个数据元素的有限序列，通常记为

$$(a_1, a_2, \cdots, a_{i-1}, a_i, a_{i+1}, \cdots, a_n)$$

其中，n 为表长，$n=0$ 时称为空表。

图2-1中相邻元素之间存在着顺序关系。将 a_{i-1}称为 a_i的直接前驱，a_{i+1}称为 a_i 的直接后继。就是说：对于a_i，当 $i=2, \cdots, n$ 时，有且仅有一个直接前驱 a_{i-1}，当 $i=1, 2, \cdots, n-1$ 时，有且仅有一个直接后继 a_{i+1}，而 a_1 是表中第一个元素，它没有前驱，a_n 是表中最后一个元素，它没有后继。

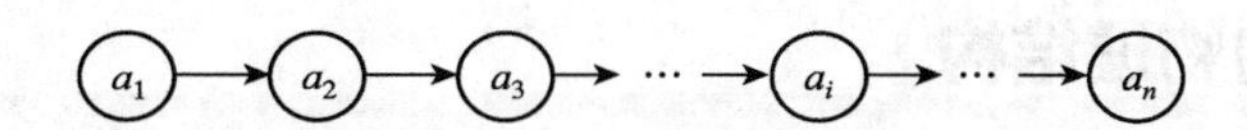

图2-1 线性表逻辑结构示意图

注意 a_i 是序号为 i 的数据元素（$i=1$，2，…，n）。

数据结构的运算是定义在逻辑结构层次上的，而运算的具体实现则是建立在存储结构上的，因此，下面定义的线性表的基本运算作为逻辑结构的一部分，每一个操作的具体实现只有在确定了线性表的存储结构之后才能完成。

2.1.2 线性表的基本操作

线性表有哪些操作？如排队买饭，有来买饭的（增加），有买完饭走的（删除），还有找人的（查找），插队（插入）等情况发生。

又如表演站队，一开始没注意，站好队后，发现有高有低不好看，于是就只好解散队伍，重新排队（这时线性表置为空表），统计人数（计算线性表长度）。

对于不同的应用，线性表的基本操作是不同的，下面列出的是最基本的操作：

（1）线性表初始化：Init_List（List L）。

（2）求线性表的长度：Length_List（List L）。

（3）取表中元素：Get_List（List L，int i，DataType x）。

（4）按值查找：Locate_List（List L，DataType x），其中 x 是给定的一个数据元素。

（5）插入操作：Insert_List（List L，int i，DataType x）

初始条件：线性表 L 存在，插入位置正确（$1 \leqslant i \leqslant n+1$，$n$ 为插入前的表长）。

操作结果：在线性表 L 的第 i 个位置上插入一个值为 x 的新元素，这样使原序号为 i，$i+1$，…，n 的数据元素的序号变为 $i+1$，$i+2$，…，$n+1$，新表长 = 原表长 +1。

（6）删除操作：Delete_List（List L，int i）

初始条件：线性表 L 存在，$1 \leqslant i \leqslant n$。

操作结果：在线性表 L 中删除序号为 i 的数据元素，删除后使序号为 $i+1$，$i+2$，…，n 的元素变为序号为 i，$i+1$，…，$n-1$，新表长 = 原表长 -1。

提示：对于线性表的基本运算做以下说明。

（1）数据结构的运算是定义在逻辑结构层次上的，而运算的具体实现则是建立在存储结构上的，因此线性表的基本运算作为逻辑结构的一部分，每一个操作的具体实现只有在确定了线性表的存储结构之后才能完成。

（2）数据结构上的基本运算并不是它的全部运算，而是一些常用的基本运算，除了上面列出的基本操作之外，还有取线性表的元素后继、线性表的销毁等操作，所有这些操作在不同的存储结构中的具体实现是不同的。

2.2 线性表的物理结构

2.2.1 顺序表存储结构及基本运算的实现

线性表的顺序存储是指在内存中用地址连续的一块存储空间顺序地存放线性表的各元素，称这种存储结构的线性表为顺序表。由于内存中的地址空间是线性的，因此，用物理上的相邻来实现数据元素之间的逻辑相邻关系是简单的，这就是说只要知道顺序表首地址和每个数据元素所占地址单元的个数，就可求出第 i 个数据元素的地址，这就是顺序表所具有的按数据元素的序号随机存取的特点。

提示：考虑到线性表有插入、删除等运算，即表长是可变的，因此，数组的容量必须设计得足够大。假设用 data[MaxSize]来表示，其中 MaxSize 是一个根据实际问题定义的足够大的整数，线性表中的数据从 data[0] 开始依次顺序存放，但当前线性表中的实际元素个数可能未达到 MaxSize 的个数，因此需用一个变量 last 记录当前线性表中最后一个元素在数组中的位置，即 last 起到了指针的作用，它始终指向线性表中最后一个元素，因此，表空时 last = -1。

这种存储思想的具体描述可以是多样的。如，可以是：

```
DataType  data[MaxSize];
int  last;
```

这样表示的顺序表如图 2-2 所示。表长为 last+1，数据元素分别存放在 data[0]到 data[last]中，这样使用简单方便。

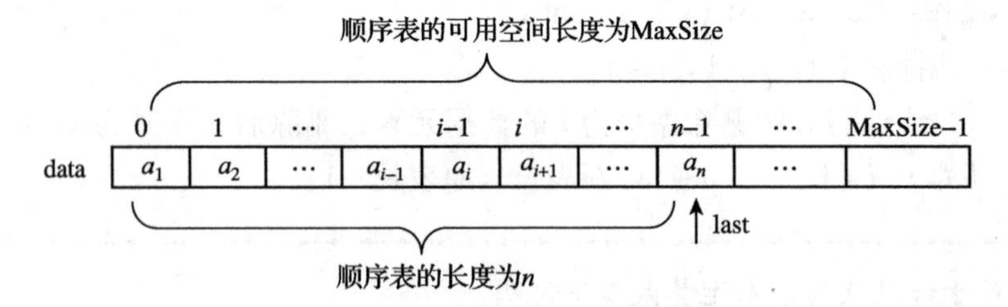

图 2-2 顺序表的顺序存储示意图

从结构性上考虑，通常将 data 和 last 封装成一个结构（结构体）作为顺序表的类型：

```
#define MaxSize 100
typedef char DataType;
typedef struct
  { DataType data[MaxSize];
    int  last;  //线性表的最后一个元素在 data[ ]中的下标值 last
                //数据元素个数为 last +1,数组下标从 0 开始
  } Lnode, *List;
```

提示：线性表采用顺序存储结构时，存取操作比较容易实现。在程序设计语言中，一维数组在内存中占用的存储空间就是一组连续的存储区域，因此，用一维数组来表示顺序表的数据存储区域是再合适不过的。

1. 顺序表的初始化：Init_List( )

初始条件：线性表 *L* 不存在。
操作结果：构造一个空表。

操作步骤

（1）将 *L* 设为指针参数，首先动态分配存储空间。
（2）将表中 last 指针置为 -1，表示表中没有数据元素。

算法 2. 1 如下：

```
void Init_List(List L) /* 初始化线性表 L * /
{
    L - >last = -1;
}
```

算法 2. 1

2. 求线性表的长度：Length_List（List L）

初始条件：表 *L* 存在。
操作结果：返回线性表中所含元素的个数。

操作步骤

返回线性表长度 Last + 1。

算法 2. 2 如下：

```
int Length_List(List L) /* 求线性表的长度 * /
{
     return L - >last +1;
}
```

算法 2. 2

3. 取表中元素：Get_List（List L，int i，DataType x）

初始条件：表 *L* 存在且 1≤i≤Length_List(L)。
操作结果：返回线性表 *L* 中的第 i 个元素的值。

操作步骤

（1）先判断序号 *i* 的合法性。
（2）如果合法，返回元素的值。

算法 2. 3 如下：

```
DataType Get_List(List L,int i, DataType x) /* 返回线性表 L 中的第 i 个元素的值 * /
({if (i<1 ||i >L ->last +1)    /* i 的取值范围为 1 < =i < =n,否则 i 值错误 * /
    printf("error");
    else
      x = L - >data[i -1];
   return x;
}
```

算法 2. 3

4. 按值查找：Locate_List（List L，DataType x）

初始条件：线性表 *L* 存在。

操作结果：在表 *L* 中查找值为 *x* 的数据元素，若找到，则返回 *x* 在表 *L* 中首次出现的序号或地址，称为查找成功；若未找到，则返回 -1，表示查找失败。

操作步骤

（1）从第一个元素 a_1 起依次和 *x* 比较，直到找到一个与 *x* 相等的数据元素。

（2）返回它在顺序表中的存储下标或序号；若查遍整个表都没有找到与 *x* 相等的元素，则返回 -1。

算法 2. 4 如下：

```
DataType Location_List(List L, DataType x) /* 返回元素 x 在线性表 L 中首次出现的地址 * /
   {
      int i =0;
      while(i < =L ->last && L ->data[i]! =x)
      i + +;
      if(i >L - >last)
         return -1;
      else
         return i;  /* 返回的是存储位置 * /
   }
```

算法 2. 4

5. 插入运算：Insert_ List（List L，int i，Data Type x）

初始条件：线性表 *L* 存在。（*i* 的取值范围为 $1 \leqslant i \leqslant n+1$，*n* 为插入前的表长。）

操作结果：在表的第 *i* 个位置上插入一个值为 *x* 的新元素，使长度为 *n* 的线性表变成长度为 *n*+1 的线性表。

插入前表长为 *n*：

$(a_1, a_2, \cdots, \underline{a_{i-1}}, \underline{a_i}, a_{i+1}, \cdots, a_n)$

插入后表长为 *n*+1：

$(a_1, a_2, \cdots, \underline{a_{i-1}, x, a_i}, a_{i+1}, \cdots, a_n)$

线性表中的插入如图2－3所示。

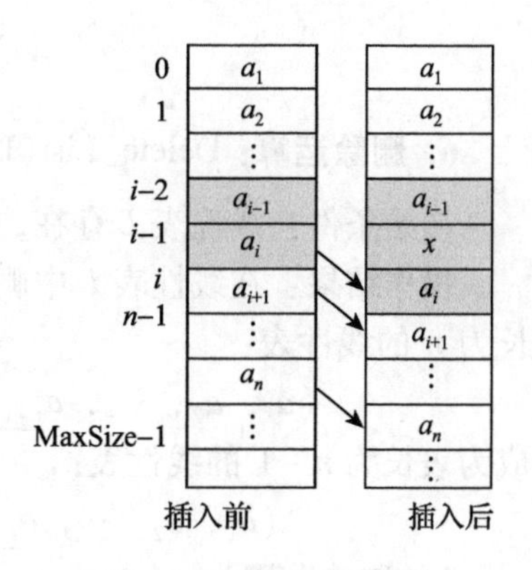

图2－3 线性表中的插入

操作步骤

(1) 将 a_n 至 a_i 依次向后移动一个位置，空出第 i 个位置 ($i=n+1$ 时不需要移动)。

(2) 将 x 置入空出的第 i 个位置。

(3) 修改 last 指针（相当于修改表长），使之仍指向最后一个元素。

算法2.5如下：

```
void Insert_List(List L,int i,DataType x) /* 在线性表 L 的第 i 个位置插入元素 x */
{
    int j;
    if(i <1||i >L ->last +1 +1)   /* i 的取值范围为1 < =i < =n +1,否则插入位置错误 */
      printf("插入位置错\n");
    else
    {
     for(j =L ->last;j > =i -1;j --)
     L ->data[j +1] =L ->data[j]; /* 移动元素 */
     L ->data[i -1] =x;            /* 插入新元素 */
    }
     L ->last ++;                  /* last 仍指向最后元素,表的长度 +1 */
}
```

算法2.5

注意 (1) 要验证插入位置的有效性，这里 i 的有效范围是：$1 \leqslant i \leqslant n+1$，其中 n 为原表长。

(2) 注意插入时数据的移动方向是从 a_n 开始，然后移 a_{n-1}，然后是 a_{n-2}……直至 a_i 结束。

插入算法的时间性能分析：顺序表上的插入运算，时间主要消耗在了数据的移动上，在第 i 个位置上插入 x，从 a_n 到 a_i 都要向后移动一个位置，共需要移动 $n-i+1$ 个元素，而 i 的取值范围为：$1 \leqslant i \leqslant n+1$，即有 $n+1$ 个位置可以插入。

设在第 i 个位置上进行插入的概率为 p_i，则平均移动数据元素的次数为

$$E_{\text{in}} = \sum_{i=1}^{n+1} p_i(n-i+1)$$

设 $p_i = 1/(n+1)$，即为等概率情况，则

$$E_{\text{in}} = \sum_{i=1}^{n+1} p_i(n-i+1) = \frac{1}{n+1}\sum_{i=1}^{n+1}(n-i+1) = \frac{n}{2}$$

提示：在顺序表上做插入操作需要移动表中一半的数据元素。显然，时间复杂度为 $O(n)$。

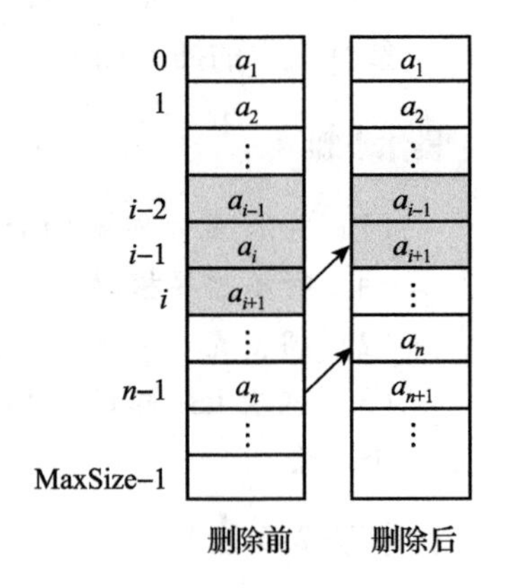

图 2-4 线性表中的删除

6. 删除运算：Delete_List(List L, int i)

初始条件：线性表 L 存在，$1 \leqslant i \leqslant n$。

操作结果：在线性表 L 中删除序号为 i 的数据元素，使原表长为 n 的线性表：

$$(a_1,\ a_2,\ \cdots,\ \underline{a_{i-1},\ a_i,\ a_{i+1}},\ \cdots,\ a_n)$$

成为表长为 $n-1$ 的线性表：

$$(a_1,\ a_2,\ \cdots,\ \underline{a_{i-1},\ a_{i+1}},\ \cdots,\ a_n)$$

i 的取值范围为：$1 \leqslant i \leqslant n$。线性表中的删除如图 2-4 所示。

操作步骤

（1）将 a_{i+1} 至 a_n 依次向前移动一个位置（$i=n$ 时不需要移动）。

（2）修改 last 指针（相当于修改表长）使之仍指向最后一个元素。

算法 2.6 如下：

```
void Delete_List(List L,int i) /* 在线性表 L 中删除序号为 i 的数据元素 */
{    int j;
     if (i<1 ||i>L->last+1) /* i 的取值范围为 1<=i<=n,否则删除位置错误 */
        printf("del error\n");
     else
       {
        for(j=i;j<=L->last;j++)
        L->data[j-1]=L->data[j];    /* 移动元素 */
        L->last--;                  /* last 仍指向最后元素,表的长度 -1 */
       }
}
```

算法 2.6

删除算法的时间性能分析：

与插入运算相同，其时间主要消耗在了移动表中的元素上，删除第 i 个元素时，其后面的元素 $a_{i+1} \sim a_n$ 都要向前移动一个位置，共移动了 $n-i$ 个元素，所以平均移动数据元素的次数为

$$E_{de} = \sum_{i=1}^{n} p_i(n-i)$$

在等概率情况下，$p_i = 1/n$，则

$$E_{de} = \sum_{i=1}^{n} p_i(n-i) = \frac{1}{n}\sum_{i=1}^{n+1}(n-i) = \frac{n-1}{2}$$

注意 在顺序表上进行删除运算时大约需要移动表中一半的元素，显然该算法的时间复杂度为 $O(n)$。

【例 2-1】 实现顺序表的创建、查找、插入、删除等功能。

```
#include "stdio.h"
#include "conio.h"
#define MaxSize 100
typedef char DataType;
typedef struct node
{ DataType data[MaxSize]; /* 线性表所能容纳的元素个数 * /
  int last; /* 当前线性表中最后一个元素在数组中的位置 * /
}Lnode, * List;
```

```
void Init_List(List L) /* 算法 2.1,初始化线性表 L * /
{  L - >last = -1;
}
```

```
int Length_List(List L) /* 算法 2.2,返回线性表的长度 * /
{  return L - >last +1;
 }
```

```
DataType Get_List(List L,int i,DataType x)
                                        /* 算法 2.3,返回线性表 L 中的第 i 个元素的值 * /
{  if (i<1 ||i >L ->last +1)    /*  i 的取值范围为 1 <= i <= n,否则 i 值错误 * /
      printf("error");
      else
      x = L - >data[i -1];
      return x;
}
```

```
DataType Location_List(List L, DataType x)
                                    /* 算法 2.4,有修改。返回元素 x 在线性表 L 中的位序 * /
{   int i =0;
    while(i <= L -> last && L -> data[i]! = x)
    i + +;
    if (i >L - >last)
    return -1;
    else
    return (i +1); /* 返回该元素在线性表中的位序。算法 2.4 返回的是存储位置 * /
}
```

```
void Insert_List(List L,int i,DataType x) /* 算法 2.5,在线性表 L 的第 i 个位置插入元素 x * /
  {      int j;
         if(i <1 || i >L ->last +1 +1) /* i 的取值范围为 1 <= i <= n +1,否则插入位置错误 * /
                printf("插入位置错 \n");
         else {
                for(j = L -> last;j >= i -1;j --)
                L -> data[j +1] = L -> data[j];  /* 移动元素 * /
                L -> data[i -1] = x;                    /* 插入新元素 * /
              }
         L -> last + +;                        /* last 仍指向最后元素,表的长度 +1 * /
  }
```

```
void Delete_List(List L,int i) /* 算法2.6,在线性表 L 中删除序号为 i 的数据元素 */
{ int j;
  if(i<1||i>L->last+1) /* i 的取值范围为1<=i<=n,否则删除位置错误 */
       printf("del error\n");
  else {
       for(j=i;j<=L->last;j++)
       L->data[j-1]=L->data[j]; /* 移动元素 */
       L->last--;        /* last 仍指向最后元素,表的长度-1 */
       }
}
void Print_List(List L) /* 输出线性表 */
{  int i;
   for(i=0;i<=L->last;i++)
       printf("%c->",L->data[i]);
}
void main()
{  int i=1,n;
   Lnode L;
   char ch,x;
   Init_List(&L);
   printf("\n\n\n**************顺序表演示程序***********\n");
   printf("请输入你想建立的顺序表的元素,以#结束:");
   ch=getchar();
   while(ch!='#')
   {Insert_List(&L,i,ch); /* 在线性表的第 i 个位置插入元素 ch */
    i++;
    ch=getchar();
   };
printf("你建立的顺序表为:");
Print_List(&L);
printf("\n 顺序表的长度为:%d",L.last+1);
printf("\n 输入你想查找的元素:");
fflush(stdin);
scanf("%c",&x);
printf("你查找的元素为%c位序为%d",x,Location_List(&L,x));
printf("\n 输入你想查找的元素位序:");
scanf("%d",&n);
printf("\n 你查找的元素为:%c",Get_List(&L,n,x));
printf("\n 输入你想插入的元素以及位序:<用逗号隔开>");
fflush(stdin);
scanf("%c,%d",&x,&n);
       Insert_List(&L,n,x);
printf("\n 插入后顺序表为:");
       Print_List(&L);
       fflush(stdin);
printf("\n 请输入你想删除的元素位序:");
```

```
scanf("% d",&n);
      Delete_List(&L,n);
printf("\n 删除后的顺序表为: ");
      Print_List(&L);
printf("\n");
      getch();
}
```

输入整型数据，以“ # ”结束输入，运行结果如图 2 - 5 所示。

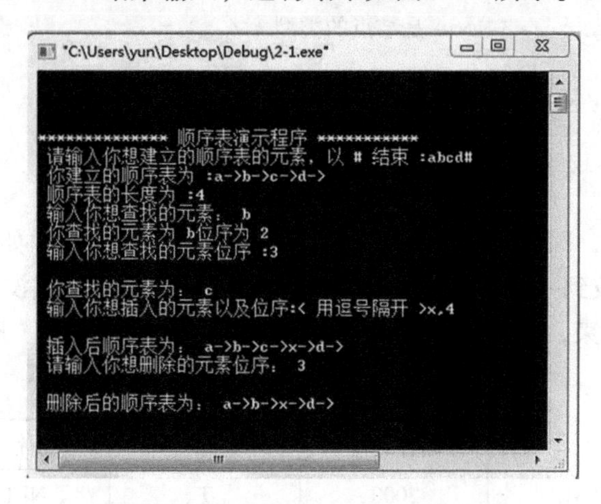

图 2 - 5　线性表插入、删除运行结果图

2.2.2　链式存储结构及基本运算的实现

由于顺序表的存储特点是用物理上的相邻实现了逻辑上的相邻，它要求用连续的存储单元顺序存储线性表中的各元素，因此，对顺序表插入、删除时需要通过移动数据元素来实现，影响了运行效率。而在线性表的链式存储结构中，存储单元地址可连续，也可不连续，这就意味着这些数据元素可以存放在内存中未被占用的任意位置。因为它不要求逻辑上相邻的两个数据元素物理上也相邻，其逻辑关系是通过“链”建立起数据元素之间的关系，因此对线性表的插入、删除不需要移动数据元素。

1. 单链表的表示

链表是通过一组任意的存储单元来存储线性表中的数据元素的，对每个数据元素 a_i，除了存放数据元素的自身信息 a_i之外，还需要存放其后继 a_{i+1}所在的存储单元的地址，这两部分信息组成一个“结点”，结点的结构如图 2 - 6 所示，每个元素都如此。存放数据元素信息的称为数据域 data，存放其后继地址的称为指针域 next。因此，*n* 个数据元素的线性表通过每个结点的指针域连接成了一条“链子”，称之为链表。

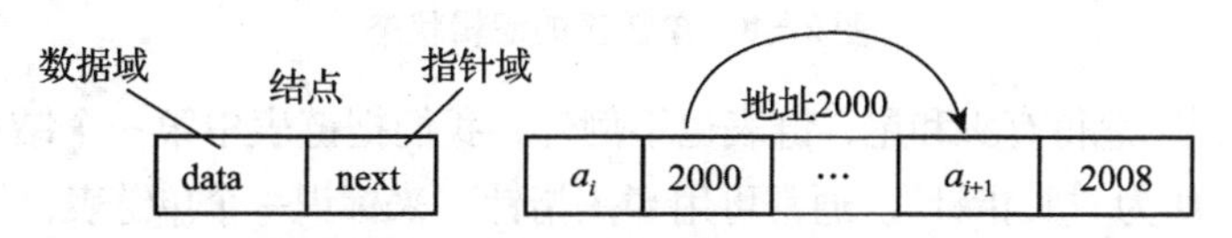

图 2 - 6　单链表结点的结构

提示：因为每个结点中只有一个指向后继的指针，所以称其为单链表。

单链表是由一个个结点构成的，其结点定义如下：

```
typedef struct node
  {
      DataType data;
      struct node *next;
  } LNode, *LinkList; /* LNode 是结点的类型 */
```

定义头指针变量：

```
LinkList H; //LinkList 是指向 LNode 类型结点的指针类型
```

线性表（A，B，C，F，H，I，N，P，T）对应的链式存储结构如图 2－7 所示。将第一个结点的地址 2001 存放到一个指针变量（如 H）中，最后一个结点没有后继，其指针域必须置空，表明此表到此结束，这样就可以从第一个结点的地址开始“顺藤摸瓜”，找到每个结点。

头指针 H：2001 →

储存地址	数据域	指针域
2000	T	NULL
2001	A	2003
2002	H	2008
2003	B	2005
2004	F	2002
2005	C	2004
2006	P	2000
2007	N	2006
2008	I	2007

图 2－7　线性表对应的链式存储结构图

注意 作为线性表的一种存储结构，我们关心的是结点间的逻辑结构，而对每个结点的实际地址并不关心，所以通常的单链表用图 2－8 的形式而不用图 2－7 的形式表示。

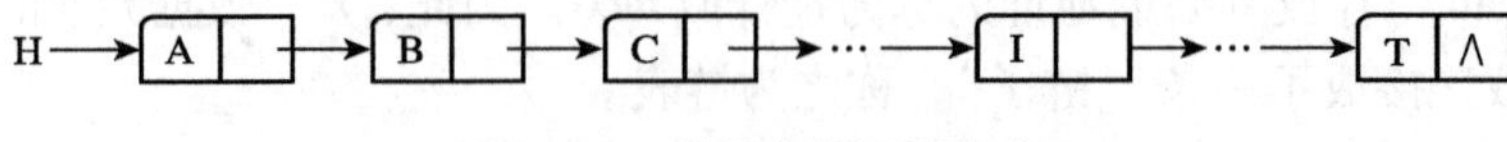

图 2－8　单链表的逻辑状态

对于线性表来说，总得有头和尾，链表也不例外，我们把链表中第一个结点的地址存放在指针变量 H 中，并称 H 为“头指针”。通常可用“头指针”来标识一个单链表，如图 2－8 所示，我们就可称之为单链表 H。链表的最后一个结点的指针域为“空”，通常用 NULL 或“ ∧”表示。

一般情况下，为了处理方便，会在单链表的第一个元素结点之前附设一个结点，称之为头结点，如图2-9所示。头结点的数据域可以不存储任何信息，增加头结点仅仅是为了使链表的操作更加方便。

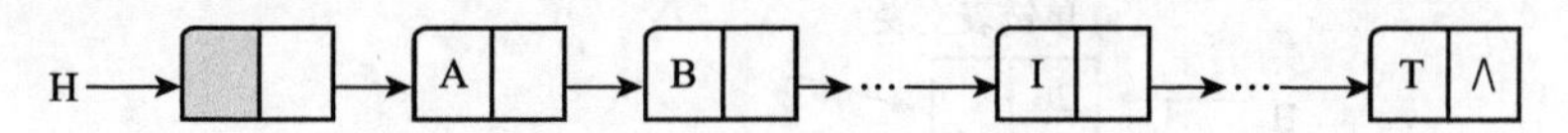

图2-9　增加头结点的单链表的逻辑状态

头指针总是指向链表中的第一个结点，当有头结点时，头指针指向头结点（见图2-9）；当没有头结点时，头指针指向第一个元素结点（见图2-8）。

在链表中增加头结点的作用如下：

（1）便于链表中第一个元素结点的处理。

增加头结点前： 第一个元素结点的地址保存在头指针中，其他元素结点的地址保存在其前驱结点的指针域中，需要对第一个元素结点进行特殊处理；

增加了头结点后： 第一个元素结点的地址保存在头结点的指针域中，这就使“任何一个元素结点的地址都保存在其前驱结点的指针域中”成了一个普遍规则，可对第一个数据元素结点和其他元素结点进行统一处理（可参看算法2.7和算法2.8加以体会）。

（2）便于空表和非空表的统一处理。

增加头结点前： 当链表为空时，头指针为空；

增加了头结点后： 当链表为空时，头指针指向头结点。

头结点的引入，使得无论链表是否为空，头指针都指向非空指针，使得空表和非空表可以统一处理。

比如，要删除链表的第 i 个结点，如果有头结点，则无论要删的是否为链表中的唯一一个结点，都可以统一进行“先令p指向第 $i-1$ 个结点，然后 p->next=p->next->next”操作；如果没有头结点，倘若要删的是链表中的唯一一个结点，则必须进行特殊处理。

对结点中各个域的说明：

假设p是指向线性表第 i 个元素的指针，如图2-10所示，则：

结点 a_i 的数据域用 p->data 表示，p->data 的值是一个数据元素，p->data $= a_i$；

结点 a_i 的指针域用 p->next 表示，p->next 的值是一个指针，(p->next)->data $= a_{i+1}$。

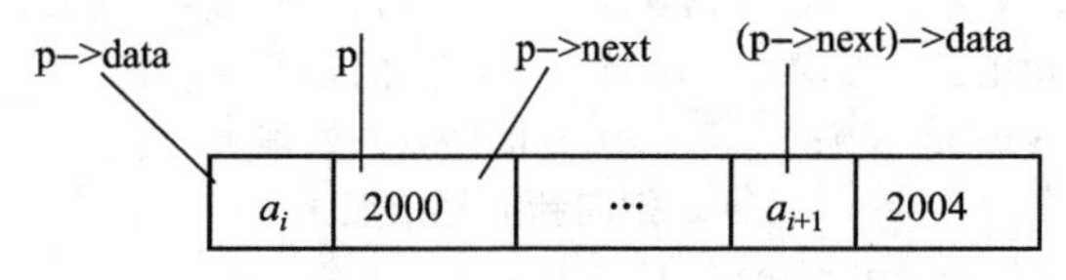

图2-10　结点内部各个域的称呼

2. 单链表基本运算的实现

（1）创建含有多个结点的单链表。

创建单链表有两种方法，头插法和尾插法。

头插法：每次都将新生成的结点插入到链表的头部；尾插法：每次都将新生成的结点插入到链表的尾部。

头插法建立单链表简单，但读入数据元素的顺序与生成链表的数据元素的顺序是相反的，若希望次序一致，则需要用尾插法。本书介绍的是尾插法。

因为每次是将新结点插入到链表的尾部，所以需加入一个指针 r 用来始终指向链表中的尾结点，图 2－11 展现了在单链表的尾部插入结点建立新链表的过程（此链表不含头结点）。

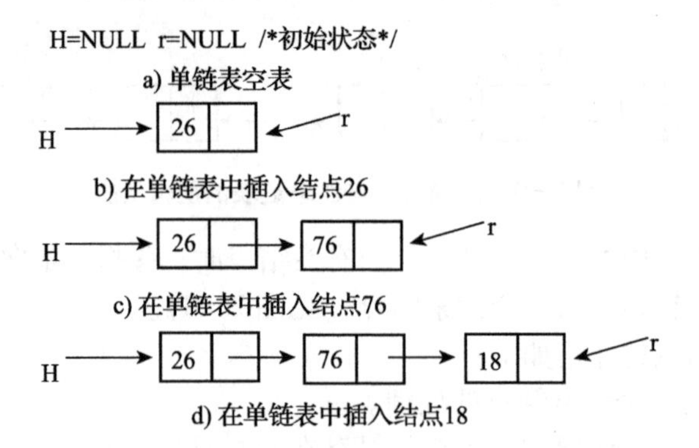

图 2－11　在单链表的尾部插入结点建立新链表

操作步骤

1）初始状态：头指针 H = NULL，尾指针 r = NULL。

2）按线性表中元素的顺序依次读入数据元素，不是结束标志时，申请结点。

3）将新结点插入到 r 所指结点的后面，然后 r 指向新结点（但第一个结点有所不同，请读者注意下面算法中的有关部分）。

算法 2.7 如下：

```
LinkList  Creat_Tail_LinkList ( ) /* 尾插法创建不带头结点的单链表 * /
{
LinkList  L = NULL;
Lnode   * s, * r = NULL;
char flag = '0';
char x;              /* 设数据元素的类型为 char * /
x = getchar( ); getchar( );
while (x! = flag)
   {
     s = (Lnode * )malloc(sizeof(Lnode));     s - > data = x;
     if  (L = = NULL)  L = s;  /* 第一个结点的处理 * /
     else  r - > next = s;       /* 其他结点的处理 * /
     r = s;               /* r 指向新的尾结点 * /
     x = getchar( ); getchar( );
   }
if ( r! = NULL)
   r - > next = NULL; /* 对于非空表,最后结点的指针域放空指针 * /
   return L;
}
```

算法 2.7

注意　在算法 2.7 中，第一个结点的处理和其他结点是不同的，原因是第一个结点加入时链表为空，它没有直接前驱结点，它的地址需要放在链表的头指针变量中；而其他结点有直接前驱结点，其地址放入其直接前驱结点的指针域中即可。

计算机其实更适合处理模型比较统一的问题，如果我们能增加一个**头结点**，则第一个结点的处理和其他结点的处理就可以完全统一起来。改进之后的算法如算法 2. 8 所示。

算法 2. 8 如下：

```
LinkList  Creat_Tail_LinkList ( ) /* 尾插法创建带头结点的单链表 */
{
LinkList  L=(Lnode *)malloc(sizeof(Lnode));
Lnode   *s, *r=L;
char flag='0';
char x;           /* 设数据元素的类型为 char */
x=getchar( ); getchar( );
while (x!=flag)
  {
    s= (Lnode *)malloc(sizeof(Lnode));    s->data=x;
    r->next=s;      /* 所有结点都一样处理 */
    r=s;         /* r 指向新的尾结点 */
    x=getchar( ); getchar( );
  }

 r->next=NULL; /* 无论表是否为空,最后结点的指针域放空指针 */
 return L;
}
```

算法 2. 8

因为带头结点的单链表操作更加统一和方便，所以本书中此后内容但凡涉及单链表，均以带头结点的单链表为准。

带头结点的单链表空表如图 2－12a 所示，非空表如图 2－12b 所示。

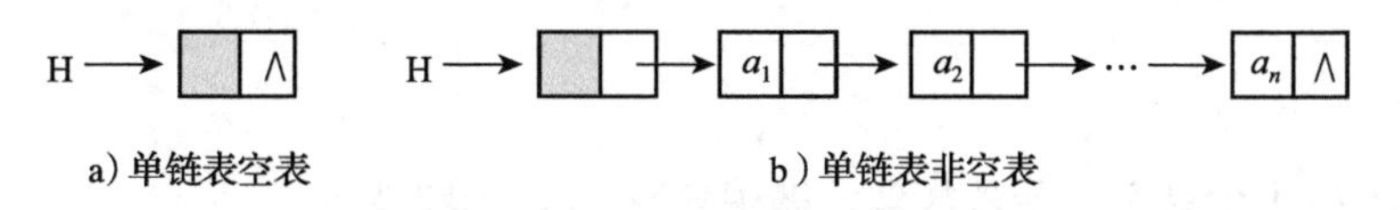

a）单链表空表　　　b）单链表非空表

图 2－12　带头结点的单链表

（2）按序号查找结点。

操作步骤

1）从链表的头结点起，判断当前结点是否是第 i 个结点。

2）若是第 i 个结点，则返回该结点的指针，否则继续后一个，直至表结束为止。

3）没有第 i 个结点时则返回空。

算法 2. 9 如下：

```
Lnode *Get_LinkList(LinkList  L, char  i)
/* 在带头结点的单链表 L 中查找第 i 个元素结点, 0 <= i <= Listlength(L) */
  { Lnode  *p=L;  /* 初始化,p 指向头结点 */
```

```
        int  j=0;                /* 计数器j初值赋为0 */
        while (p != NULL && j < i )   /* 判断当前结点是否是第i个结点 */
            { p=p->next; j++; }
            if(j==i)
              return p;               /* 若是第i个结点,则返回该结点的指针 */
            else
              return NULL;            /* 没有第i个结点时则返回空 */
    }
```

算法 2.9

提示：算法2.9的时间复杂度为 $O(n)$。

说明：一般情况下，会取第1个到第 n 个元素的值（n 为表长），此程序之所以设计成 i 的取值范围是 $0 \leqslant i \leqslant$ Listlength(L)，而不是 $1 \leqslant i \leqslant$ Listlength(L)，是为了后续的算法2.10和算法2.11在第1个结点前面插入一个结点和删除第1个结点时，能用Get_LinkList函数寻找第0个结点。

(3) 单链表的插入。

设p指向单链表中某结点，s指向待插入的值为x的新结点，将结点s插入到结点p的后面，插入示意图如图2-13所示，操作如下：

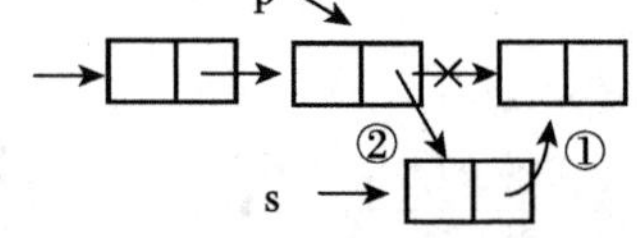

图2-13　在结点p之后插入新结点s

```
s->next=p->next;
p->next=s;
```

注意 两个指针的操作顺序不能交换。也就是说只能先挂链，再改链。

操作步骤

1) 查找第 $i-1$ 个结点；如果找到，继续步骤2)，否则结束。
2) 申请并填装新结点。
3) 将新结点插入，结束。

算法2.10如下：

```
int Insert_LinkList(LinkList L, int i, char x)    /* 1<=i<=Listlength(L)+1 */
/* 在带头结点的单链表L中的第i个位置 插入值为x的新结点， */
   { Lnode  *p,*s;
     p=Get_LinkList(L,i-1);                      /* 查找第i-1个结点 */
     if (p==NULL)
        { printf("参数i错");return 0;
        }                                  /* i<1 或 i> Listlength(L)+1,插入位置错误 */
   else
        { s=(Lnode *)malloc(sizeof(Lnode)); /* 申请并填装结点s */
```

```
            s->data=x;
            s->next=p->next;              /*新结点s插入到第i-1个结点的后面*/
            p->next=s
            return 1;                     /*1表示插入成功*/
        }
    }
```

算法 2.10

提示：算法 2.10 的时间复杂度为 $O(n)$。

（4）单链表的删除。

设要删除单链表中的某结点 s，p 为 s 的前驱结点。操作示意图如图 2-14 所示。

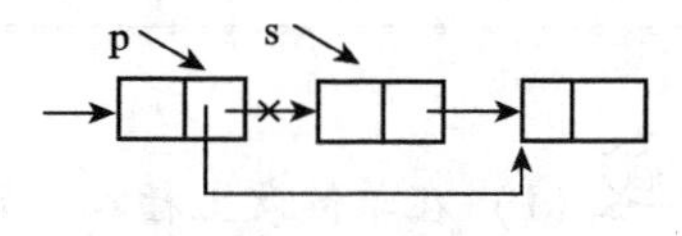

图 2-14 删除结点 s

操作如下：

```
p->next=s->next;
```

提示：通过示意图可见，要实现对结点 s 的删除，首先要找到 s 的前驱结点 p，然后完成指针的操作即可。显然，找 p 的前驱的时间复杂度为 $O(n)$。

操作步骤

1）查找到第 $i-1$ 个结点；如果找到，继续步骤 2），否则结束。

2）若存在第 i 个结点，则继续步骤 3），否则结束。

3）删除第 i 个结点，结束。

算法 2.11 如下：

```
int  Del_LinkList(LinkList  L,int i)
/*在带头结点的单链表L中,删除第i个数据结点。1<=i<=Listlength(L) */
 {  LinkList  p,s;
    p=Get_LinkList(L,i-1);              /*查找第i-1个结点*/
    if (p==NULL)
      {printf("第i-1个结点不存在"); return 0;}
   else
     {
      if (p->next==NULL)
          {printf("第i个结点不存在");return 0;}
      else
         {
```

```
                s=p->next;          /* s 指向第 i 个(p 的后继)结点 */
                p->next=s->next;    /* 从链表中删除 s 结点 */
                free(s);            /* 释放 s 结点 */
                return 1;           /* 删除成功 */
            }
        }
}
```

算法 2.11

提示：算法 2.11 的时间复杂度为 $O(n)$。

注意 (1) 在单链表上插入、删除一个结点，必须先找到其前驱结点。

(2) 单链表不具有按序号随机访问的特点，只能从头指针开始一个个顺序访问。

【例 2-2】 实现带头结点的单链表的创建、插入、删除、输出等操作。

```
#include<stdio.h>
#include<malloc.h>

typedef struct node
{  char data;
   struct node *next;
} Lnode, *LinkList;

LinkList  Creat_Tail_LinkList ( ) /* 算法2.8 */
{  LinkList  L=(Lnode *)malloc(sizeof(Lnode));
   Lnode  *s, *r=L;
   char flag='0';
   char x;          /* 设数据元素的类型为 char  */
   x=getchar();getchar();
   while (x!=flag)
   {  s=(Lnode *)malloc(sizeof(Lnode));    s->data=x;
      r->next=s;        /* 把 s 链到表尾 */
      r=s;            /*  修改表尾指针使其指向 r */
      x=getchar();getchar();
     /* 第二个 getchar()用来吸纳两个元素之间的分割符,比如逗号或者回车 */
   }

  r->next=NULL;  /* 最后结点的指针域放空指针 */
  return L;
```

```
}

void Disp_LinkList(LinkList L)  /* 输出带头结点的单链表 */
{LinkList p = L - >next;
while (p! =NULL)
  {printf("% c",p - >data); p =p - >next; }
printf(" \n");
}

Lnode *Get_LinkList(LinkList  L, char i) /*算法2.9,在单链表L中查找第i个元素结点*/
{  Lnode  *p =L;
   int  j =0;
   while (p ! =NULL && j <i )  /* 判断当前结点是否是第 i 个结点*/
   {  p =p - >next;  j + +;  }
   if (j ==i)   return p;                  /*若是第 i 个结点,则返回该结点的指针*/
   else      return NULL;              /*没有第 i 个结点时返回空*/
}

int Insert_LinkList( LinkList L, int i, char x)
/* 算法2.10,在单链表L的第i个位置上插入值为x的结点 */
{  Lnode  *p, *s;
p =Get_LinkList(L,i -1);                        /*查找第 i -1 个结点*/
if (p ==NULL)
{  printf("参数 i 错"); return 0; }            /*第 i -1 个结点不存在,不能插入*/
else
{  s =(Lnode *)malloc(sizeof(Lnode)); s ->data =x; /*申请、填装结点 s */
s ->next =p ->next; p ->next =s; /*新结点 s 插入到第 i -1 个结点的后面*/
return 1;                    /*1 表示插入成功*/
}
}

 int Del_LinkList(LinkList L,int i)  /* 算法2.11 */
 {LinkList  p,s;
  p =Get_LinkList(L,i -1);              /*查找第 i -1 个结点*/
  if(p ==NULL)  {printf("第 i -1 个结点不存在"); return 0;}
  else
      {  if(p ->next ==NULL)  {printf("第 i 个结点不存在");return 0; }
         else
              { s =p - >next;           /*s 指向第 i 个(p 的后继)结点*/
               p - >next =s - >next;      /*从链表中删除 s 结点*/
               free(s);              /*释放 s 结点*/
               return 1;              /*删除成功*/
              }
      }
 }
```

```
void main()
{ LinkList L;
  printf("(1)采用尾插法建立单链表(输入 0 结束)\n");
  L = Creat_Tail_LinkList( );
  printf("(2)输出单链表 L:");
  Disp_LinkList(L);
  printf("(3)在第三个元素位置上插入 x 元素\n");
  Insert_LinkList(L,3,'x');
  printf("(4)输出单链表 L:");
  Disp_LinkList(L);
  printf("(5)删除 L 的第 2 个元素\n");
  Del_LinkList(L,2);
  printf("(6)输出单链表 L:");
  Disp_LinkList(L);
}
```

程序运行结果如图 2-15 所示。

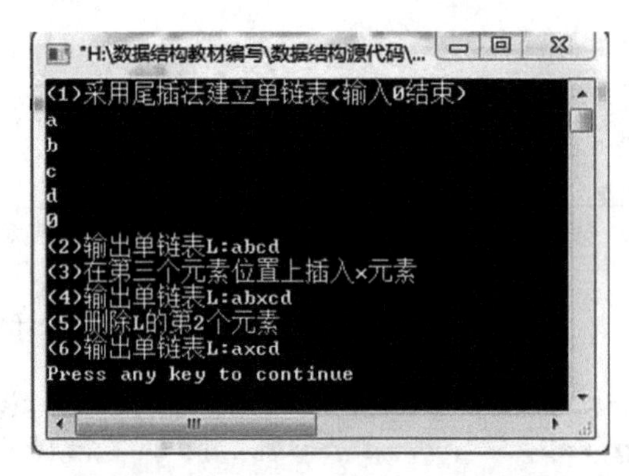

图 2-15 单链表的插入、删除程序结果图

2.2.3 循环链表

循环链表是最后一个结点的指针不为空且指向第一个结点的链表，使得链表的头尾结点相连，就构成了单循环链表。如图 2-16 所示。

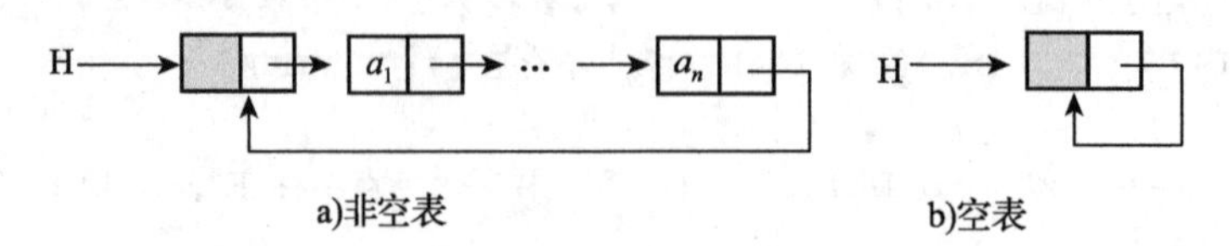

图 2-16 带头结点的单循环链表

单循环链表上的操作基本上与非循环链表相同，只是将原来判断指针是否为 NULL 变为判断是否是头指针而已，没有其他较大的变化。

提示：对于单链表，只能从头结点开始遍历整个链表，而对于单循环链表，则可以从表中任意结点开始遍历整个链表。

对于单链表只能从头结点开始遍历整个链表，而对于单循环链表则可以从表中任意结点开始遍历整个链表，也可改变一下链表的标记方法，不用头指针而用一个指向尾结点的指针R来标记，从而使操作效率得以提高。

例如，对两个单循环链表R1、R2的连接操作，是将R2的第一个数据结点接到R1的尾结点。

若链表用头指针标记，则需要找到第一个链表的尾结点，其时间复杂度为$O(n)$；若链表用尾指针R1、R2来标记，则时间复杂度为$O(1)$。

用尾指针标记后，连接操作如下：

```
p = R1 ->next;                      /* 保存R1的头结点指针 */
R1 ->next = R2 ->next ->next;       /* 头尾连接 */
free(R2 ->next);                    /* 释放第二个表的头结点 */
R2 ->next = p;                      /* 组成循环链表 */
```

这一过程如图2-17所示。

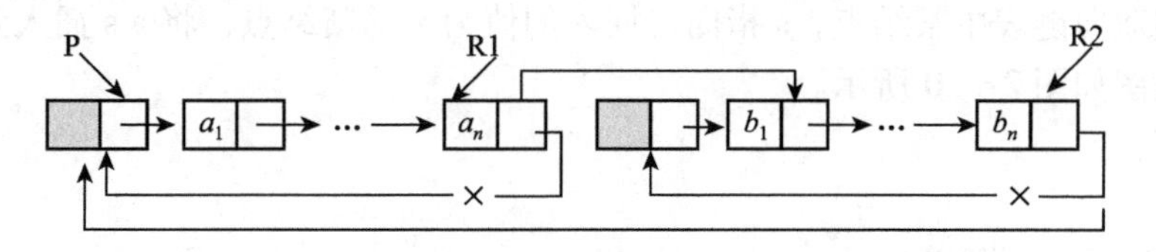

图2-17 两个用尾指针标记的单循环链表的连接

2.2.4 双向链表

以上讨论的单链表的结点中只有一个指向其后继结点的指针域next，因此若已知某结点的指针为p，其后继结点的指针则为p->next，而查找其前驱则只能从该链表的头指针开始，顺着各结点的next域进行，也就是说找后继的时间复杂度是$O(1)$，找前驱的时间复杂度是$O(n)$，如果希望找到前驱的时间复杂度也能达到$O(1)$，则只能付出空间的代价：每个结点再加一个指向前驱的指针域，结点的结构如图2-18所示，用这种结点组成的链表称为双向链表。

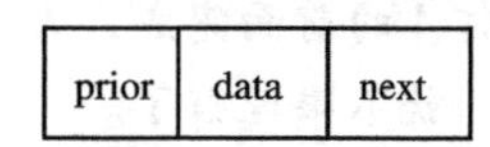

图2-18 双向链表结点

双向链表结点的定义如下：

```
typedef struct dlnode
{
   DataType data;
   struct dlnode *prior, *next;
}DLNode, *DLinkList;
```

与单链表类似，双向链表通常也是用头指针标记，也可以带头结点和做成循环结构，图2-19是带头结点的双向循环链表示意图。显然，通过某结点的指针p既可以直接得到它的后继结点的指针p->next，也可以直接得到它的前驱结点的指针p->prior。这样在有些操作中需要查找前驱时，则不需要再从链表的头指针开始查找。

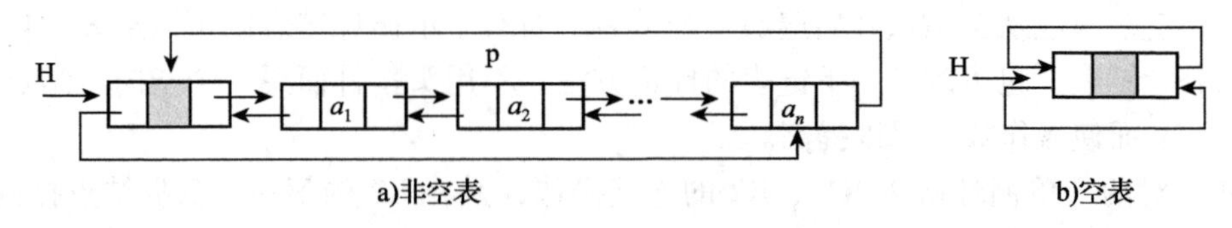

图 2-19 带头结点的双向循环链表

提示：设 p 指向双向循环链表中的某一结点，即 p 是该结点的指针。

1）p->prior->next 表示的是 *p 结点之前驱结点的后继结点的指针，即与 p 相等。

2）p->next->prior 表示的是 *p 结点之后继结点的前驱结点的指针，也与 p 相等，所以有以下等式；

p->prior->next = p = p->next->prior

（1）双向链表的结点插入。

设 p 指向双向链表中某结点，s 指向待插入的值为 x 的新结点，将 *s 插入到 *p 的前面，结点插入示意图如图 2-20 所示。

操作如下：

```
s->prior=p->prior;
p->prior->next=s;
s->next=p;
p->prior=s;
```

注意：指针操作的顺序不是唯一的，但也不是任意的。如图 2-20 所示，操作①必须要放到操作④的前面完成，否则 *p 的前驱结点的指针就丢掉了。读者把每条指针操作的含义搞清楚，就不难理解了。

（2）双向链表中结点的删除。

设 p 指向双向链表中某结点，删除 *p。结点删除操作示意图如图 2-21 所示。

操作如下：

```
p->prior->next=p->next;
p->next->prior=p->prior;
```

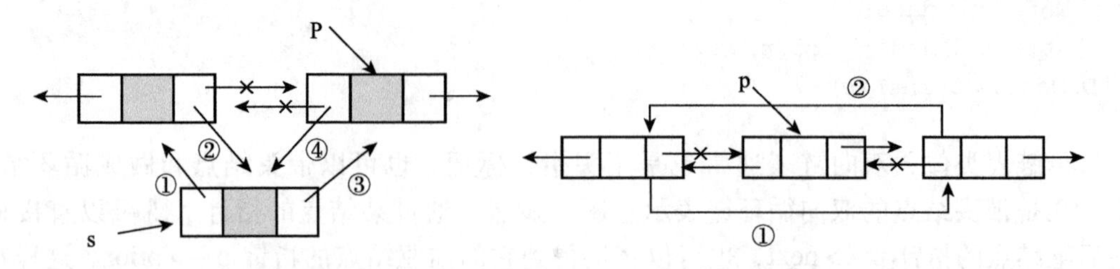

图 2-20 双向链表中的结点插入

图 2-21 双向链表中的结点删除

2.3 线性表的应用

【例2-3】 学生管理系统中成绩插入和删除模块的实现。

要求：利用线性表的单链表完成学生管理系统中插入和删除模块的设计。

实现：

(1) 学生成绩信息的录入：成绩信息包括学号和成绩两部分，输入学号为0时结束。

(2) 学生成绩信息的插入和删除：对一名学生成绩信息的插入和通过输入第 i 个学生删除该学生的成绩信息。

知识点：单链表的逻辑结构、单链表结点的定义、利用尾插法建立单链表的算法和实现、单链表中插入和删除结点的算法和实现。

```
#include "stdio.h"
#include "malloc.h"
#include "stdlib.h"
typedef struct node
{   int id;   /*学号*/
    int score;/*成绩*/
    struct node *next; /*后继指针*/
}Lnode,*LinkList;     /*学生成绩的结构体*/

LinkList Create_List()/*算法2.8的应用,用尾插法创建带头结点的成绩单链表*/
{ LinkList  head=(Lnode*)malloc(sizeof(Lnode));  /*头结点*/
  Lnode *p,*last= head;  /*尾指针 last 也指向头结点*/
  int id,score;
  printf("请输入学号,成绩(用,隔开,0 结束):\n");
  scanf("%ld,%d",&id,&score);
  while (id!=0)       /*学号为0时循环结束*/
  {  p=(Lnode*)malloc(sizeof(Lnode));/*申请、装填新数据结点*/
     p->id=id;
     p->score=score;
     last->next=p;           /*把新结点链到表尾*/
     last=p;               /*修改表尾指针使其指向新表尾*/
     scanf("%ld,%d",&id,&score);  /*再次输入新结点的值*/
  }
  last->next=NULL;   /*最后结点的指针域放空指针*/
  return head;
}

void Disp_List(LinkList head) /*显示成绩,输出带头结点的单链表*/
{    LinkList p=head;
     p=head->next;
     while(p!=NULL)
     {  printf("学号%ld,%d分→",p->id,p->score);
```

```
        p=p->next;
    }
    printf("NULL\n");
}

void Ins_List(LinkList head,int i,int id,int score)
/*插入操作,在带头结点的链表head的第i个位置插入学号为id,分数为score的新结点*/
{   int j=0;
    Lnode *s,*p=head;
    s=(Lnode*)malloc(sizeof(Lnode)); /*申请、装填新数据结点*/
    s->id=id;
    s->score=score;
    s->next=NULL;
    while((j<i-1)&&(p!=NULL))/*寻找第i-1个结点*/
    { p=p->next; j=j+1;}
    if(j==i-1){ s->next=p->next; p->next=s;}
    else  printf("插入失败! \n");
}
void Del_List(LinkList head,int i)/*删除操作*/
{   int j=0;
    LinkList p,q;
    p=head;
    while((j<i-1)&&(p!=NULL))
        { p=p->next; j=j+1; }
    if((p!=NULL)&&(j==i-1))
    {   q=p->next;
        p->next=q->next;
        free(q);
    }
    else printf("删除失败!");
}

void main()
{   LinkList head;
    int id,i,score;
    head=Create_List();/*创建学生成绩链表*/
    Disp_List(head);
    printf("--------------------------- \n");
    printf("输入要插入的位置,学号,成绩(用,隔开):");
    scanf("%d,%ld,%d",&i,&id,&score);
    Ins_List(head,i,id,score);/*插入操作*/
    Disp_List(head);
    printf("--------------------------- \n");
    printf("请输入要删除信息的位置:");
    scanf("%d",&i);
    Del_List(head,i);/*删除操作*/
    Disp_List(head);
}
```

运行结果如图 2－22 所示。

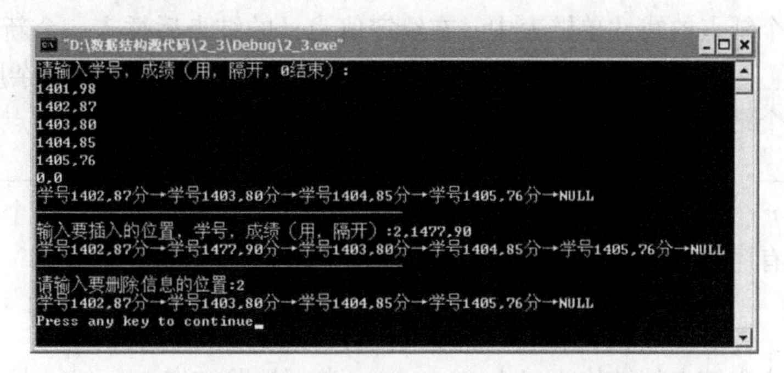

图 2－22　学生成绩插入和删除程序运作结果

2.4　习题

1. 名词解释

（1）线性表

（2）顺序表

（3）线性单链表

（4）单循环链表

2. 判断题

（1）线性表若采用链式存储表示时，所有存储结点之间的地址可连续也可不连续。（　　）

（2）链式存储在插入和删除时需要保持数据元素原来的物理顺序，不需要保持原来的逻辑顺序。（　　）

（3）链表中的每个结点都是两个域。（　　）

（4）在顺序表中，逻辑上相邻的元素在物理位置上不一定相邻。（　　）

（5）顺序表可以按下标随机（或直接）访问，顺序表还可以从某一指定元素开始，向前或向后逐个元素顺序访问。（　　）

3. 填空题

（1）线性表的________存储结构是一种随机存取的存储结构，线性表的________存储结构是一种循序存取的存储结构。

（2）线性表采用________存储结构时，其存储地址通常必须是连续的，采用________存储结构时，其存储地址连续与否均可以。

（3）已知顺序表长度为 n（元素序号为 $0 \sim n-1$），在 i 位置（$1 \leqslant i \leqslant n+1$）插入一个元素需要移动________个元素，把 i 位置（$1 \leqslant i \leqslant n$）的元素删除需要移动________个元素。

（4）含有 n 个结点的线性单链表中，在指针 p 所指结点后插入一个新结点的时间复杂度为________，在指针 p 所指结点前插入一个新结点的时间复杂度为________。

（5）含有 n 个结点的线性单链表中，在给定值为 d 的结点后插入一个新结点的时间复杂度为________，在给定值为 d 的结点前插入一个新结点的时间复杂度为________。

（6）含有 n 个结点的双向链表中，在指针 p 所指结点后插入一个新结点的时间复杂度为________，在指针 p 所指结点前插入一个新结点的时间复杂度为________。

（7）在具有 n 个结点的、按结点数据有序存储的线性单链表中插入一个新结点，并使链表依然有序的操作的时间复杂度是________。

4. 选择题

（1）设单链表中结点的结构为（data，next）。若想删除结点 *p（*p 既不是第一个结点也不是最后一个结点）的直接后继，则应执行（　　）操作。

A. p->next=p->next->next;

B. p=p->next; p->next=p->next->next;

C. p->next=p->next;

D. p=p->next->next;

（2）在一个长度为 n 的顺序表中向第 i 个元素（$1\leqslant i\leqslant n+1$）位置插入一个新元素时，需要从后向前依次后移（　　）个元素。

A. $n-i$　　B. $n-i+1$　　C. $n-i-1$　　D. i

（3）设单链表中结点的结构为（data，next）。已知指针 q 所指结点是指针 p 所指结点的直接前驱，若在 *q 与 *p 之间插入结点 *s，则应执行（　　）操作。

A. s->next=p->next; p->next=s

B. q->next=s; s->next=p;

C. p->next=s->next; s->next=p

D. p->next=s; s->next=q;

（4）在一个长度为 n 的顺序表的表尾插入一个新元素的渐进时间复杂度为（　　）。

A. $O(n)$　　B. $O(1)$　　C. $O(n^2)$　　D. $O(\log_2 n)$

（5）设双向循环链表中结点的结构为（prior，data，next），且不带表头结点。若想在指针 p 所指结点之后插入指针 s 所指结点，则应执行（　　）操作。

A. p->next=s; s->prior=p; p->next->prior=s; s->next=p->next;

B. p->next=s; p->next->prior=s; s->prior=p; s->next=p->next;

C. s->prior=p; s->next=next; p->next=s; p->next->prior=s;

D. s->prior=p; s->next=p->next; p->next->prior=s; p->next=s;

5. 简答题

简述顺序表与链表的优缺点。

6. 编程

有顺序表 A 和 B，其元素均按从小到大的升序排列，试编写一个算法将它们合并成一个顺序表 C，要求 C 的元素也是从小到大的升序排列。如：

已知：$A=\{5, 8, 9, 12, 16\}$，$B=\{1, 3, 5, 7\}$ 求：$C=\{1, 3, 5, 5, 7, 8, 9, 12, 16\}$。

提示：（1）依次扫描通过 A 和 B 的元素，比较当前的元素的值，并将较小值的元素赋给

C，如此直到一个线性表扫描完毕；

（2）将未完的那个顺序表中的余下部分赋给 *C* 即可。*C* 的容量要能够容纳 *A*、*B* 两个线性表相加的长度。

程序如下：

```
#include <stdio.h>
#define MaxSize 50
typedef int DataType;
typedef  struct
{
DataType  data[MaxSize];
int  last;  /* 线性表的最后一个元素 last */
}Lnode, *List;
void Merge_List(Lnode A,Lnode B,Lnode *C)/* 合并 C=A+B */
{
    int i , j , k ;
    i =1;j =1;k =1;
    while( i <= A.last && j <= B.last )
    if( A.data[i] <= B.data[j])
    {
    C->data[k] = A.data[i] ;
    k++ ;
    i++ ;
    }
    else
    {
    C->data[k] = B.data[j] ;
    k++ ;  j++ ;
    }
    while( i <= A.last )
    {
    C->data[k] = A.data[i] ;
    k++ ;
    i++;
    }
    while( j <= B.last )
    {    C->data[k] = B.data[j] ;
    {     k++;j++;
    }         C->last = k - 1;
}
main( )
{    Lnode  A, B, C;
     int  i, k, m;
     printf("请输入 A 顺序表元素,元素为整型量,用空格分开, -1 为结束标志 :");
     A.last = 0; i = 0; scanf("% d",&i);
     while (i != -1) {/* 输入 A 顺序表元素,建立有序表 */
```

```
    k = A.last;
    while((k> =1) && ( i<A.data[k]))
    k - -;
    for(m = A.last; m > = k+1; m- -)
            A.data[m + 1] = A.data[m];
            A.data[k + 1] = i; A.last + +;
    scanf("% d",&i);}
printf("\n\n请输入B顺序表元素,元素为整型,-1 为结束标志 :");
B.last = 0; i = 0; scanf("% d",&i);
while (i! =-1) {/* 输入B顺序表元素,建立有序表 * /
            k=B.last;
     while((k>=1) && ( i<B.data[k]))
     k--;
      for(m=B.last; m>=k+1; m--)  B.data[m+1] = B.data[m];
            B.data[k+1] = i; B.last++;
            scanf("% d",&i); }
printf("\nA有序表元素列表 :");
for (i=1; i <= A.last; i++)
            printf("% d",A.data[i]);
printf("\n");
printf("\nB有序表元素列表 :");
for (i = 1; i < = B.last; i + +)
            printf("% d",B.data[i]);
printf("\n");
Merge_List (A, B, &C);
printf("\n合并后C有序表元素列表 :\n");
for (i = 1; i < = C.last; i + +)
            printf("  % d",C.data[i]);
printf("\n");
}
```

算法的时间复杂度是 $O(m+n)$，其中 m 是 A 表长，n 是 B 表长。运行结果如图 2－23 所示。

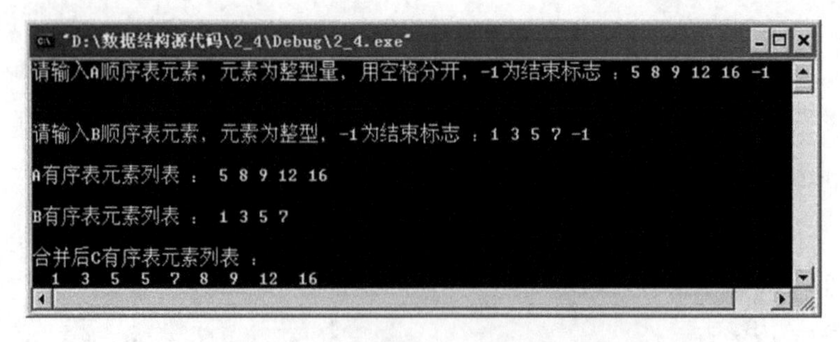

图 2－23 两个有序表合并运行结果

第3章

栈和队列

本章要点

- 栈和队列的定义、特点
- 栈和队列基本操作算法的实现
- 栈和队列的应用

栈和队列是在软件设计中常用的两种数据结构，它们是特殊的线性表。其特点在于运算受到了限制：栈只能在线性表的一端进行操作；队列在线性表的一端进行插入操作，另一端进行删除操作，故称为运算受限制的线性表。

3.1 栈

在日常生活中，栈和队列的例子有很多，如火车调度符合栈的操作规则，先到的后走。排队买东西，排头先买，买完后离队，而新来的则排在队尾。

3.1.1 栈的定义及基本运算

栈是限制在表的一端进行插入和删除操作的线性表。允许插入、删除的这一端称为栈顶，另一个固定端称为栈底。当表中没有元素时称为空栈。如 3 - 1 所示的栈中有三个元素，进栈的顺序是 a_1，a_2，a_3，当需要出栈时其顺序为 a_3，a_2，a_1，所以栈又称为后进先出（Last In First Out）的线性表，简称 LIFO 表。

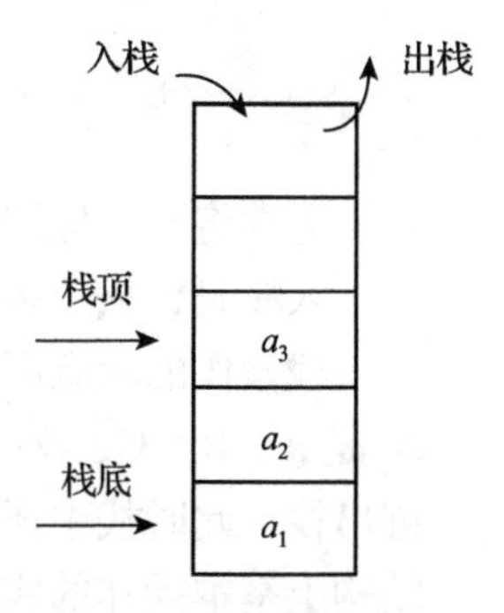

图 3 - 1　栈示意图

在程序设计中，常常需要栈这样的数据结构，从而可以按照与保存数据时相反的顺序来使用这些数据。对于栈，常做的基本运算有以下几种。

（1）栈初始化：Init_ SeqStack(s)。

初始条件：栈 s 不存在。

操作结果：构造了一个空栈。

（2）判栈空：Empty_ SeqStack(s)。

初始条件：栈 s 已存在。

操作结果：若 s 为空栈返回为 1，否则返回为 0。

(3) 入栈：Push_ SeqStack(s, x)。

初始条件：栈 s 已存在。

操作结果：在栈 s 的顶部插入一个新元素 x，x 成为新的栈顶元素，栈发生变化。

(4) 出栈：Pop_ SeqStack(s)。

初始条件：栈 s 存在且非空。

操作结果：栈 s 的顶部元素从栈中删除，栈中少了一个元素。

(5) 取栈顶元素：Get_ SeqStack(s)。

初始条件：栈 s 存在且非空。

操作结果：栈顶元素作为结果返回，栈不变化。

3.1.2 栈的存储实现和运算实现

由于栈是运算受限的线性表，因此线性表的存储结构对栈也是适用的，只是操作不同而已。

1. 顺序栈

利用顺序存储方式实现的栈称为顺序栈。类似于顺序表的定义，栈中的数据元素用一个预设的足够长度的一维数组来实现：

```
Datatype data[MaxSize]
```

栈底位置可以设置在数组的任一端点，而栈顶则是随着插入和删除而变化的，用 top 来作为栈顶的指针，指明当前栈顶的位置，同样将 data 和 top 封装在一个结构体中。顺序栈的类型描述如下：

```
#define MaxSize 50
typedef  struct
{  Datatype data[MaxSize];
   int  top;
}SeqStack
```

定义一个指向顺序栈的指针：

```
SeqStack  *s;
```

通常将 0 下标端设为栈底，这样空栈时栈顶指针 top = -1；

入栈时，栈顶指针加 1，即 s->top++；出栈时，栈顶指针减 1，即 s->top--。

栈操作的示意图如图 3-2 所示。其中图 3-2a 是空栈，图 3-2b 是元素 A 入栈，图 3-2c 是 A、B、C、D、E 这 5 个元素依次入栈后，图 3-2d 是在图 3-2c 之后 E、D 两个元素相继出栈，此时栈中还有 3 个元素，通过这个示意图要深刻理解栈顶指针的作用。在上述存储结构上基本操作的实现如下：

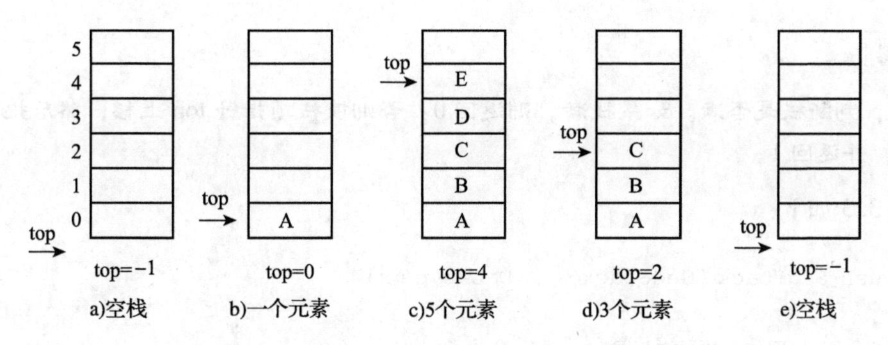

图3-2　栈顶指针top与栈中数据元素的关系

（1）初始化空栈。

初始条件：栈不存在。

操作结果：构造一个空栈。

操作步骤

创建一个SeqStack类型的结构体指针s，并返回指针s。

算法3.1如下：

```
void Init_SeqStack(SeqStack *s)    //算法3.1
{  s->top = -1;
}
```

算法3.1

（2）判断空栈。

初始条件：栈存在。

操作结果：判断栈是否为空。

操作步骤

判断栈s是否为空，如果为空返回1，否则返回0。

算法3.2如下：

```
int Empty_SeqStack(SeqStack *s)
{ if (s->top == -1)
              return 1;
   else  return 0;
}
```

算法3.2

（3）入栈。

初始条件：栈s存在。

操作结果：在栈s的顶部插入一个新元素x，x成为新的栈顶元素。

操作步骤

首先，判断栈是否满。如果栈满，则返回0；否则使栈顶指针top上移，然后把x插入栈s的顶部，并返回1。

算法3.3如下：

```
int Push_SeqStack (SeqStack *s, Datatype x)
{
   if(s->top == MaxSize - 1)
   {  printf("溢出\n");
      return 0;
   }
   else{s->top++;
        s->data[s->top] = x;
        return 1;
        }
}
```

算法3.3

（4）出栈。

初始条件：栈s存在。

操作结果：栈s的顶部元素从栈中删除。

操作步骤

首先，判断栈是否为空。如果栈空，则返回0；否则把栈顶元素取出赋给x所指向的存储空间，并且使栈顶指针top下移，并返回1。

算法3.4如下：

```
Datatype Pop_SeqStack(SeqStack *s)
{  Datatype x;
   if(Empty_SeqStack (s))
   {  printf("栈空\n");
      x ='\0';
   }
   else
   {  x = (s->data)[s->top];
      s->top--;
   }
   return x;        /*栈顶元素存入x,返回*/
}
```

算法3.4

（5）取栈顶元素。

初始条件：栈s存在。

操作结果：从栈s中取出栈顶元素。

操作步骤

首先，判断栈是否为空。如果栈空，则返回0；否则把栈顶元素返回。

算法3.5如下：

```
Datatype  Get_SeqStack(SeqStack *s)
{
  if (Empty_SeqStack ( s ) )
    return 0;  /*栈空*/
  else
    return (s->data[s->top] );
}
```

算法3.5

(1) 对于顺序栈，入栈时，首先判栈是否满了，栈满的条件为

$$s->top == MaxSize - 1$$

栈满时，不能入栈；否则会出现空间溢出，从而引起错误，这种现象称为上溢。

(2) 出栈和读栈顶元素操作，先判栈是否为空，为空时不能操作，否则会产生错误。通常栈空时常作为一种控制转移的条件。

2. 链栈

用链式存储结构实现的栈称为链栈。通常链栈用单链表表示，因此其结点的数据类型与单链表的结点的数据类型相同，在此用结构体实现，即有：

```
typedef struct node
{
  Datatype data;
  struct node  *next;
}StackNode,*LinkStack;
```

链栈如图3-3所示，其基本操作的实现如下：

(1) 置空栈。

初始条件：栈不存在。

操作结果：构造一个空栈。

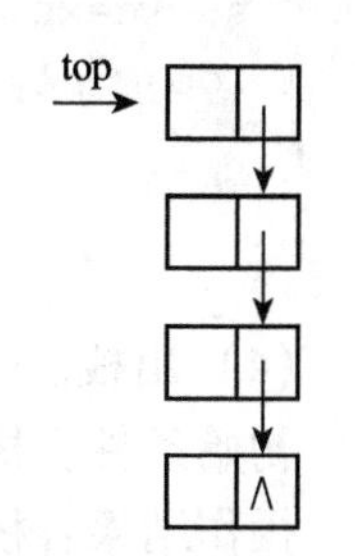

图3-3 链栈示意图

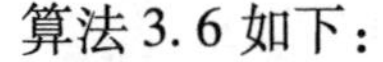

创建一个LinkStack类型的结构体，并返回指针top。

算法3.6如下：

```
LinkStack  Init_LinkStack()/*构造一个带头结点的空栈*/
{
  LinkStack top =(LinkStack)malloc(sizeof(StackNode));
  top->next =NULL;
  return top;
}
```

算法3.6

(2) 判栈空。
初始条件：栈存在。
操作结果：判断栈是否为空。

操作步骤

判断栈 top 是否为空，如果为空返回 1，否则返回 0。

算法 3.7 如下：

```
int Empty_LinkStack(LinkStack top )
{  if (top ->next ==NULL) return 1;
      else  return  0;
}
```

算法 3.7

(3) 入栈
初始条件：栈存在。
操作结果：在栈头结点 top 后插入一新结点，新结点的数据元素值为 x。

操作步骤

创建结点 s，并给其 data 成员赋值，把新创建的结点 s 插入到头结点 top 后。

算法 3.8 如下：

```
Push_LinkStack(LinkStack top, Datatype x)
{
   StackNode *s;
   s = (LinkStack) malloc(sizeof(StackNode));
   s ->data =x;
   s ->next =top ->next;
   top ->next  =s;
}
```

算法 3.8

(4) 出栈。
初始条件：栈 s 存在。
操作结果：栈 s 的顶部元素从栈中删除。

操作步骤

首先，判断栈是否为空。如果栈空，则返回 0；否则把栈顶元素取出赋给 x，并且删除栈顶结点，把删除后的栈顶元素值返回。

算法 3.9 如下：

```
int Pop_LinkStack (LinkStack top, Datatype x)
{  Datatype x;
   StackNode *p;
   if (top->next==NULL) return 0;
    else
    {
      p = top->next;
      x = p->data;
      top ->next = p->next;
      free (p);
      return  x;
    }
}
```

算法 3.9

3.2 栈的应用举例

由于栈具有“后进先出”的特点，所以在很多实际问题中都将栈作为一个辅助的数据结构来进行求解，下面通过几个例子进行说明。

【例 3-1】 编写一个程序实现以下顺序栈上的各种基本操作，并通过一个主程序串成。(1) 栈的初始化；(2) 栈不满的情况下元素进栈；(3) 栈不空的情况下元素出栈；(4) 输出栈中元素；(5) 计算栈中元素个数。

```
#include <stdio.h>
#include <stdlib.h>
#define add 43
#define subs 45
#define mult 42
#define div 47
#define MaxSize 100
typedef struct
{ int data[MaxSize];/*用数组来表示栈空间,定义长度为 MaxSize 的栈*/
  int top; /*栈顶*/
}SeqStack;
typedef SeqStack *STK;
typedef enum{ok,error} Bool;
SeqStack expStackNode;
STK expSTK;
STK Init_LinkStack(SeqStack *stack_zone)/*执行栈初始化,建立栈指针*/
{ STK p;
  p=stack_zone;
  p->top=0;
```

```
  return p;
}
Bool Push_LinkStack(int *term,STK pstk) /*将一结构型数据送入栈中*/
{ if(pstk->top==MaxSize)
  return error; /*栈满,进栈失败*/
  pstk->data[pstk->top] = *term;
  (pstk->top)++;/*栈顶指针移动*/
  return ok;
}
Bool Empty_LinkStack(STK pstk) /*判断栈是否为空栈*/
{ return(pstk->top==0); }
Bool Pop_LinkStack(int *pdata, STK pstk) /*从栈中取出一结构型数据*/
{ if(Empty_LinkStack(pstk))
     return error;
  (pstk->top)--;/*退栈*/
  *pdata=pstk->data[pstk->top];
  return ok;
}
int Eval(char tag,int a1,int a2)
{ switch(tag)
    { case add:return(a1+a2); break;
      case subs:return(a1-a2); break;
      case mult:return(a1*a2); break;
      case div:return(a1/a2); break;
    }
  return ok;
}
void main()
{ char c;
  int opd1,opd2,temp,c1;
  expSTK=Init_LinkStack(&expStackNode);
  printf("\n后置表达式: ");
  while((c=getchar())!='\n')
    {if(c=='') continue;
        if((c>47)&&(c<58)) /*判断是否是0~9的字符*/
          { putchar(c);
            c1=c-48; /*把输入的字符型数字转换成数字*/
            if(Push_LinkStack(&c1,expSTK)==error)/*运算分量进栈*/
              { printf("\n表达式太长\n"); exit(0);}
          }
          else if((c==add)||(c==subs)||(c==mult)||(c==div))
          { putchar(c);
              if(Pop_LinkStack(&opd1,expSTK)==error) /*将运算量1出栈*/
                    printf( "\n表达式语法错!" );
              if(Pop_LinkStack(&opd2,expSTK)==error) /*将运算量2出栈*/
                    printf( "\n表达式语法错!" );
              temp=Eval(c,opd2,opd1);/*计算得到结果*/
              Push_LinkStack(&temp,expSTK);/*将运算结果进栈*/
          }
    else printf( "\n表达式语法错!" );/*出现非法字符*/
    }/*while*/
```

```
    if(Pop_LinkStack(&opd1,expSTK) == error) printf( " \n 表达式语法错! " );
    if(! (Empty_LinkStack(expSTK))) printf( " \n 表达式语法错! " );
    printf(" =% -3d\n",opd1);
}
```

运行结果如下：

```
  1:进栈 2: 出栈 3: 输出栈中元素 4: 栈中元素个数 0:退出
输入功能编号〈0 -4〉: 1
输入一个元素整数类型(如2): 8
栈底: 8: top
  1: 进栈 2: 出栈 3: 输出栈中元素 4: 栈中元素个数 0: 退出
输入功能编号〈0 -4〉: 3
栈底: 8: top
  1: 进栈 2: 出栈 3: 输出栈中元素 4: 栈中元素个数 0: 退出
输入功能编号〈0 -4〉: 1
输入一个元素整数类型(如2): 6
栈底: 8: 6: top
  1: 进栈 2: 出栈 3: 输出栈中元素 4: 栈中元素个数 0: 退出
输入功能编号〈0 -4〉: 4
栈中有2 个元素
  1: 进栈 2: 出栈 3: 输出栈中元素 4: 栈中元素个数 0: 退出
输入功能编号〈0 -4〉: 2
出栈: 6
  1: 进栈 2: 出栈 3: 输出栈中元素 4: 栈中元素个数 0: 退出
输入功能编号〈0 -4〉: _
```

【例3-2】 数制转换问题。

将十进制数 N 转换为 r 进制的数，其转换方法利用辗转相除法：以 $N=3467$，$r=8$ 为例转换方法如下：

N	$N/8$（整除）	$N\%8$（求余）	
3467	433	3	↑低
433	54	1	
54	6	6	
6	0	6	高

所以 $(3467)_{10}=(6613)_8$。

由此可以看出，所转换的八进制数是按底位到高位的顺序产生的，而通常的输出则是从高位到低位的，恰好与计算过程相反。因此，转换过程中每得到一位八进制数就要进栈保存，转换完毕后依次出栈则正好是转换结果。

算法思想如下：当 $N>0$ 时，重复步骤（1）、（2）。

（1）若 $N\neq0$，则将 $N\%r$ 压入栈 s 中，执行（2）；若 $N=0$，将栈 s 的内容依次出栈，算法结束。

（2）用 N/r 代替 N。

用链栈来实现数制转换问题的代码如下（结构体类型的定义和一些算法请参考前面的内容）：

```
#include <stdio.h>
#include <malloc.h>
typedef int Datatype;
typedef struct node
{  Datatype  data;
 struct node  *next;
}StackNode, *LinkStack;
LinkStack  Init_LinkStack()/*初始化栈,算法3.6*/
{  LinkStack top=(LinkStack)malloc(sizeof(StackNode));
   top->next=NULL;
   return top;
}
int  Empty_LinkStack(LinkStack  top)   /*栈判空,算法3.7*/
{ if(top->next==NULL)   return 1;
  else return  0;
}
void Push_LinkStack(LinkStack  top, Datatype x)     /*入栈,算法3.8*/
{   StackNode *s;
    s=(LinkStack)malloc(sizeof(StackNode));
    s->data=x;
    s->next=top->next;
    top->next=s;
}
int Pop_LinkStack(LinkStack  top)/*出栈,算法3.9*/
{ Datatype x;
   StackNode  *p;
   if(top->next==NULL) return 0;
   else
   { p=top->next;
     x=p->data;
     top->next=p->next;
     free(p);
     return  x;
   }
}
void Conversion(int N,int r)          /*进制的转换*/
{  LinkStack s=Init_LinkStack();/*调用算法3.6,初始化栈*/
   printf("转换后的结果是:",N,r);
  while(N)
   {  Push_LinkStack(s,N%r); /*调用算法3.8,入栈*/
      N=N/r;
   }
  while(! Empty_LinkStack(s)) /*调用算法3.7判断栈是否空*/
   printf("%d",Pop_LinkStack(s)); /*调用算法3.9,出栈*/
   printf("\n");
}
```

```
void main()
{   int i,r;
    printf("请输入待换的数据");
    scanf("% d",&i);
    printf("请输入转换后的进制");
    scanf("% d",&r);
    Conversion(i,r);
}
```

运行结果如下：

```
请输入待换的数据10
请输入转换后的进制2
转换后的结果是:1010
```

3.3　队列

3.3.1　队列的定义及基本运算

前面所讲的栈是一种“后进先出”的数据结构，而在实际中还有一种“先进先出”（First In First Out，FIFO）的数据结构，即插入操作在表的一端进行，而删除操作在表的另一端进行，这种数据结构称为队列，把允许插入的一端称为队尾（rear），把允许删除的一端称为队头（front）。图3-4所示是一个有5个元素的队列。

入队的顺序依次为 a_1，a_2，a_3，a_4，a_5

出队的顺序依然是 a_1，a_2，a_3，a_4，a_5

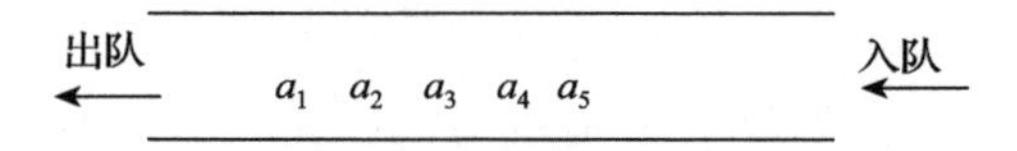

图3-4　队列示意图

显然，队列也是一种运算受限制的线性表，在队列上进行的基本操作有如下几种。

（1）队列初始化：Init_Queue(q)。

初始条件：队列不存在。

操作结果：构造一个空队列。

（2）入队操作：In_Queue(q，x)。

初始条件：队列q存在。

操作结果：对已存在的队列q，插入一个元素x到队尾位置。

（3）出队操作：Out_Queue(q，x)。

初始条件：队列q存在且非空。

操作结果：删除队首元素，其值用x返回。

3.3.2　队列的存储实现及运算实现

与线性表和栈类似，队列也有顺序存储和链式存储两种存储方式。

1. 顺序队列

顺序存储的队列称为顺序队。因为队列的队头和队尾都可以进行操作，因此设有队头、队尾两个指针。顺序队列的类型定义如下：

```
#define  MaxSize   50   /* 队列的最大容量 */
typedef  struct
{   Datatype data[MaxSize];   /* 队中元素的存储空间 */
    int front , rear;    /* 队头队尾指针 */
}SeQueue;
```

定义一个指向队列的指针变量：

```
SeQueue  *q;
```

队列的数据区为

```
q->data[0]~q->data[MaxSize -1]
```

队头指针为

```
q->front
```

队尾指针为

```
q->rear
```

设队头指针指向队头元素的前一个位置，队尾指针指向队尾元素（这样的设置是为了某些运算的方便，并不是唯一的方法）。

置空队则为

```
q->front=q->rear= -1;
```

第一个元素入队时，队头指针的值 -1，并不是指向队头元素。

在不考虑溢出的情况下，入队操作将队尾指针加 1，指向新位置后，元素入队。

操作如下：

```
q->rear++;
q->data[q->rear]=x;  /* 原队头元素送 x 中 */
```

在不考虑队空的情况下，出队操作将队头指针加 1，表明队头元素出队。

操作如下：

```
q->front++;
x=q->data[q->front];
```

队中元素的个数：m=(q->rear)-(q->front)；队满时：m= MaxSize；队空时：m=0。

按照上述思想建立的空队、入队及出队示意图如图 3-5 所示，设 MaxSize = 10。

从图中可以看出，随着入队出队的进行，会使整个队列整体向后移动，这样就出现了图 3-5d 中的现象：队尾指针已经移到了最后，再有元素入队就会出现溢出，而事实上此时队中并未真的“满员”，这种现象称为假溢出，这是由于“队尾入、队头出”这种受限制的操作所造成的。

解决假溢出的方法之一是将队列的数据区 data[0…MaxSize - 1]看成头尾相接的循环结构，头尾指针的关系不变，将其称为循环队列，循环队列的示意图如图 3-6 所示，它是一种头尾相接的循环结构。

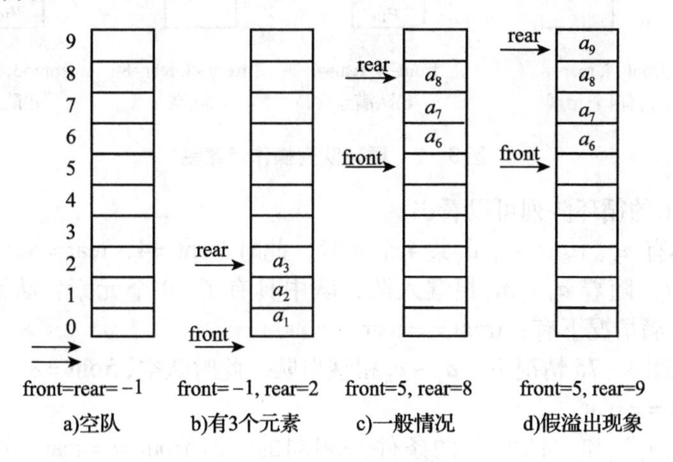

图 3-5　队列操作示意图

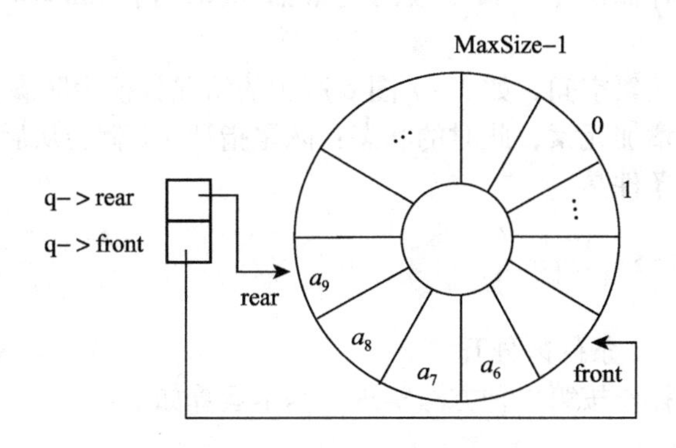

图 3-6　循环队列示意图

入队时的队尾指针加 1 操作修改为

```
q->rear=(q->rear+1)% MaxSize;
```

出队时的队头指针加 1 操作修改为

```
q->front=(q->front+1)% MaxSize;
```

设 MaxSize = 10，图 3-7 是循环队列操作示意图。

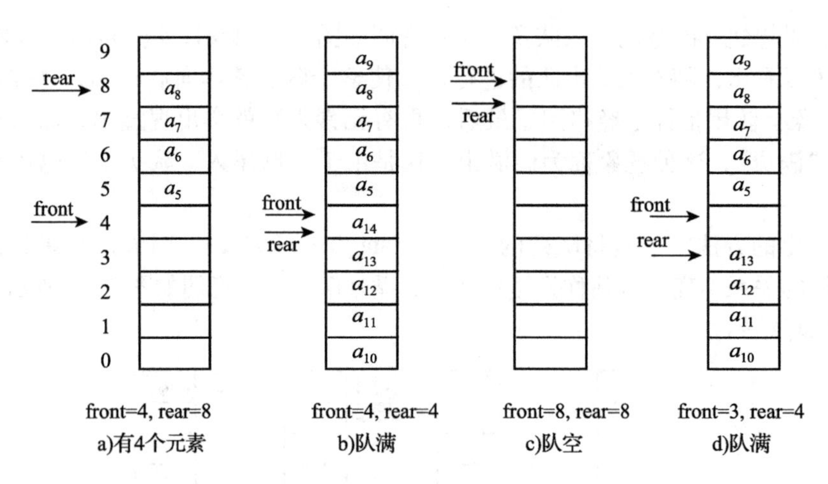

图 3－7　循环队列操作示意图

从图 3－7 所示的循环队列可以看出：

图 3－7a 中具有 a_5、a_6、a_7、a_8共 4 个元素，此时 front =4，rear =8。

图 3－7b 所示，随着 a_9 ~ a_{14}相继入队，队中具有了 10 个元素，队满。此时 front =4，rear =4，可见在队满情况下有：front = = rear。

图 3－7c 是在图 3－7a 情况下，a_5 ~ a_8相继出队，此时队空，front =8，rear =8，即在队空情况下也有：front = = rear。

也就是说“队满”和“队空”的条件是相同的，即 front = = rear。这是必须要解决的问题。

方法一，附设一个存储队中元素个数的变量如 num，当 num = =0 时队空，当 num = = MaxSize 时为队满。

方法二，少用一个元素空间，如 3－7 图 d 所示的情况就视为队满，也就是说，队满时还有一空闲单元，不能再增加元素，此时的状态：队尾指针 +1 就会从后面赶上队头指针。

这种情况下队满的条件是

```
(rear +1) % MaxSize = =front
```

能和空队 front = = rear 条件区分开。

下面的循环队列及操作按第二种方法实现。基本运算如下：

(1) 置空队。

初始条件：队列不存在。

操作结果：构造一个空队列。

操作步骤

创建一个 SeQueue 类型队列 q，并且对 q 的成员进行初始化，返回创建的队列 q。

算法 3. 10 如下：

```
void Init_Queue(SeQueue *q)
{  q->front =q->rear = -1;
}
```

算法 3. 10

（2）入队。

初始条件：队q存在。

操作结果：对已存在的队列q，插入一个元素x到队尾。

操作步骤

创建一个SeQueue类型的结点，并且把此结点加入队列q。

算法3.11如下：

```
void  In_Queue(SeQueue *q, Datatype e)
{ if((q->rear+1)% MaxSize==q->front)  printf("队满");
  else
      {q->rear=(q->rear+1)% MaxSize; q->a[q->rear]=e;}
}
```

算法3.11

（3）出队。

初始条件：队列q存在。

操作结果：删除队头元素，并返回其值。

操作步骤

读出队头元素，使队列长度减一，如果队列为空，则返回0，否则返回1。

算法3.12如下：

```
int Out_Queue(SeQueue *q, Datatype *e)
{
  if(q->front==q->rear)
  { printf("队空"); return 0;  } /* 队空,不能出队 */
   else
   { q->front=(q->front+1)% MaxSize; *e=q->a[q->front]; }  /* 读出队头元素 */
   return 1;     /* 出队完成 */
}
```

算法3.12

2. 链队

采用链式存储结构的队称为链队。与链栈类似，用单链表来实现链队，根据队列的FIFO原则，为了操作上的方便，我们分别需要一个头指针和尾指针，如图3-8所示。

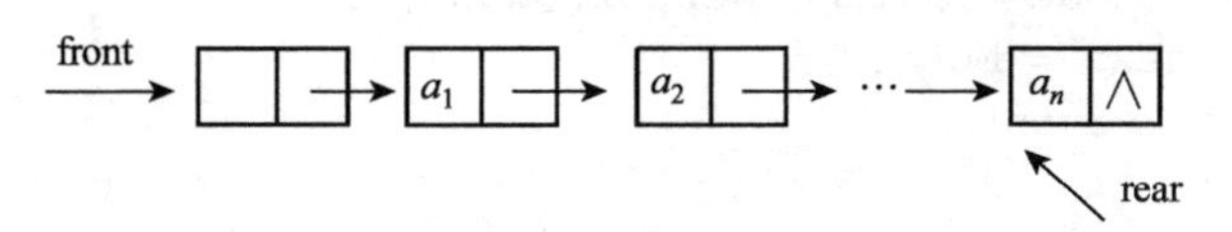

图3-8 链队示意图

图3-8中的头指针front和尾指针rear是两个独立的指针变量，从结构性上考虑，通常将二者封装在一个结构中。

链队的描述如下：

```
typedef struct node
{  Datatype  data;
   struct  node *next;
 } QNode;     /* 链队结点的类型 */

typedef struct
{  QNnode *front, *rear;
 }LQueue;     /* 将头尾指针封装在一起的链队 */
```

定义一个指向链队的指针：

```
LQueue *q;
```

按这种思想建立的带头结点的链队如图 3-9 所示。

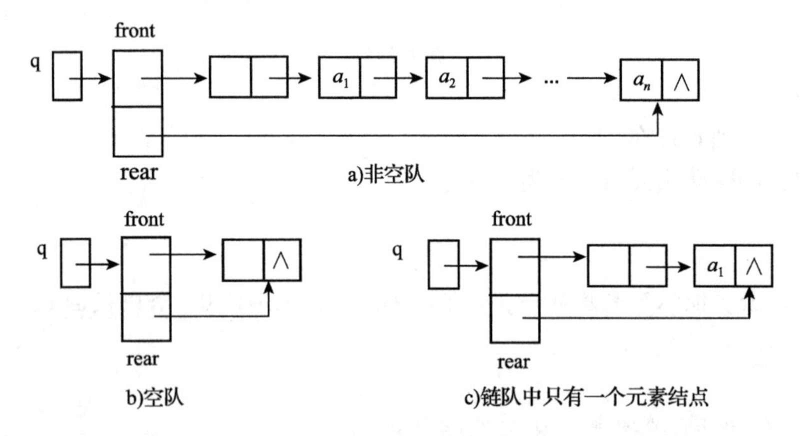

图 3-9　头尾指针封装在一起的链队

链队的基本运算如下：

(1) 创建一个带头结点的空队。

初始条件：队列不存在。

操作结果：构造一个空队列。

操作步骤

创建一个链队头结点和一个指向链队的指针。

算法 3.13 如下：

```
void Init_LQueue(LQueue *q) /* 链队列初始化 */
{  q->front = (QNode *)malloc(sizeof(QNode));
   q->front->next = NULL;
   q->rear = q->front;
}
```

算法 3.13

(2) 入队。

初始条件：队列 q 存在。

操作结果：对已存在的队列 q，插入一个元素 x 到队尾。

操作步骤

创建一个LQueue类型的结点，并且把此节点加入到队列q。

算法3.14如下：

```
int In_LQueue(LQueue *q, Datatype x)/*元素x入队列*/
{  QNode *NewNode;
   NewNode=(QNode*)malloc(sizeof(QNode));
   if(NewNode!=NULL)
   {  NewNode->data = x;
      NewNode->next = NULL;
      q->rear->next=NewNode;
      q->rear=NewNode;
      return 1;
   }
   else return 0;
}
```

算法3.14

（3）判队空。

初始条件：队列q存在。

操作结果：若q为空队列，则返回为1，否则返回为0。

操作步骤

判断q->front和q->rear是否相等，如果相等，则为空队列，返回1，否则队列不空，返回0。

算法3.15如下：

```
int Empty_LQueue(LQueue *q)
{   if (q->front==q->rear)   return 1;
    else  return 0;
}
```

算法3.15

（4）出队。

初始条件：队列q存在。

操作结果：删除队首元素，并返回其值。

操作步骤

读出队头元素，并且释放队头结点的空间，如果队列为空，返回0，否则返回1。

算法3.16如下：

```
int Del_LQueue(LQueue *q, Datatype *e) /*删除带头结点链队的队头元素*/
{   QNode *p;
    if(Empty_LQueue(q))
```

```
        {printf("队列空\n");return 0;}
    else
        {p =q->front->next;  /*p指向第一个元素结点*/
         q->front->next = p->next;  /*删除第一个元素结点*/
         if(p->next == NULL)  /*如果删除队头后链队为空,则修改尾指针*/
         q->rear = q->front;
         *e=p->data;
         free(p);
         return 1;}
}
```

算法 3.16

【例 3-3】 利用队列的顺序存储结构，实现队列的插入和删除的功能。

```
#include <stdio.h>
#include <stdlib.h>
#include <conio.h>
#define  MaxSize 10   /*队列的最大容量*/
typedef  struct
{  int a[MaxSize];  /*队员的存储空间*/
   int front, rear;  /*队头队尾指针*/
}SeQueue;
SeQueue QL;
void Init_Queue(SeQueue *q)/*初始化队列,算法3.10*/
      {  q->front=0;q->rear=0; }
void Disp_Queue(SeQueue *q)
    {char ch;
     int i;
     if(q->front==q->rear) printf("队空");
     else
         {  i=(q->front+1)% MaxSize;
            while(i!=q->rear)
              {  printf(" 新进元素 =% d",q->a[i]); i=(i+1)% MaxSize;}
                 printf(" 新进元素 =% d",q->a[i]);
         }
    printf("\n 按 enter,继续");
    ch=getch();
    }
void  In_Queue(SeQueue *q, int e)/*入队,算法3.11*/
   { if((q->rear+1)% MaxSize==q->front)  printf("队满");
     else
         { q->rear=(q->rear+1)% MaxSize; q->a[q->rear]=e;}
  }
int Out_Queue(SeQueue *q)/*出队,算法3.12*/
 {  int x;
    if(q->front==q->rear)
    { printf("队空"); x= -1;  } /*队空,不能出队*/
    else
    { q->front=(q->front+1)% MaxSize; x=q->a[q->front]; }  /*读出队头元素*/
    return (x);    /*出队完成*/
  }
```

```
void main( )
{ int k, e, x;
  char ch;
  Init_Queue(&QL);
    do
    {   printf("\n  1.数据元素进队");
        printf("\n  2.数据元素出队,返回其值");
        printf("\n  3.结束");
        printf("\n ================================");
        printf("\n  请输入您的选择(1,2,3)");
        scanf("% d",&k);
        switch(k)
        {   case 1: {   printf("\n 进队元素 = ?");
                        scanf("% d",&e);
                        In_Queue(&QL,e);
                        Disp_Queue(&QL);
                    }break;
            case 2: {   x = Out_Queue(&QL);
                        printf("\n 出队 :% d",x);
                        Disp_Queue(&QL);
                    }break;
            case 3: exit(0);
        }
        printf("\n ================================");
    }while(k > =1&&k <3);
    printf("\n 按 enter 键,返回");
    ch = getch();
}
```

运行结果如下:

```
1.数据元素进队
2.数据元素出队,返回其值
3.结束
= = = = = = = = = = = = = = = = = = = = = = = = = = = = = = =
请输入您的选择(1,2,3)1
进队元素 = ? 8
新进元素 = 8
按 enter,继续
= = = = = = = = = = = = = = = = = = = = = = = = = = = = = = =
1.数据元素进队
2.数据元素出队,返回其值
3.结束
= = = = = = = = = = = = = = = = = = = = = = = = = = = = = = =
请输入您的选择(1,2,3)2
出队:8 队空
按 enter,继续
= = = = = = = = = = = = = = = = = = = = = = = = = = = = = = =
1.数据元素进队
2.数据元素出队,返回其值
```

```
3.结束
==================================
请输入您的选择(1,2,3)3
Press any key to continue
```

3.4 栈应用举例

【**例3-4**】实现简单计算器。

要求：模拟栈，完成简单计算器。

实现：加、减、乘、除整数运算。最大操作数为整数99，表达式最大长度为255。程序运算表达式不能有空格或者不支持的运算符以外的字符。运算表达式以“=”结尾。

函数计算，操作数应用“(”和“)”括起来，否则可能得到意想不到的结果。现在支持的算术运算符包括+、-、*、/，运算符优先级：+、-→*、/→(、)。

判断两个运算符号的优先级：如果前面大于后面，值为1；相等，为0；小于，为-1。

知识点：栈的逻辑结构、链式存储结构和基本操作的实现。

```
#include <stdio.h>
#include <stdlib.h>
#define MaxSize 100
typedef struct
{int a[MaxSize];
 int top;
}number;/*数*/
 typedef struct
{char a[MaxSize];
 int top;
}symbol;/*运算符*/
void Init_numb(number *s)  /*初始化数栈*/
{s->top = -1;}
void Init_symb(symbol *s)   /*初始化运算符栈*/
{s->top = -1;}
void Push_numb(number *s,int x) /*push一个数*/
{s->top ++; s->a[s->top]=x; }
void Push_symb(symbol *s,char x) /*push运算符*/
{s->top ++; s->a[s->top]=x;}
int Pop_numb(number *s)     /*pop一个数*/
{ int x;
  x=s->a[s->top]; s->top --;
  return x;
}
char Pop_symb(symbol *s)    /*pop运算符*/
{char x;
 x=s->a[s->top]; s->top --;
```

```
 return x;
}
int GetTop_numb(number *s) /*取栈顶数*/
{return (s->a[s->top]); }
char GetTop_symb(symbol *s)   /*取栈顶运算符*/
{return (s->a[s->top]);}
int Is_symb(char c)   /*判断输入字符是否为运算符*/
{ if (c=='+'||c=='-'||c=='*'||c=='/'||c=='('||c==')'||c=='=')
        return 1;
  else   return 0;
}
int Pre_Symb(char s, char c) //判断字符的优先级
{switch(s)
     {  case '+':
        case '-':
              { if(c=='+'||c=='-')                 return '>';
              else if (c=='*'||c=='/')             return '<';
                    else if(c=='(')                return '<';
                          else if(c==')')          return '>';
                                else               return '>';
              }break;
        case '*':
        case '/':
              { if(c=='+'||c=='-')                 return '>';
              else if (c=='*'||c=='/')             return '>';
                    else if(c=='(')                return '<';
                          else if(c==')')          return '>';
                                else               return '>';
              }break;
        case '(':  { if(c==')')  return '=';
                   else     return '<';
                   }break;
        case ')':  { return '>'; }break;
        case '=':  { if(c=='=')  return '=';
                   else     return '<';
                   }break;
     }
     return 1;
}
int Operate(int x, char opr, int y)   /*计算*/
{ int result;
  switch (opr)
    { case '+':  result = x + y; break;
      case '-':  result = x - y; break;
      case '*':  result = x * y; break;
      case '/':  result = x /y; break;
    }
  return result;
}
void main()
{ number sdata;
```

```
    symbol soper;
    int a,b,result,i;
    char ch,theta;
    printf("输入表达式:\n");
    Init_numb(&sdata);
    Init_symb(&soper);
    Push_symb(&soper,'=');
    ch = getchar();
  while(ch!='='||GetTop_symb(&soper)!='=') /* 读入字符和 symbol 栈顶字符均为'='时结束运
算*/
  { if(! Is_symb(ch))                       /* 是运算数的情况*/
      {  i =atoi(&ch);                     /* atoi 函数将字符型转为整型*/
         ch = getchar();                   /* 输入数*/
         while(! Is_symb (ch))
          {  i=i*10 +atoi(&ch); ch=getchar(); }
          Push_numb(&sdata,i);
      }
      else
      {switch(Pre_Symb (GetTop_ symb(&soper),ch)) /* 比较栈顶运算符和输入运算符的优先
级*/
          { case '<': Push_symb(&soper,ch);  ch =getchar(); break;
            case '=': theta =Pop_symb(&soper); ch =getchar(); break;
            case '>': theta =Pop_symb(&soper);
                        b =Pop_numb(&sdata);
                        a =Pop_numb(&sdata);
                        result =Operate(a,theta,b);
                        Push_numb(&sdata,result);  break;
          }
      }
    }
  printf("% d\n",GetTop_numb(&sdata));
  }
```

运行结果如下:

```
输入表达式:
2*(4+2*2-1*3)-5=
5
```

提示: 表达式“2 * (4 + 2 * 2 − 1 * 3) − 5”,它的求值过程如下。

自左向右扫描表达式,当扫描到“2 *”时不能马上计算,因为后面可能还有更高的运算,正确的处理过程是:需要两个栈:对象栈 number 和运算符栈 symbol。

当自左至右扫描表达式的每一个字符时,若当前字符是运算对象,入对象栈;是运算符时,若这个运算符比栈顶运算符高则入栈,继续向后处理,若这个运算符比栈顶运算符低则从对象栈出栈两个运算量,从运算符栈出栈一个运算符进行运算,并将其运算结果入对象栈,继续处理当前字符,直到遇到结束符。

根据运算规则:左括号“(”在栈外时它的级别最高,而进栈后它的级别则最低了;

乘方运算的结合性是自右向左，所以，它的栈外级别高于栈内；就是说，有的运算符在栈内栈外的级别是不同的。

当遇到右括号“)”时，一直需要对运算符栈出栈，并且做相应的运算，直到遇到栈顶为左括号“(”时，将其出栈，因此右括号“)”级别最低但它是不入栈的。

对象栈初始化为空，中缀表达式为“2 * (4 + 2 * 2 - 1 * 3) - 5”，求值过程中两个栈的状态情况如图3-10所示。

读字符	对象栈 number	运算符栈 symbol	说明
2	2		2入栈 number
*	2	*	*入栈 symbol
(	2	*(	(入栈 symbol
4	2，4	*(	4入栈 number
+	2，4	*(+	+入栈 symbol
2	2，4，2	*(+	2入栈 number
*	2，4，2	*(+*	*入栈 symbol
2	2，4，2，2	*(+*	2入栈 number
-	2，4，4	*(+	做2*2=4，结果4入栈 number
	2，8	*(	做4+4=8，结果8入栈 number
	2，8	*(-	-入栈 symbol
1	2，8，1	*(-	1入栈 number
*	2，8，1	*(-*	*入栈 symbol
3	2，8，1，3	*(-*	3入栈 number
)	2，8，3	*(-	做1*3，结果3入栈 number
	2，5	*(	做8-3，结果5入栈 number
	2，5	*	(出栈
-	10		做2*5，结果10入栈 number
	10	-	-入栈 symbol
5	10，5	-	5入栈 number
结束符=	5	=	做10-5，结果5入栈 number

图3-10　中缀表达式“2 * (4 + 2 * 2 - 1 * 3) - 5”的求值过程

3.5　习题

1. 名词解释

（1）栈，栈的顺序结构，栈的链式结构

（2）队，队的顺序结构，队的链式结构

2. 判断题

（1）栈和队列都是特殊的线性表。 （ ）
（2）栈和队列都将插入和删除操作限制在表的端点处进行。 （ ）
（3）只允许在表的一端进行插入和删除操作的线性表称为栈。 （ ）
（4）没有元素的栈称为空栈，空栈用不着栈顶指针。 （ ）
（5）只要栈不空，就能任意删除栈中的元素。 （ ）
（6）栈允许删除的一端称为栈顶，而栈底元素是不能删除的。 （ ）
（7）对采用链式存储结构的栈进行操作时不必判断溢出。 （ ）
（8）元素进出队列一定满足“先进先出”的规律。 （ ）
（9）链式队列不存在溢出问题。 （ ）
（10）在链式队列中删除一个元素是在链表的最前端进行的。 （ ）

3. 单项选择题

（1）栈和队列的共同之处在于它们具有相同的（ ）。
A. 逻辑特性 B. 物理特性 C. 运算方法 D. 元素类型
（2）栈和队列都是特殊的线性表，其特殊性在于（ ）。
A. 它们具有一般线性表所没有的逻辑特性 B. 它们的存储结构比较特殊
C. 对它们的使用方法做了限制 D. 它们比一般线性表更简单
（3）若5个元素的出栈序列为1，2，3，4，5，则进栈序列可能是（ ）。
A. 2，4，3，1，5 B. 2，3，1，5，4
C. 3，1，4，2，5 D. 3，1，2，5，4
（4）某队列初始为空，若它的输入序列为a，b，c，d，它的输出序列应为（ ）。
A. a，b，c，d B. d，c，b，a
C. a，c，b，d D. d，a，c，b
（5）当3个元素的进栈序列给定以后，由这3个元素组成的可能的出栈序列应该有（ ）。
A. 5种 B. 6种 C. 4种 D. 3种
（6）若栈采用顺序存储结构，正常情况下，往栈中插入一个元素，栈顶指针top的变化是（ ）。
A. 不变 B. top = 0 C. top - - D. top + +
（7）若栈采用顺序存储结构，正常情况下，删除栈中一个元素，栈顶指针top的变化是（ ）。
A. 不变 B. top = 0 C. top - - D. top + +
（8）若队列采用顺序存储结构，则元素的排列顺序（ ）。
A. 与元素的值的大小有关
B. 由元素进入队列的先后顺序决定
C. 与队头指针和队尾指针的取值有关
D. 与作为顺序存储结构的数组的大小有关

（9）若非空栈采用含头结点的链式存储结构，栈顶指针为top，删除栈中的一个元素的过程是依次执行：p = top -> next，（ ），free(p)。

A. top = p -> next　　B. top -> next = p -> next
C. p = top　　D. p = p -> next

（10）若队列采用不带头结点的链式存储结构，队头元素指针与队尾元素指针分别为 front 和 rear，向队列中插入一个由 p 所指的新结点的过程是依次执行：（　　），rear = p。

A. rear = p　　B. front = p
C. rear -> next = p　　D. front -> next = p

（11）若非空队列采用不带头结点的链式存储结构，队头元素指针与队尾元素指针分别为 front 和 rear，删除队列的一个元素的过程是依次执行：p = front，（　　），free（p）。

A. rear = p　　B. rear = p -> next
C. rear = p -> next　　D. front = p -> next

（12）在循环队列中，若 front 与 rear 分别表示队头元素和队尾元素的位置，则判断循环队列队空的条件是（　　）。

A. front = rear + 1　　B. rear = front + 1
C. front = = rear　　D. rear = front - 1

4. 填空题

（1）栈和队列的逻辑结构都是________结构。

（2）栈的插入和删除操作都是在________进行，而队列的插入操作在________进行，删除操作在________进行。

（3）对某栈执行删除操作时，只有在________情况下，才会将栈底元素删除。

（4）在具体的程序设计过程中，栈的顺序存储结构一般是利用一个________描述的，同时还要定义一个整型变量来________。

（5）若栈采用顺序存储结构，在不产生溢出的情况下，往栈中插入一个新元素，首先________，然后________。

（6）若队列采用顺序存储结构，未溢出时插入一个元素，首先________，然后________。

（7）当栈的最大长度难以估计时，栈最好采用________存储结构。

5. 综合应用题

（1）已知栈采用链式存储结构，初始时为空，请画出 a，b，c，d 四个元素依次进栈以后该栈的状态，然后再画出此时的那个栈顶元素出栈后栈的状态。

（2）若按从左到右的顺序依次读入已知序列｛a，b，c，d，e，f，g｝中的元素，然后结合栈操作，能得到下列序列中的哪些序列？（每个元素进栈一次，下列序列表示出栈的次序。）

｛d，e，c，f，b，g，a｝　　｛f，e，g，d，a，c，b｝
｛e，f，d，g，b，c，a｝　　｛c，d，b，e，f，a，g｝

第4章

串及数组

本章要点

- 串和数组的概念
- 串的应用
- 数组的存储形式

在事物处理程序中，顾客的姓名、地址、货物的产地、名称等，一般是作为字符串来处理的。串（即字符串）是一种特殊的线性表，它的数据元素仅由一个字符组成，计算机所处理的非数值对象经常是字符串数据，常常把一个串作为一个整体来处理。

4.1　串及其基本运算

随着计算机的发展，串在文字编辑、词法扫描、符号处理以及定理证明等许多领域得到越来越广泛的应用。在文本框中输入“数据结构”，如图4-1所示，网站进行了字符串的查找匹配工作。在高级语言中开始引入了串变量的概念，如同整型、实型变量一样，串变量也可以参加各种运算。

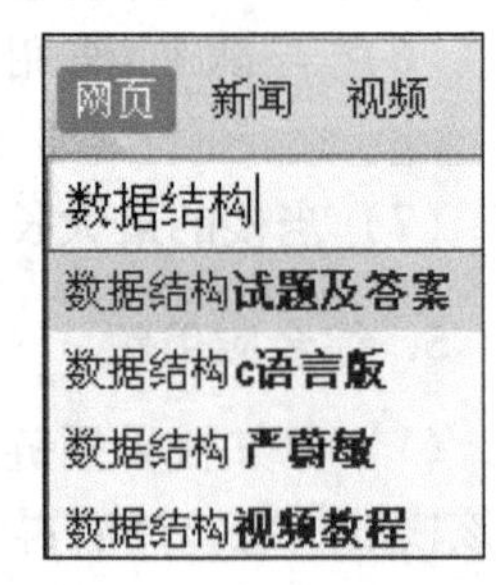

图4-1　串的应用

4.1.1　串的基本概念

1. 串的定义

串是由零个或多个任意字符组成的字符序列。一般记作：

$$\underbrace{s}_{\text{串名}} = \text{“}\underbrace{s_1 s_2 \cdots s_n}_{\text{串值}}\text{”}$$

其中 s 是串名，用双引号作为串的定界符，引号引起来的字符序列为串值，引号本身不属于串的内容；s_i（$1\leqslant i\leqslant n$）是一个任意字符，称为串的元素，是构成串的基本单位，i 是它在整个串中的序号；n 为串的长度，表示串中所包含的字符个数，当 $n=0$ 时，称为空串，通常记为 ϕ。

2. 常用术语

子串与主串：串中任意连续的字符组成的子序列称为该串的子串。包含子串的串相应地称为主串。

子串的位置：子串的第一个字符在主串中的序号称为子串的位置。

串相等：称两个串是相等的，是指两个串的长度相等且对应位置的字符都相等。

4.1.2　串的基本运算

串的运算有很多，下面介绍部分基本运算：

（1）求串长 Str_Length(s)。

初始条件：串 s 存在。

操作结果：求出串 s 的长度。

（2）串赋值 Str_Assign(s1，s2)。

初始条件：s1 是一个串变量，s2 或者是一个串常量，或者是一个串变量（通常 s2 是一个串常量时称为串赋值，是一个串变量时称为串拷贝）。

操作结果：将 s2 的串值赋值给 s1，s1 原来的值被覆盖掉。

（3）连接操作：Str_Concat(s1，s2)。

初始条件：串 s1、s2 存在。

操作结果：两个串的连接就是将一个串的串值紧接着放在另一个串的后面，连接成一个新串。在 s1 的后面连接 s2 的串值，s1 改变，s2 不改变。

例如：s1 = "he"，s2 = "bei"，操作结果是 s1 = "he bei"。

（4）求子串 Str_Sub(s，i，len)。

初始条件：串 s 存在，且 1≤i≤StrLength(s)，0≤len≤StrLength(s) - i + 1。

操作结果：返回从串 s 的第 i 个字符开始的、长度为 len 的子串。len = 0 得到的是空串。

例如：Str_Sub（"abcdefghi"，3，4） = "cdef"。

（5）串比较 Str_Equal(s1，s2)。

初始条件：串 s1、s2 存在。

操作结果：若 s1 = = s2，操作返回值为 1；否则，返回结果为 0。

（6）子串定位 Str_Index(s，t)：找子串 t 在主串 s 中首次出现的位置。

操作条件：串 s、t 存在。

操作结果：若 t∈s，则操作返回 t 在 s 中首次出现的位置，否则返回值为 -1。

例如：Str_Index("abcdebda","bc") = 2，Str_Index（"abcdebda","ba"） = -1。

（7）串插入 Str_Insert(s，i，t)。

初始条件：串 s、t 存在，1≤i≤StrLength(s) + 1。

操作结果：将串 t 插入到串 s 的第 i 个字符位置上，s 的串值发生改变。

（8）串删除 Str_Delete(s，i，len)

初始条件：串 s 存在，1≤i≤StrLength(s)，0≤len≤StrLength(s) - i + 1。

操作结果：删除串 s 中从第 i 个字符开始的、长度为 len 的子串，s 的串值改变。

（9）串替换 Str_Rep(s，t，r)

初始条件：串 s、t、r 存在，t 不为空。

操作结果：用串 r 替换串 s 中出现的所有与串 t 相等的不重叠的子串，s 的串值改变。

以上是串的几个基本操作。其中前 5 个操作是最为基本的，它们不能通过其他的操作来合成，因此通常将这 5 个基本操作称为最小操作集。

4.2 串的定长顺序存储及基本运算

串是一种特殊的线性表，它的每个结点仅由一个字符组成，因此存储串的方法也就是存储线性表的一般方法。存储串最常用的方式是采用顺序存储，即把串中的字符按顺序存储在地址连续的内存区域里，这称为顺序串。

顺序存储采用一般顺序表的存储结构，其类型定义如下：

```
#define MaxSize 100
typedef struct
{char data[MaxSize];
    int len;
} SqString;
```

其中，data 域用来存储字符串；len 域用来存储字符串的当前长度；MaxSize 常量表示所允许存储的字符串的最大长度。在 C 语言中每个字符串以 '\0' 标志结束。

下面给出部分的基本操作所对应的实现。

(1) 字符串赋值。

初始条件：cstr 是一个字符串常量。

操作结果：把字符串常量 cstr 的内容赋给 str 所指向的存储空间。

操作步骤

将一个字符串常量赋给 str 所指向的串，即生成一个其值等于 cstr 的串。

算法 4.1 如下：

```
void Str_Assign(SqString *str,char cstr[])
{ int i;
  for(i=0;cstr[i]!='\0';i++)
  str->data[i]=cstr[i];
  str->data[i+1]='\0';
  str->len=i;
}
```

算法 4.1

(2) 字符串比较。

初始条件：串 s、t 存在。

操作结果：若 s1==s2，操作返回值为 1；否则，返回结果为 0。

操作步骤

判断两个串是否相等：若两串s与t相等，则返回真（1）；否则，返回假（0）。

算法4.2如下：

```
int Str_Equal(SqString s,SqString t)
{int same =1,i;
   if (s.len! =t.len) same =0; /* 长度不相等时返回0 * /
   else
   for (i =0;i <s.len;i + +)
   if (s.data[i]! =t.data[i]) /* 有一个对应字符不同时返回0 * /
       {
           same =0;
           break;
       }
   return same;
}
```

算法4.2

（3）字符串连接。

初始条件：串s、t存在。

操作结果：将一个串s紧接着放在另一个串t的后面，连接成一个新串s。

操作步骤

返回由两个串s和t连接在一起形成的新串。

算法4.3如下：

```
SqString Str_Concat(SqString s, SqString t)
{   SqString str;
    int i;
    str.len =s.len +t.len;
    for (i =0;i <s.len;i + +) /* s.data[0..s.len -1] = >str * /
       str.data[i] =s.data[i];
    for (i =0;i <t.len;i + +)  /* t.data[0..t.len -1] = >str * /
       str.data[s.len +i] =t.data[i];
    return str;
}
```

算法4.3

（4）求子串。

初始条件：串s存在，且1≤i≤s. len，0≤len≤s. len - i + 1。

操作结果：返回从串s的第i个字符开始的长度为j的子串。j =0得到的是空串。

操作步骤

返回串 s 中从第 i(1≤i≤s.len) 个字符开始的、由连续 j 个字符组成的子串。

算法 4.4 如下:

```
SqString Str_Sub(SqString s,int i,int j)
{     SqString str;int k;str.len=0;
      if (i<=0 || i>s.len||j<0||i+j-1>s.len)
        {
            printf("参数不正确\n");
                return str;     /*参数不正确时返回空串*/
        }
      for (k=i-1;k<i+j-1;k++)      /*s.data[i..i+j]=>str*/
           str.data[k-i+1]=s.data[k];
      str.len=j;
      return str;
}
```

算法 4.4

【例 4-1】 设计能够在顺序串上实现串比较运算的算法 Str_cmp(s, t)。

本例的算法思路如下:

(1) 比较 s 和 t 两个串在共同长度范围内的对应字符:

① 若 s 的字符小于 t 的字符，返回 1。

② 若 s 的字符大于 t 的字符，返回 -1。

③ 若 s 的字符等于 t 的字符，按上述规则继续比较。

(2) 当 (1) 中对应字符均相同时，比较 s1 和 s2 的长度:

① 两者相等时，返回 0。

② s 的长度大于 t 的长度，返回 1。

③ s 的长度小于 t 的长度，返回 -1。

程序代码如下:

```
#define MaxSize 100
#include <string.h>
#include <stdio.h>
typedef struct
{     char data[MaxSize];
      int len;
  } SqString;
void Str_Assign(SqString *str,char cstr[])     /*算法 4.1 */
{   int i;
    for(i=0;cstr[i]!='\0';i++)
    str->data[i]=cstr[i];
    str->data[i+1]='\0';
    str->len=i;
}
int Str_cmp(SqString s,SqString t)
```

```
{     int i,comlen;
      if(s.len<t.len) comlen=s.len;/*求s与t中较短的长度*/
      else comlen=t.len;
      for(i=0;i<comlen;i++)  /*逐个字符比较*/
         if(s.data[i]<t.data[i])  return -1;
         else if(s.data[i]>t.data[i]) return 1;
      if(s.len==t.len) return 0;   /*s==t*/
      else if(s.len<t.len) return -1; /*s<t*/
        else  return 1;          /*s>t*/
}
void main()
{     SqString s1,s2;
      char cstr1[100],cstr2[100];
      printf("请输入字符串s1:");
      scanf("%s",cstr1);
      printf("请输入字符串s2:");
      scanf("%s",cstr2);
      Str_Assign(&s1,cstr1);/*调用算法4.1,给s1赋值*/
      Str_Assign(&s2,cstr2); /*调用算法4.1,给s2赋值*/
      printf("返回值是:%d\n",Str_cmp(s1,s2));
}
```

程序运行结果如下：

```
请输入字符串s1:abcd
请输入字符串s2:acdb
返回值是: -1
```

4.3 串的链式存储及基本运算

由于串也是一种线性表，因此也可以采用链式存储。由于串的特殊性（每个元素只有一个字符），在具体实现时，每个结点既可以存放一个字符，也可以存放多个字符。如果使串中的每个结点存放一个字符，链式存储结点类型定义如下：

```
typedef struct node
{  char data;
   struct  node *next;
} LiString;
```

下面以每个字符对应一个结点为例，实现串的基本操作算法。

（1）串赋值。

初始条件：L是一个指向串的指针，a是一字符串。

操作结果：将a串值赋给L。

操作步骤

把字符串 a 内的字符依次赋给 L 所指向的空间。

算法 4.5 如下：

```
void Str_Assign(LiString *&S,char a[])//串的初始化
{  LiString *p, *q;
   int j;
   S=( LiString *)malloc(sizeof(LiString));
   q=S;
   for(j=0;a[j]!='\0';j++)
   {  p=( LiString *)malloc(sizeof(LiString));
      p->data=a[j];
      q->next=p;
      p->next=NULL;
      q=p;
   }
}
```

算法 4.5

（2）串连接。

初始条件：串 s1、s2 存在。

操作结果：两个串的连接就是将一个串的串值紧接着放在另一个串的后面，连接成一个新串。

操作步骤

一个串 s1 的串值紧接着放在另一个串 s2 的后面，连接成一个新串 s。

算法 4.6 如下：

```
LiString * Str_Concat (LiString *s1,  LiString *s2)//连接子串
{    LiString *p1=s1->next,*p2=s2->next,*h,*s,*q;
     h=(LiString*)malloc(sizeof(LiString));
     h->next=NULL;
     q=h;
     while(p1!=NULL)
     {     s=(LiString*)malloc(sizeof(LiString));
           q->next=s;
           q=s;
           s->data=p1->data;
           p1=p1->next;
     }
     while(p2!=NULL)
     {     s=(LiString*)malloc(sizeof(LiString));
           q->next=s;
```

```
        q = s;
        s -> data = p2 -> data;
        p2 = p2 -> next;
    }
    s -> next = NULL;
    return h;
}
```

算法4.6

(3) 求串长度。

初始条件：串s存在。

操作结果：求出串的长度，并返回串的长度。

操作步骤

求出串s的长度，并返回串的长度。

算法4.7如下：

```
int Str_Length(LiString * S)//求串的长度
{   LiString * p = S -> next;
    int i = 0;
    while(p! = NULL)
    {   p = p -> next;
        i ++;
    }
    return i;
}
```

算法4.7

(4) 求子串。

初始条件：串s存在，且1≤i≤s. len，0≤len≤s. len - i + 1。

操作结果：返回从串s的第i个字符开始的、长度为j的子串。j = 0时得到的是空串。

操作步骤

找到第i个字符的位置，把t插入在s的第i个字符的后面。

算法4.8如下：

```
LiString * Str_Sub(LiString * L,  int i,  int j)//求子串
{   LiString * p = S -> next, * h, * s, * q;
    int n = 1,t = Str_Length(L);
    h = (LiString * )malloc(sizeof(LiString));
    h -> next = NULL;
    if(i < = 0 ‖ i > t ‖ i + j - 1 > t ‖ j < 0)
        return h;
    q = h;
    while(n < i)
```

```
    {   n++;p=p->next;   }
    while(n<=i+j-1)
    {   s=(LiString*)malloc(sizeof(LiString));
        q->next=s;
        q=s;
        s->data=p->data;
        p=p->next;
        n++;
    }
  s->next=NULL;
  return h;
}
```

算法 4.8

(5) 输出串。

初始条件：串 L 存在。

操作结果：把串 L 中的字符依次输出。

操作步骤

依次输出串 L 中的所有字符。

算法 4.9 如下：

```
void Str_Disp(LiString *S) //输出字符串
{   LiString *p=S->next;
    while(p!=NULL)
    {   printf("%c  ",p->data);
        p=p->next;
    }
}
```

算法 4.9

【例 4-2】 利用串的链式结构，设计实现串的插入、删除、连接等功能。

程序如下：

```
#include<stdio.h>
#include "malloc.h"
typedef struct node
{   char data;
    struct node *next;
}LiString;
void Str_Assign(LiString *&S,char a[])//算法 4.5,串的初始化
{   LiString *p,*q;
    int j;
    S=(LiString*)malloc(sizeof(LiString));
    q=S;
    for(j=0;a[j]!='\0';j++)
    {   p=(LiString*)malloc(sizeof(LiString));
```

```
            p->data=a[j]; q->next=p; p->next=NULL; q=p;
        }
}
void Str_Disp(LiString *S) //算法4.9,输出字符串
{   LiString *p=S->next;
    while(p!=NULL)
    {   printf("%c ",p->data); p=p->next; }
}
int Str_Length(LiString *S) //算法4.7,求串的长度
{   LiString *p=S->next;
    int i=0;
    while(p!=NULL)
    {   p=p->next; i++; }
    return i;
}
LiString *Str_Delete(LiString *S,int i,int j) //删除子串
{   LiString *p=S->next,*s,*h,*q;
    int t=Str_Length(S), n=1;
    h=(LiString *)malloc(sizeof(LiString));
    h->next=NULL;
    if(i<=0||i>t||i+j-1>t||j<0) return h;
    q=h;
    while(p!=NULL)
    {   if(n>=i&&n<=i+j-1)  p=p->next;
        else
        {   s=(LiString *)malloc(sizeof(LiString));
            q->next=s;  q=s; s->data=p->data; p=p->next;
        }
        n++;
    }
    s->next=NULL;
    return h;
}
LiString *Str_Rep(LiString *s1,int i,int j,LiString *s2) //置换
{   LiString *p=s1->next,*s,*h,*q,*p2=s2->next;
    int t=Str_Length(s1),n=1;
    h=(LiString *)malloc(sizeof(LiString));
    h->next=NULL;
    if(i<=0||i>t||i+j-1>t||j<0)  return h;
    q=h;
    while(n<i)
    {   s=(LiString *)malloc(sizeof(LiString));
        q->next=s; q=s; s->data=p->data; p=p->next;
        n++;
    }
    while(p2!=NULL)
    {   s=(LiString *)malloc(sizeof(LiString));
```

```
            q->next=s; q=s; s->data=p2->data; p2=p2->next;
        }
        while(n<=i+j-1)
        {   p=p->next; n++; }
        while(p!=NULL)
        {   s=(LiString*)malloc(sizeof(LiString));
            q->next=s; q=s; s->data=p->data; p=p->next;
        }
        s->next=NULL;
        return h;
}
LiString *Str_Sub(LiString *S,int i,int j) //算法4.8,求子串
{   LiString *p=S->next,*h,*s,*q;
    int n=1,t=Str_Length(S);
    h=(LiString*)malloc(sizeof(LiString));
    h->next=NULL;
    if(i<=0||i>t||i+j-1>t||j<0)  return h;
    q=h;
    while(n<i)
    {   n++;  p=p->next; }
    while(n<=i+j-1)
    {   s=(LiString*)malloc(sizeof(LiString));
        q->next=s;  q=s;  s->data=p->data; p=p->next;
        n++;
    }
    s->next=NULL;
    return h;
}
LiString *Str_Concat(LiString *s1, LiString *s2) //算法4.6,连接子串
{   LiString *p1=s1->next,*p2=s2->next,*h,*s,*q;
    h=(LiString*)malloc(sizeof(LiString));
    h->next=NULL;
    q=h;
    while(p1!=NULL)
    {   s=(LiString*)malloc(sizeof(LiString));
        q->next=s;  q=s;  s->data=p1->data;  p1=p1->next;
    }
    while(p2!=NULL)
    {   s=(LiString*)malloc(sizeof(LiString));
        q->next=s; q=s;  s->data=p2->data;  p2=p2->next;
    }
    s->next=NULL;
    return h;
}
void main()
{   LiString *s,*s1,*s2,*s3,*s4;
    char a[]={"abcdefghefghij"},b[]={"xyz"};
```

```
    Str_Assign(s,a);/* 建立串 s * /
    Str_Assign(s1,b);/* 建立串 s1 * /
    printf("(1)输出串 s:");  Str_Disp(s);
    printf("\n\n(2)串 s 的长度 = % d",Str_Length(s));
    printf("\n\n(3)删除串 s 第 2 个字符开始的 5 个字符而产生串 s2");
    s2 = Str_Delete(s,2,5);
    printf("\n\n(4)输出串 s2:");Str_Disp(s2);
    printf("\n\n(5)将串 s 第 2 个字符开始的 5 个字符替换成串 s1 而产生串 s2");
    s2 = Str_Rep(s,2,5,s1);
    printf("\n\n(6)输出串 s2:");Str_Disp(s2);
    printf("\n\n(7)提取串 s 的第 2 个字符开始的 10 个字符而产生串 s3");
    s3 = Str_Sub(s,2,10);
    printf("\n\n(8)输出串 s3:");Str_Disp(s3);
    printf("\n\n(9)将串 s 和串 s1 连接起来而产生串 s4");
    s4 = Str_Concat(s,s1);
    printf("\n\n(10)输出串 s4:");Str_Disp(s4);
    printf("\n");
}
```

运行结果如下：

```
<1 >输入串 s:a b c d e f g h e f g h i j
<2 >串 s 的长度 =14
<3)删除串 s 第 2 个字符开始的 5 个字符而产生串 s2
<4 >输出串 s2:a g h e f g h i j
<5 >将串 s 第 2 个字符开始的 5 个字符替换成串 s1 而产生串 s2
<6 >输出串 s2:a x y z g h e f g h i j
<7 >提取串 s 的第 2 个字符开始的 10 个字符而产生串 s3
<8 >输出串 s3:b c d e f g h e f g
<9 >将串 s 和串 s1 连接起来而产生串 s4
<10 >输出串 s4:a b c d e f g h e f g h i j x y z
```

4.4　模式匹配

串的模式匹配即子串定位是一种重要的串运算。设 s 和 t 是给定的两个串，在主串 s 中找到等于子串 t 的过程称为模式匹配，如果在 s 中找到等于 t 的子串，则称匹配成功，函数返回 t 在 s 中首次出现的存储位置（或序号）；否则匹配失败，返回 -1。t 也称为模式。为了运算方便，设字符串的长度存放在 0 号单元，串值从 1 号单元存放，这样字符序号与存储位置一致。

模式匹配算法的思想如下：首先，将 s_1 与 t_1 进行比较，若不同，就将 s_2 与 t_1 进行比较，……，直到 s 的某一个字符 s_i 和 t_1 相同，再将它们之后的字符进行比较，若也相同，则如此继续往下比较，当 s 的某一个字符 s_i 与 t 的字符 t_j 不同时，则 s 返回到本趟开始字符的下一个字符，即 s_{i-j+2}，t 返回到 t_1，继续开始下一趟的比较，重复上述过程。若 t 中的字符全部比较完，则说明本趟匹配成功，本趟的起始位置是 i - j + 1 或 i - t[0]，否则，匹配失败。

设主串 s = " ababcabcacbab"，模式 t = " abcac"，匹配过程如图 4 - 2 所示。

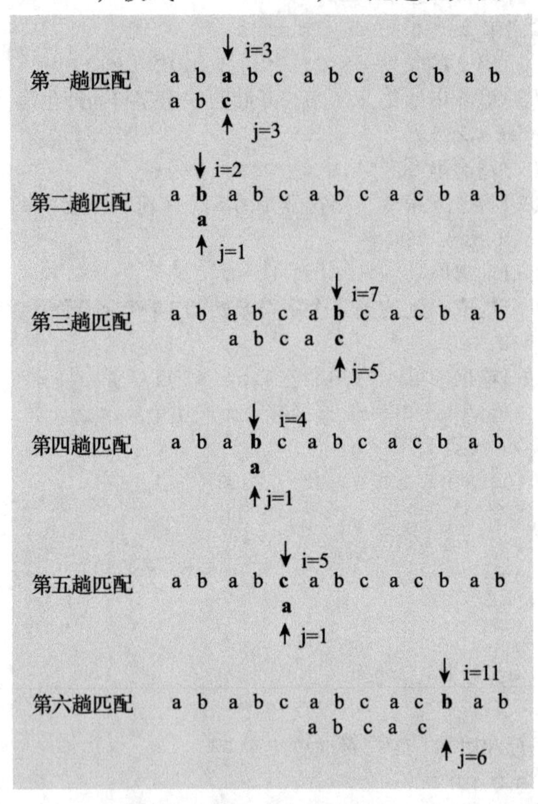

图 4 - 2　简单模式匹配的匹配过程

该算法简称为 BF 算法，依据这个思想，程序代码如下：

```
#include "stdio.h"
#include "string.h"
int BF_Match(char *s,char *t) /*从串 s 的第一个字符开始找首次与串 t 相等的子串*/
{   int i =1,j =1;
    while (i< =strlen(s) && j< =strlen(t) )   /*都没遇到结束符*/
         if (s[i] ==t[j]) { i++;  j++; }/*继续*/
         else             {i =i -j +2; j =1; } /*回溯*/
    if (j> =strlen(t))  return (i -strlen(t) +1);/*匹配成功,返回存储位置*/
else  return -1;
}
void main()
{int k;
 char *s = "ababcabcacbab";
 char *t = "abcac";

 k =BF_Match(s,t);
 if(k! = -1) printf(" 第一个元素在主串中的位置为% d\n",k);
 else printf("匹配不成功\n");
}
```

运算结果如下：

```
第一个元素在主串中的位置为6
Press any key to continue_
```

4.5 数组

数组是由 $n(n>1)$ 个相同类型数据元素 a_1，a_2，…，a_n 构成的有限序列，且存储在一块地址连续的内存区域中。数组的定义类似于采用顺序存储结构的线性表。式（4-1）为二维数组的矩阵表示。

$$A_{m\times n}=\begin{pmatrix} a_{11} & a_{12} & \cdots & a_{1j} & \cdots & a_{1n} \\ a_{21} & a_{22} & \cdots & a_{2j} & \cdots & a_{2n} \\ \vdots & \vdots & & \vdots & & \vdots \\ a_{i1} & a_{i2} & \cdots & a_{ij} & \cdots & a_{in} \\ \vdots & \vdots & & \vdots & & \vdots \\ a_{m1} & a_{m2} & \cdots & a_{mj} & \cdots & a_{mn} \end{pmatrix} \qquad (4-1)$$

数组是一组具有固定个数的元素的集合。由于这个性质，使得对数组的操作不像对线性表的操作那样可以在表中任意一个合法的位置插入或删除一个元素。

假设二维数组中的元素按“行序优先”的原则存放，每个元素占 size 个存储单元，下标从1开始，则首元素 a_{11} 的地址为 Loc[1, 1]，求任意元素 a_{ij} 的地址。a_{ij} 排在第 i 行第 j 列，前面的第 $i-1$ 行有 $n\times(i-1)$ 个元素，第 i 行第 j 个元素前面还有 $j-1$ 个元素。由此得到任一元素地址计算公式：

```
Loc[i, j] = Loc[1,1] +(n*(i-1)+j-1)*size
```

同理，以“列序优先”的原则存放数组元素时，下标从1开始，首元素 a_{11} 的地址为 Loc [1, 1]，则任意元素 a_{ij} 的地址计算公式为

```
Loc[i, j] = Loc[1,1] + (m*(j-1)+i-1)*size
```

矩阵是科学计算、工程数学，尤其是数值分析中经常研究的对象，在某些高阶矩阵中，非零元素很少（远小于 $m\times n$），不适合采用二维数组顺序存放。因为很多存储空间存储的都是0，只有很少的一些空间存储的是有效数据，这将造成存储单元的大量浪费，为此需要提高存储空间的利用率。

若数值相同的元素或零元素在矩阵中的分布有一定规律，则称它为特殊矩阵。特殊矩阵可进行压缩存储。压缩原则是：对有规律的元素和数值相同的元素只分配一个存储空间，对于零值元素不分配空间。下面介绍几种特殊矩阵以及对它们进行压缩存储的方式。

1. 三角矩阵

三角矩阵分为三类：下三角矩阵、上三角矩阵和对称矩阵。对于一个 $n\times n$ 的矩阵来说：

若当 $i<j$ 时，有 $a_{ij}=0$，则称此矩阵为下三角矩阵；

若当 $i>j$ 时，有 $a_{ij}=0$，则称此矩阵为上三角矩阵；

若矩阵中的所有元素均满足 $a_{ij}=a_{ji}$，则称此矩阵为对称矩阵。

以式（4-2）中的 $n\times n$ 下三角矩阵为例来讨论三角矩阵的压缩存储。

$$\boldsymbol{A}_{n\times n}=\begin{pmatrix} a_{11} & 0 & 0 & \cdots & 0 & 0 \\ a_{21} & a_{22} & 0 & \cdots & 0 & 0 \\ a_{31} & a_{32} & a_{33} & & 0 & 0 \\ \vdots & \vdots & \vdots & & \vdots & \vdots \\ a_{(n-1)1} & a_{(n-1)2} & a_{(n-1)3} & \cdots & a_{(n-1)(n-1)} & 0 \\ a_{n1} & a_{n2} & a_{n3} & \cdots & a_{n(n-1)} & a_{nn} \end{pmatrix} \tag{4-2}$$

对于下三角矩阵的压缩存储，只需存储下三角的非零元素。若按“行序优先”的原则进行存储，得到的序列是（a_{11}，a_{21}，a_{22}，a_{31}，a_{32}，a_{33}，…，a_{n1}，a_{n2}，…，a_{nn}）。由于下三角矩阵的元素个数为 $n(n+1)/2$，所以可将三角矩阵压缩存储到一个大小为 $n(n+1)/2$ 的一维数组中，如图 4-3 所示。

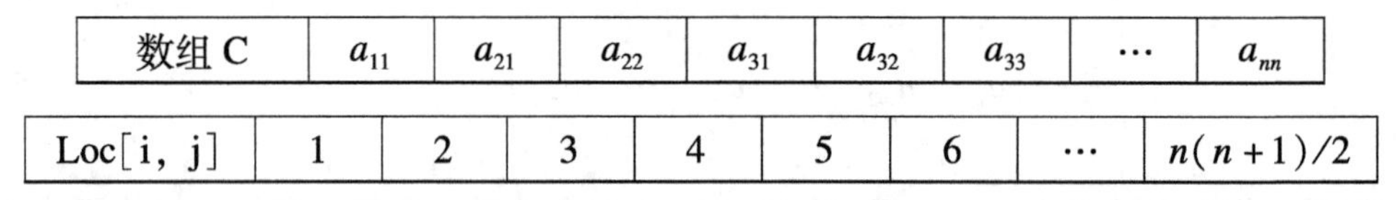

数组 C	a_{11}	a_{21}	a_{22}	a_{31}	a_{32}	a_{33}	…	a_{nn}

Loc[i, j]	1	2	3	4	5	6	…	$n(n+1)/2$

图 4-3 三角矩阵的压缩形式

下三角矩阵中的元素 a_{ij}（$i\geqslant j$）在一维数组 C 中的位置为

```
Loc[i, j] = Loc[1, 1] + i * (i - 1) /2 + j - 1
```

同样，对于上三角矩阵，也可以将其压缩存储到一个大小为 $n(n+1)/2$ 的一维数组 C 中。其中，元素 $a_{ij}(i\leqslant j)$ 在数组 C 中的存储位置为

```
Loc[i, j] = Loc[1, 1] + j * (j - 1) /2 + i - 1
```

对于对称矩阵，因其元素满足 $a_{ij}=a_{ji}$，我们可以为每一对相等的元素分配一个存储空间，即只存下三角（或上三角）矩阵，从而将 n^2 个元素压缩到 $n(n+1)/2$ 个空间中。

2. 稀疏矩阵

在矩阵中，若数值为 0 的元素数目远远多于非 0 元素的数目，并且非 0 元素分布没有规律时，则称该矩阵为稀疏矩阵；与之相反，若非 0 元素数目占大多数时，则称该矩阵为稠密矩阵。式（4-3）就是一个稀疏矩阵的例子。

$$\boldsymbol{A}_{6\times 7}=\begin{pmatrix} 0 & 12 & 9 & 0 & 0 & 0 & 0 \\ 0 & 0 & 0 & 0 & 0 & 0 & 0 \\ -3 & 0 & 0 & 0 & 0 & 14 & 0 \\ 0 & 0 & 24 & 0 & 0 & 0 & 0 \\ 0 & 18 & 0 & 0 & 0 & 0 & 0 \\ 15 & 0 & 0 & -7 & 0 & 0 & 0 \end{pmatrix} \tag{4-3}$$

由于稀疏矩阵中非零元素的分布没有任何规律，在存储非零元素时，必须保存该非零元素所对应的行下标和列下标。这样，存储的每个稀疏矩阵中的非零元素都需要由三个参量（行下标、列下标、元素值）来唯一确定，将这种存储结构称为稀疏矩阵的三元组表示法。

三元组的结构如图4-4所示。

稀疏矩阵中的所有非零元素构成三元组线性表。若把稀疏矩阵的三元组线性表按顺序存储结构存储，则称为稀疏矩阵的三元组顺序表。

把这些三元组按“行序优先”的原则用一维数组进行存放，即将矩阵的任何一行的全部非零元素的三元组按列号递增存放。例如，式（4-3）中的稀疏矩阵对应的三元组表的形式如图4-5所示。

该非零元素所在的行值　该非零元素所在的列值　该非零元素所在的值

row	col	value

图4-4　三元组的结构

行 row	列 col	值 value
1	2	12
1	3	9
3	1	–3
3	6	14
4	3	24
5	2	18
6	1	15
6	4	–7

图4-5　三元组的结构实例

三元组线性表中结点的定义：

```
#define MaxSize 100 /* 非零元素的个数最多为100 */
typedef struct
{  int  row;       /* 该非零元素的行下标 */
   int  col;       /* 该非零元素的列下标 */
   DataType  e;   /* 该非零元素的值 */
}Triple3;
typedef struct
{  int n;             /* 矩阵的行总数 */
   int m;             /* 矩阵的列总数 */
   int t;          /* 矩阵的非零元素的总个数 */
   Triple3 data[MaxSize +1];       /* 三元组顺序表 */
}TSMatrix;
```

稀疏矩阵的三元组表示法虽然节约了存储空间，但与矩阵正常的存储方式相比，实现相同操作要耗费较多的时间，同时也增加了算法的难度，即以耗费更多时间为代价来换取空间的节省。

下面首先以稀疏矩阵的转置运算为例，介绍采用三元组表的实现方法。所谓的矩阵转置，是将位于（row，col）位置上的元素换到（col，row）位置上，也就是说，把元素的行列互换。

采用矩阵的正常存储方式时，实现矩阵转置的算法如下：

（1）将稀疏矩阵的三元组表的行列互换，即（i，j，x）→（j，i，x）。

（2）为了保证转置后的矩阵的三元组表也是以“行序优先”的原则进行存放，则需要对行列互换后的三元组表按行下标（即列下标）大小重新排序，如图 4-6 所示。

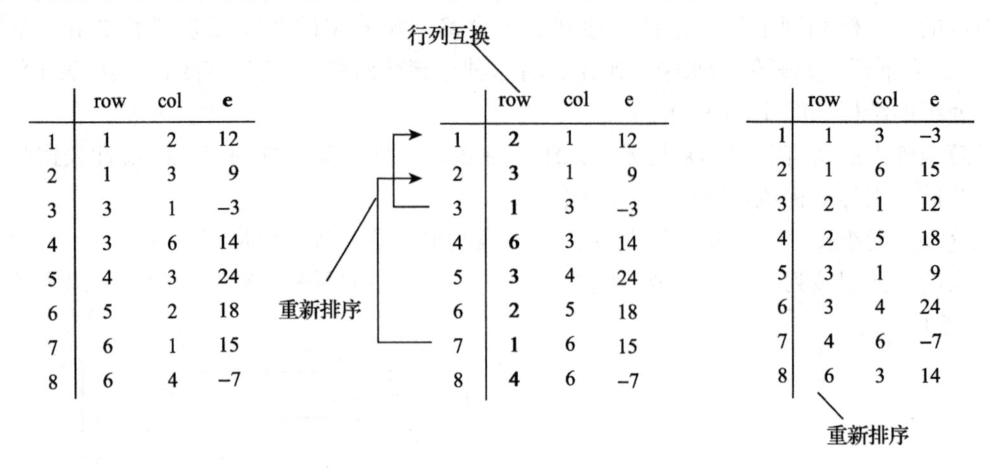

图 4-6 矩阵的转置（用三元组表示矩阵）

【例 4-3】 用三元组表实现稀疏矩阵的转置运算。

```
#include "stdio.h"
#include "stdlib.h"
#define MaxSize 100        /* 非零元素的个数最多为 100 */
typedef int DataType;
typedef struct
{ int row,col;          /* 行、列下标 */
  DataType e;           /* 非零元素 */
}Node;
typedef struct
{  int m,n,k;          /* 矩阵的行、列、非零元素的总个数 */
   Node data[MaxSize];        /* 三元组顺序表 */
}TSMatrix;
void Init_matrix(TSMatrix *A)
{ int i;
  printf("\n输入行号,列号,非零元素个数:(用空格间隔开)");
  scanf("%d%d%d",&A->m,&A->n,&A->k);
  for(i=0;i<A->k;i++)
  {  printf("第%d个三元组的行号 列号 非零元素值",i+1);
     scanf("%d%d%d",&A->data[i].row,&A->data[i].col,&A->data[i].e);
}
}
void print(TSMatrix A)
{  int i;
   for(i=0;i<A.k;i++)
     printf("\n%d,%d,%d",A.data[i].row,A.data[i].col,A.data[i].e);
}
void TransposeTSMatrix(TSMatrix A,TSMatrix &B) /* 矩阵转置,用三元表表示 */
{ int p, q, col;
  B.m=A.n;  B.n=A.m;  B.k=A.k;
  if(B.k!=0)
  {  q=0;
```

```
    for(col =1;col < =B.n;col + +)
        {for(p =0;p <B.k;p + +)
          {if(A.data[p].col = =col)
              {  B.data[q].row =A.data[p].col;
                 B.data[q].col =A.data[p].row;
                 B.data[q].e =A.data[p].e;
                 q + +;
              }
          }
        }
}}
}
void main()
{  TSMatrix A,B;
   Init_matrix(&A);
   TransposeTSMatrix(A,B);
   printf("\n 原矩阵:"); print(A);
   printf("\n 转置矩阵:"); print(B);
   printf("\n");
}
```

运行结果如下:

```
输入行号,列号,非零元素个数:<用空格间隔开>6 7 8
第1个三元组的行号 列号 非零元素值1 2 12
第2个三元组的行号 列号 非零元素值1 3 9
第3个三元组的行号 列号 非零元素值3 1 -3
第4个三元组的行号 列号 非零元素值3 6 14
第5个三元组的行号 列号 非零元素值4 3 24
第6个三元组的行号 列号 非零元素值5 2 18
第7个三元组的行号 列号 非零元素值6 1 15
第8个三元组的行号 列号 非零元素值6 4 -7
原矩阵:
1,2,12
1,3,9
3,1,-3
3,6,14
4,3,24
5,2,18
6,1,15
6,4,-7
转置矩阵:
1,3,-3
1,6,15
2,1,12
2,5.18
3,1,9
3,4.24
4,6,-7
6,3,14
```

4.6 应用举例

【例 4-4】 学生管理系统个人信息模块的设计。

要求：利用串存储结构实现学生个人信息的存储和变更。

实现：

（1）输入需要变更的信息，进行模式匹配。

（2）输入要替换的新内容，如果匹配成功，则会进行替换；否则，不会替换。最后输出新的个人信息。

知识点：串的存储结构、串基本操作的实现。

```
#include "stdio.h"
#include "string.h"
char *Str_Sub(char *p,int i,int m)//取子串操作
{ int j,k;
  char s[100]={""};
  for(j=i-1,k=0;j<i+m-1;j++,k++)
  s[k]=p[j];
  s[k]='\0';
  return s;
}
void Str_Match(char *s,char *t,char *v)//替换操作
{ int m,n,pos,i;
  char news[100]={""};
  n=strlen(s);
  m=strlen(t);
  pos=i=0;
    while(i<=n-m)
  {  if(strcmp(Str_Sub(s,i,m),t)!=0) i++;
     else
     {  strcat(news,Str_Sub(s,pos,i-pos));
        strcat(news,v);//替换
        pos=i=i+m;
     }
  }
  strcat(news,StrSub(s,pos,n-pos));//连接剩下的字符串
  strcpy(s,news);
}
main()
{ int i;
  char s[100]={"Li Ming's telephone number:123456 \0"};
  char t[100],v[100];
  printf("Li Ming's telephone number:123456 \n");
```

```
    printf("请输入要替换的字符串:");
    gets(t);
      printf("请输入要结果的字符串:");
    gets(v);
    Str_Match(s,t,v);
    for(i=0;s[i]!='\0';i++)
        printf("%c",s[i]);
    printf("\n");
}
```

```
Li Ming's telephone number:123456
请输入要替换的字符串:12
请输入要结果的字符串:77
Li Ming's telephone number:773456
```

4.7　习题

1. 选择题

（1）串是（　　）。

A. 不少于一个字母的序列　　B. 任意个字母的序列

C. 不少于一个字符的序列　　D. 有限个字符的序列

（2）串的长度是（　　）。

A. 串中不同字母的个数　　B. 串中不同字符的个数

C. 串中所含字符的个数，且大于0　　D. 串中所含字符的个数

（3）设串 s1 = 'abcdefg'，s2 = 'pqrst'，函数 Str_ Concat(x，y)返回 x 和 y 串的连接串，Str_ Sub(S，i，j)返回串 S 的从序号 i 的字符开始的 j 个字符组成的子串，Str_ Length(S)返回串 S 的长度，则

Str_Concat(Str_Sub(s1，2，Str_Length(s2))，Str_Sub(s1，Str_Length(s2)，2))

的结果串是（　　）。

A. bcdef　　B. bcdefg　　C. bcpqrst　　D. bcdefef

（4）数组 A(1：5，1：6）的每个元素占 5 个单元，将其按“行序优先”的原则存储在起始起址为 1000 的连续的内存单元中，则元素 A［5，5］的地址为（　　）。

A. 1140　　B. 1145　　C. 1120　　D. 1125

（5）对矩阵压缩存储是为了（　　）。

A. 方便运算　　B. 节省空间　　C. 方便存储　　D. 提高运算速度

（6）数组通常具有的两种基本操作是（　　）。

A. 插入与删除　　B. 索引和修改

C. 查找和修改　　D. 查找与删除

（7）二维数组 M[i，j] 的行下标 i 的范围从 0 到 4，列下标 j 的范围从 0 到 5，M 按行存储时元素 M[3，5] 的起始地址与 M 按列存储时元素（　　）的起始地址相同。

A. M[2, 4]　　B. M[3, 4]　　C. M[3, 5]　　D. M[4, 4]

(8) 稀疏矩阵一般的压缩存储方法有两种，即（　　）。

A. 二维数组和三组数组　　B. 三元组表和散列

C. 三元组表和十字链表　　D. 散列和十字链表

(9) 设有上三角矩阵 A(1: 5, 1: 5)，现将其上三角中的元素按“列序优先”的原则顺序存放在一维数组 b(1:15) 中。已知 b[1] 的地址为 100，每个元素占用 2 个存储单元，则 A[3, 4] 的地址为（　　）。

A. 116　　B. 118　　C. 120　　D. 122

2. 判断题

(1) 串长度是指串中不同字符的个数。（　　）

(2) 串是 n 个字母的有限序列（$n>0$）。（　　）

(3) 如果两个串含有相同的字符，则称它们相等。（　　）

(4) 空串与空格串是相同的。（　　）

(5) 对矩阵压缩存储的方法只能用三元组表存储矩阵元素。（　　）

3. 填空题

(1) 串值的两种最基本的存储方式是________和________。

(2) 两个串相等的充分必要条件是________________。

(3) 空串的长度等于________。

(4) 空格串是________，其长度等于________。

(5) 设 s = “I am a teacher”，其长度是________。

(6) 设 s1 = “good”，s2 = “　　”，s3 = “bye!”，则 s1、s2 和 s3 连接后的结果是____________。

(7) 对矩阵采用压缩存储是为了________。

(8) 设 N 行 N 列的下三角矩阵 A 已压缩到一维数组 S（1: N（N+1）/2）中，若按“行序优先”的原则存储，则与 A[I, J] 对应的 S 中的存储位置是________。

4. 程序填空

(1) 采用顺序存储结构编写算法：将串 r 中所有值为 ch1 的字符换成 ch2。

```
#define MaxSize 100
typedef struct
{   char str[MaxSize];
    int len;
} strtype;
Strtype *trans(r,ch1,ch2)
Strtype *r;
char ch1,ch2;
{
    int i;
    for(i=0; i<r->len; i++)
```

```
    if(r->str[i]= =ch1)
    _______;
    return ( r );
}
```

（2）执行下列函数会产生什么结果？

```
Void demonstrate()
{ Str_Assign (s, "this is a book");
  Str_Rep (s, Str_Sub (s,3,7), "ese are");
  Str_Assign (t, Str_Concat(s, "s");
  Str_Assign (u, "xyxyxyxyxyxy");
  Str_Assign (v, Str_Sub (u,6,3));
  Str_Sub (w, "W");
  Printf("t =",t,"v =",v,"u =", Str_Rep (u,v,w));
}
```

5. 算法设计

（1）采用顺序存储结构编写算法：

1）删除串 r 中其值等于 ch 的所有字符。

2）将串 r 中所有字符按照相反的次序仍存放在 r 中。

3）从串 r1 中第 index 个字符起，求出首次与串 r2 相同的子串的起始位置。

4）从串 r 中删除所有与 r3 相同的子串。

（2）编写在链式存储结构下，删除串 S 从位置 i 开始、长度为 k 的子串的算法。

第5章
树和二叉树

本章要点

- 二叉树的定义与主要性质
- 二叉树顺序存储结构与二叉链表存储结构
- 二叉树的常见算法
- 赫夫曼树及编码
- 树、森林与二叉树的转换

树形结构应用非常广泛，特别是在大量数据处理方面，如在文件系统、目录组织、人事管理、家谱等方面，显得更加突出。树形结构是指具有分支关系的结构，在树形结构中结点间的关系是前驱唯一而后继不唯一，即结点之间是一对多的关系。

5.1 树的定义及相关术语

树形结构是一类重要的非线性结构。树形结构是结点之间有分支，并具有层次关系的结构，典型的树形结构如学校的部门结构，如图5－1所示。

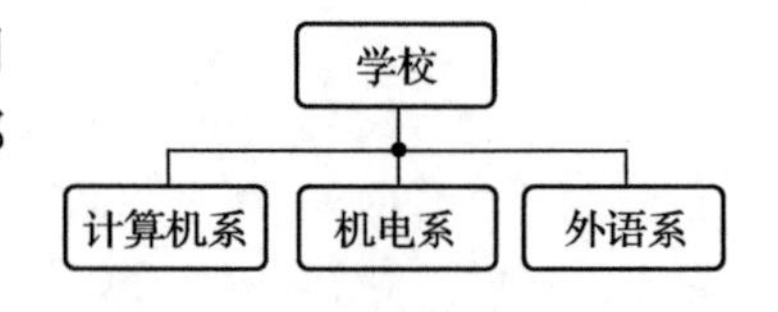

图5－1　学校的部门结构

5.1.1 树的定义

树是$n(n\geqslant 0)$个有限数据元素的集合。当$n=0$时，称这棵树为空树；非空树满足下面两个条件：

（1）有且仅有一个元素称为树的根结点，根结点没有前驱结点。

（2）若$n>1$，除根结点之外的其余数据元素被分成$m(m>0)$个互不相交的集合T_1，T_2，…，T_m，其中每个子集T_1，T_2，…，T_m称为这个根结点的子树，如图5－2所示。

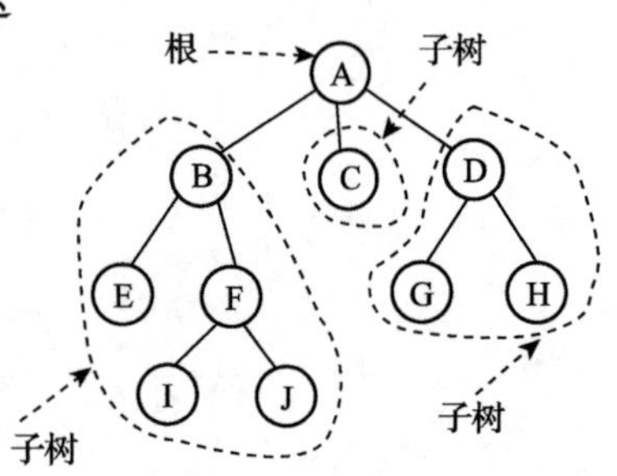

图5－2　树的结构

可以看出，在树的定义中用到了递归概念，即用树来定义树。因此，树结构的算法类似于二叉树结构的算法，也可以使用递归方法。

由此特点可知，图 5－3 所示的都不是树结构，图 5－4 是树的示意图。

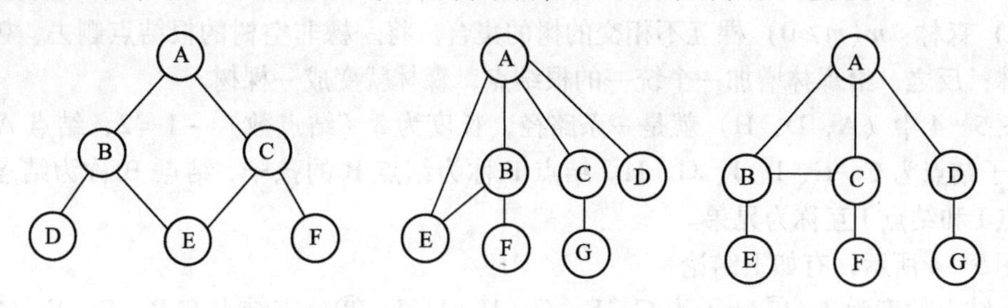

图 5－3　非树结构的示意图

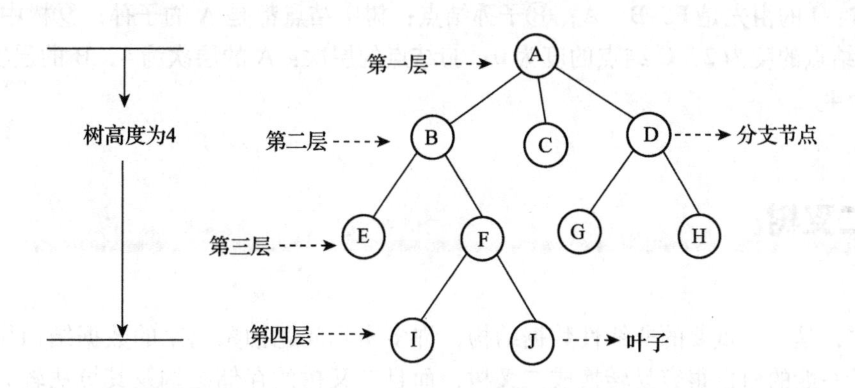

图 5－4　树的示意图

5.1.2　基本术语

（1）结点的度：一个结点的子树个数称为该结点的度。

（2）叶结点：度为 0 的结点，也称为终端结点。

（3）分支结点：度不为 0 的结点，也称为非终端结点。

（4）孩子结点：一个结点的直接后继称为该结点的孩子结点。

（5）双亲结点：一个结点的直接前驱称为该结点的双亲结点。

（6）兄弟结点：同一双亲结点的孩子结点之间互称兄弟结点。

（7）祖先结点：一个结点的祖先结点是指从根结点到该结点所经分支上的所有结点。

（8）子孙结点：一个结点的直接后继和间接后继称为该结点的子孙结点。

（9）树的度：树中所有结点的度的最大值。

（10）结点的层次：从根结点开始定义，根结点的层次为 1，根的直接后继的层次为 2，依此类推。

（11）树的高度（深度）：树中所有结点的层次的最大值。

（12）路径与路径长度：对于任意两个结点 k_i 和 k_j，若树中存在一个结点序列 k_i，k_{i1}，k_{i2}，…，k_{in}，k_j，使得序列中除 k_i外的任一结点都是其在序列中的前一个结点的后继，则称该结点序列为由 k_i 到 k_j的一条路径，用路径所通过的结点序列（k_i，k_{i1}，k_{i2}，…，k_j）表示这条路径。路径的长度等于路径所通过的结点数目减 1（即路径上分支数目）。可见，路径就是从 k_i出发“自上而下”到达 k_j所通过的树中结点序列。显然，从树的根结点到树中其余结点均存在一条路径。

（13）有序树：在树 T 中，如果各子树 T_i之间是有先后次序的，则称为有序树。

（14）森林：$m(m\geqslant0)$ 棵互不相交的树的集合。将一棵非空树的根结点删去，树就变成一个森林；反之，给森林增加一个统一的根结点，森林就变成一棵树。

如图 5-4 中（A，D，H）就是一条路径，长度为 3（结点数）-1=2，结点 A 的度为 3， 叶子结点为 C、E、I、J、G、H。结点 F 称为结点 B 的孩子，结点 B 称为结点 F 的双亲。结点 I 和结点 J 互称为兄弟。

如图 5-4 所示，有如下结论。

①A 结点的度为 3；②叶子为 C，E，G，H，I，J；③分支结点有 B，D，F；④孩子结点：D 的孩子是 G，H；⑤双亲结点：G，H 的双亲是 D；⑥兄弟结点：B，C，D 是兄弟；⑦祖先结点：J 的祖先是 F，B，A；⑧子孙结点：树中结点都是 A 的子孙；⑨树中 A 结点的度为 3，B 结点的度为 2，C 结点的度为 0；⑩结点的层次：A 的层次为 4，B 的层次为 3；⑪树的高度为 4。

5.2 二叉树

二叉树，是一种重要的非线性数据结构，许多实际问题抽象出来的数据结构往往是二叉树的形式。一般的树也很容易转换成二叉树，而且二叉树的存储结构及其算法较为简单，因此二叉树显得特别重要。

5.2.1 二叉树的定义和基本操作

二叉树也称为二次树或二分树，它是 $n(n\geqslant0)$ 个结点有限的集合，$n=0$ 时，称为空二叉树；$n\neq0$ 时，二叉树由一个根结点及两棵互不相交、分别称为左子树和右子树的二叉树组成。

二叉树每个结点的度≤2，而且二叉树是有序的，即若将其左、右子树颠倒，就成为另一棵不同的二叉树，因此二叉树具有五种基本形态，如图 5-5 所示。

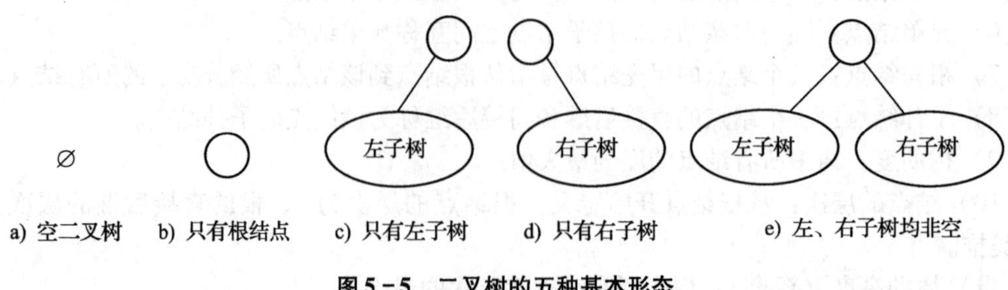

图 5-5 二叉树的五种基本形态

注意 二叉树不是树的特殊情况。尽管树和二叉树之间有许多相似之处，但它们是两种不同的数据结构。区别是：二叉树的结点的子树要区分为左子树和右子树，即使在结点只有一棵子树的情况下，也要明确指出该子树是左子树还是右子树。还需要说明的是，上节中所介绍的一些树的术语也同样适用于二叉树。

5.2.2　二叉树的主要性质

性质1　二叉树第 i 层上的结点数目最多有 2^{i-1} 个（$i \geqslant 1$）。

证明：用数学归纳法证明。

归纳基础：$i=1$ 时，有 $2^{i-1}=2^0=1$。因为第1层上只有一个根结点，所以命题成立。

归纳假设：假设对所有的 $j(1 \leqslant j < i)$ 命题成立，即第 j 层上至多有 2^{j-1} 个结点，证明 $j=i$ 时命题亦成立。

归纳步骤：根据归纳假设，第 $i-1$ 层上至多有 $2^{(i-1)-1}=2^{i-2}$ 个结点。

由于二叉树的每个结点至多有两个孩子，故第 i 层上的结点数至多是第 $i-1$ 层上的最大结点数的两倍。即 $j=i$ 时，即 $2 \times 2^{i-2}=2^{i-1}$ 个结点，故命题成立。

性质2　一棵深度为 k 的二叉树中，最多有 2^k-1 个结点。

证明：在具有相同深度的二叉树中，仅当每一层都含有最大结点数时，其树中结点数最多。因此，利用性质1可得，深度为 k 的二叉树的结点数至多为

$$2^0+2^1+\cdots+2^{k-1}$$

这是一个等比数列，等比数列的求和公式为

$$S_k=(a_0-a_k q)/(1-q)$$

其中，a_0 是第1项；a_k 是第 $k+1$ 项；q 是公比。代入等比数列求和公式，得

$$2^0+2^1+\cdots+2^{k-1}=(2^0-2^{k-1}\times 2)/(1-2)=2^k-1$$

故命题正确。

性质3　在二叉树中，如果叶子结点数为 n_0，度数为2的结点数为 n_2，则有

$$n_0=n_2+1$$

证明：设 n 为二叉树的结点总数，n_1 为二叉树中度为1的结点数，所以整个树的结点共有

$$n=n_0+n_1+n_2 \tag{1}$$

在二叉树中，除根结点外，其余结点都有唯一的一个进入分支。设B为二叉树中的分支数，则有

$$B=n-1 \tag{2}$$

这些分支是从度为1和度为2的结点发出的，一个度为1的结点发出一个分支，一个度为2的结点发出两个分支，所以有

$$B=n_1+2n_2 \tag{3}$$

将式（3）代入式（2），有

$$n_1+2n_2=n-1$$

化简即

$$n_1+2n_2=n-1 \tag{4}$$

综合式（1）、式（4）可以得到

$$n_1+2n_2=(n_0+n_1+n_2)-1$$

化简得

$$n_0 = n_2 + 1$$

故命题正确。

为了介绍二叉树的性质 4 和性质 5，首先介绍两种特殊的二叉树：满二叉树和完全二叉树。

1. 满二叉树

在一棵二叉树中，如果所有分支结点都存在左子树和右子树，并且所有叶子结点都在同一层上，这样的一棵二叉树称作满二叉树。如图 5－6a 所示就是一棵满二叉树，如图 5－6b 所示则不是满二叉树，虽然其所有结点要么是含有左、右子树的分支结点，要么是叶子结点，但由于其叶子未在同一层上，故不是满二叉树。

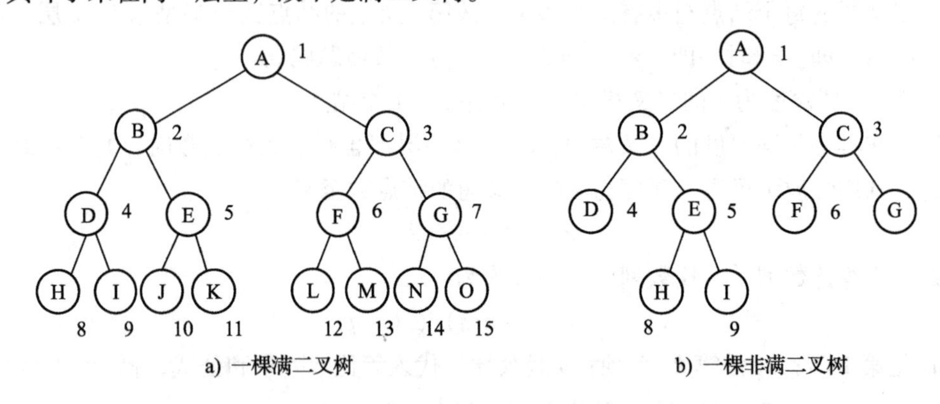

图 5－6　满二叉树和非满二叉树示意图

2. 完全二叉树

一棵深度为 k 的、有 n 个结点的二叉树，对树中的结点按从上至下、从左到右的顺序进行编号，如果编号为 $i(1\leqslant i\leqslant n)$ 的结点与满二叉树中编号为 i 的结点在二叉树中的位置相同，则这棵二叉树称为完全二叉树。完全二叉树的特点是：叶子结点只能出现在最下层和次下层，且最下层的叶子结点集中在树的左部。如图 5－7a 所示为一棵完全二叉树，如图 5－7b 所示非完全二叉树。

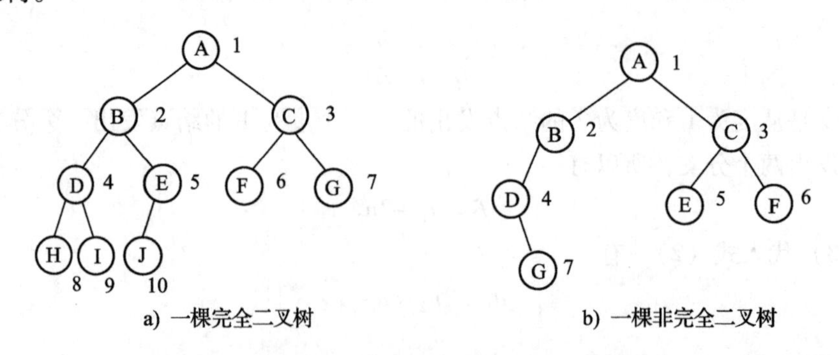

图 5－7　完全二叉树和非完全二叉树示意图

提示： 一棵满二叉树必定是一棵完全二叉树，而完全二叉树未必是满二叉树。

性质4 具有 n 个结点的完全二叉树的深度 k 为$\lfloor \log_2 n \rfloor + 1$㊀。

证明：根据完全二叉树的定义和性质2可知，一棵深度为 k 的完全二叉树的结点数 n 要大于深度为 $k-1$ 的满二叉树的结点数，同时又要小于等于深度为 k 的满二叉树的结点数，则有

$$2^{k-1}-1 < n \leqslant 2^k - 1$$

即

$$2^{k-1} \leqslant n < 2^k$$

对不等式取对数，有

$$k-1 \leqslant \log_2 n < k$$

由于 k 是整数，$\lfloor \log_2 n \rfloor$表示向下取整，所以有 $k = \lfloor \log_2 n \rfloor + 1$。

性质5 对于具有 n 个结点的完全二叉树，如果按照从上至下和从左到右的顺序对二叉树中的所有结点从1开始顺序编号，则对于任意的序号为 i 的结点，有：

（1）如果 $i>1$，则序号为 i 的结点的双亲结点的序号为 $i/2$（“/”表示整除）；如果 $i=1$，则序号为 i 的结点是根结点，无双亲结点。

（2）如果 $2i \leqslant n$，则序号为 i 的结点的左孩子结点的序号为 $2i$；如果 $2i>n$，则序号为 i 的结点无左孩子。

（3）如果 $2i+1 \leqslant n$，则序号为 i 的结点的右孩子结点的序号为 $2i+1$；如果 $2i+1>n$，则序号为 i 的结点无右孩子。

此性质可采用数学归纳法证明。证明略。

5.2.3 二叉树的存储结构

1. 顺序存储结构

所谓二叉树的顺序存储，就是用一组连续的存储单元存放二叉树中的结点。

依据二叉树的性质，完全二叉树和满二叉树采用顺序存储比较合适，树中结点的序号可以唯一地反映出结点之间的逻辑关系，这样既能够最大可能地节省存储空间，又可以利用数组元素的下标值确定结点在二叉树中的位置，以及结点之间的关系。图5-8给出了完全二叉树的顺序存储示意图。

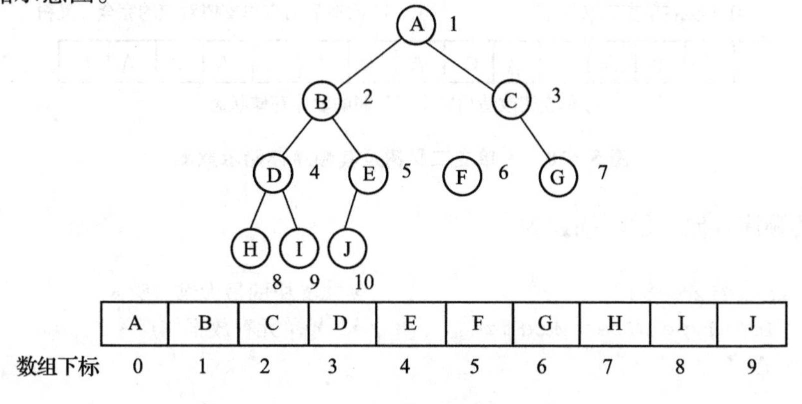

图5-8 完全二叉树的顺序存储示意图

㊀ 符号$\lfloor x \rfloor$表示不大于 x 的最大整数，反之，$\lceil x \rceil$则表示不小于 x 的最小整数。

对于一般的二叉树，如果仍按从上至下和从左到右的顺序将树中的结点顺序存储在一维数组中，则数组元素下标之间的关系是无法反映二叉树中结点之间的逻辑关系的，只有增添一些并不存在的空结点，使之成为一棵完全二叉树的形式，然后再用一维数组顺序存储。图 5-9 给出了一棵一般二叉树改造后的完全二叉树形态和其顺序存储状态示意图。显然，这种情况下需要增加许多空结点才能将一棵二叉树改造成一棵完全二叉树，会造成空间的大量浪费，不宜用顺序存储结构。

最坏的情况是右单支二叉树，如图 5-10 所示。一棵深度为 k 的右单支树，只有 k 个结点，却需分配 2^k-1 个存储单元。

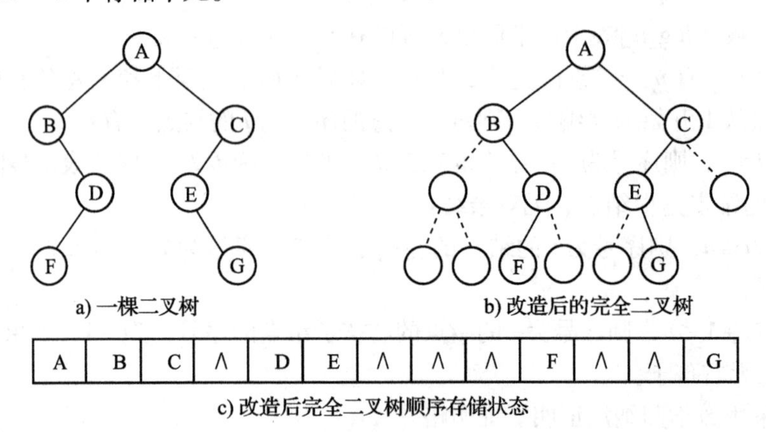

a) 一棵二叉树　b) 改造后的完全二叉树

c) 改造后完全二叉树顺序存储状态

图 5-9　一般二叉树及其顺序存储示意图

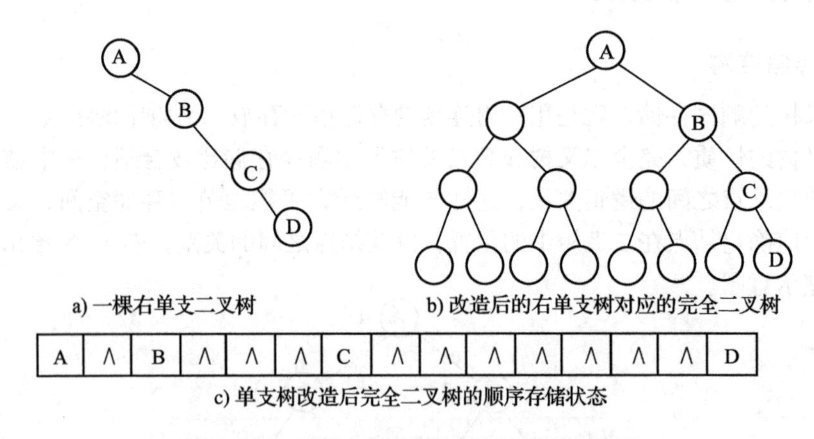

a) 一棵右单支二叉树　b) 改造后的右单支树对应的完全二叉树

c) 单支树改造后完全二叉树的顺序存储状态

图 5-10　右单支二叉树及其顺序存储示意图

二叉树的顺序存储表示可描述为

```
#define MaxSize  50                      /* 二叉树的最大结点数 */
typedef DataType BTree[MaxSize]         /* 0 号单元存放根结点 */
BTree bt;
```

即将 bt 定义为含有 MaxSize 个 DataType 类型元素的一维数组。

2. 链式存储结构

二叉树的链式存储结构是：用链表来表示一棵二叉树，即用链来指示出元素的逻辑关系。

通常有下面两种形式。

（1）二叉链表存储。

链表中每个结点由三个域组成，除了数据域外，还有两个指针域，分别用来给出该结点左孩子和右孩子所在的链结点的存储地址。结点的存储的结构为

左孩子		右孩子
lchild	data	rchild

其中，data 域存放某结点的数据信息；lchild 与 rchild 分别存放指向左孩子和右孩子的指针，当左孩子或右孩子不存在时，相应指针域值为空（用符号∧或 NULL 表示）。图 5－11 给出一棵二叉树的二叉链表示。

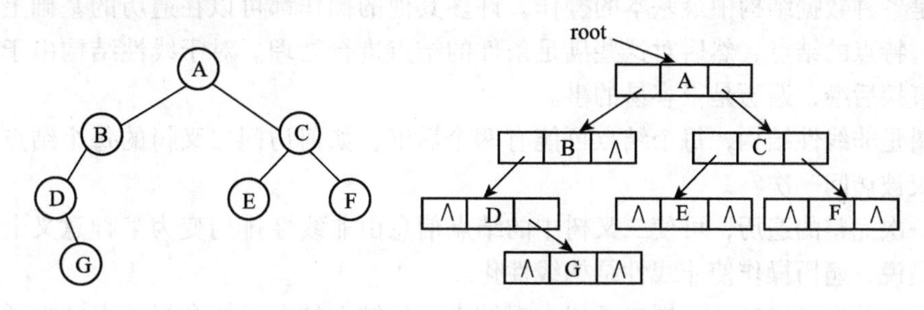

图 5－11　二叉树的二叉链表示意图

（2）三叉链表存储。

每个结点由四个域组成，具体结构为

lchild	data	rchild	parent

其中，data、lchild 以及 rchild 三个域的意义同二叉链表结构；parent 域为指向该结点的双亲结点的指针。这种存储结构既便于查找孩子结点，又便于查找双亲结点；但是，相对于二叉链表存储结构而言，它增加了空间开销图 5－12 给出了一棵二叉树的三叉链表表示。

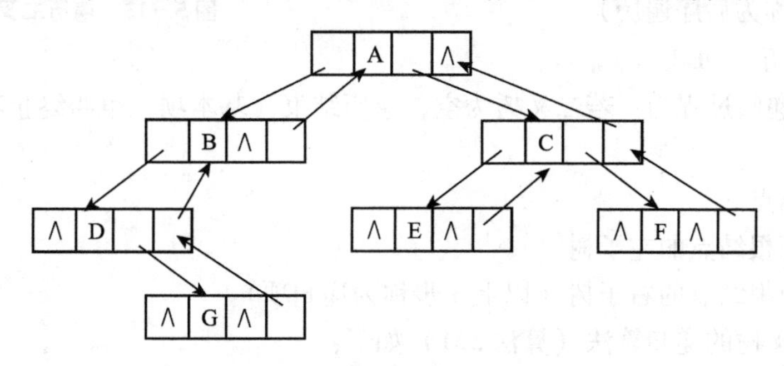

图 5－12　二叉树的三叉链表示意图

尽管在二叉链表中无法由结点直接找到其双亲，但由于二叉链表结构灵活，操作方便，对于一般情况的二叉树，甚至比顺序存储结构还节省空间。因此，二叉链表是最常用的二叉树存储方式。本书后面所涉及的二叉树的链式存储结构若不加特别说明的话，都是指二叉链表结构。

二叉树的二叉链表存储为

```
typedef char TreeData;//结点数据类型
typedef struct tnode { //结点定义
    int data;
    struct tnode *lChild, *rchild;//左右孩子
} tnode, *tree;
```

5.2.4 遍历二叉树

二叉树的遍历是指按照某种顺序访问二叉树中的每个结点，使每个结点被访问一次且仅被访问一次。

遍历是各种数据结构中最基本的操作，许多其他的操作都可以在遍历的基础上实现。查找具有某一特点的结点，然后对这些满足条件的结点进行处理。对于线性结构由于每个结点只有一个直接后继，遍历是很容易的事。

二叉树是非线性结构，每个结点可能有两个后继，如何访问二叉树的每个结点，而且使每个结点仅被访问一次？

通过一次完整的遍历，可使二叉树中的结点信息由非线性排列变为某种意义上的线性序列。也就是说，遍历操作使非线性结构线性化。

由二叉树的定义可知，一棵二叉树由根结点、根结点的左子树和根结点的右子树三部分组成。因此，只要依次遍历这三部分，就可以遍历整个二叉树，如图 5－13 所示。

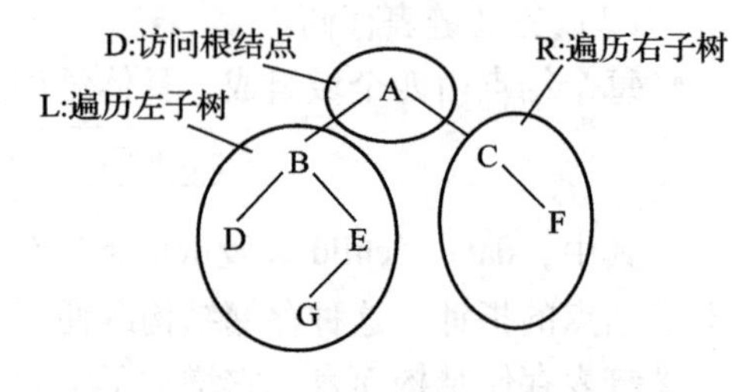

图 5－13　遍历二叉树的示意图

若 L 遍历左子树，D 访问根结点，R 遍历右子树，则有六种遍历方法：

DLR，LDR，LRD，DRL，RDL，RLD

如果限定先左后右，则只有前三种方式，即

DLR（称为先序遍历）
LDR（称为中序遍历）
LRD（称为后序遍历）

（1）先序遍历（DLR）。

先序遍历的递归过程为：若二叉树为空，遍历结束（基本项，也叫终止项）；否则，

1）访问根结点。

2）先序遍历根结点的左子树。

3）先序遍历根结点的右子树（以上 3 步称为递归项）。

先序遍历二叉树的递归算法（算法 5.1）如下：

```
void Pre_Order(BTree t)      /*先序遍历二叉树 bt */
{  if (t ==NULL) return;       /*递归调用的结束条件*/
   printf("%d ",t->data);         /*访问结点的数据域*/
   Pre_Order(t->lchild);    /*先序递归遍历 bt 的左子树*/
   Pre_Order(t->rchild);    /*先序递归遍历 bt 的右子树*/
}
```

算法 5.1

对于图5－13所示的二叉树，按先序遍历所得到的结点序列为

A B D E G C F

（2）中序遍历（LDR）。

中序遍历的递归过程为：若二叉树为空，遍历结束。否则，

1）中序遍历根结点的左子树。

2）访问根结点。

3）中序遍历根结点的右子树。

中序遍历二叉树的递归算法（算法5.2）如下：

```
void In_Order(BTree t)    /* 中序遍历二叉树 bt */
{  if (t!=NULL)           /* 递归调用的结束条件 */
   In_Order(t->lchild);      /* 中序递归遍历 bt 的左子树 */
   printf("% d ",t->data);     /* 访问结点的数据域 */
   In_Order(t->rchild);      /* 中序递归遍历 bt 的右子树 */
}
```

算法5.2

对于图5－13所示的二叉树，按中序遍历所得到的结点序列为

D B G E A C F

（3）后序遍历（LRD）。

后序遍历的递归过程为：若二叉树为空，遍历结束。否则，

1）后序遍历根结点的左子树。

2）后序遍历根结点的右子树。

3）访问根结点。

后序遍历二叉树的递归算法（算法5.3）如下：

```
void Post_Order(BTree t)   /* 后序遍历二叉树 bt */
{  if (t==NULL) return;       /* 递归调用的结束条件 */
   Post_Order(t->lchild);   /* 后序递归遍历 bt 的左子树 */
   Post_Order(t->rchild);   /* 后序递归遍历 bt 的右子树 */
   printf("% d ",t->data);        /* 访问结点的数据域 */
}
```

算法5.3

对于图5－13所示的二叉树，按后序遍历所得到的结点序列为

D G E B F C A

应用：由二叉树的先序序列和中序序列可唯一地确定一棵二叉树。

（4）已知中序、先序或后序，可求另一序列。

1）已知先序序列｛ABHFDECKG｝和中序序列｛HBDFAEKCG｝，构造二叉树。

解：根据先序遍历的特点知，先序序列的首个元素A为二叉树的根结点，然后在中序序列中查找此根结点，根据中序遍历特点，在中序遍历序列中查找到的根A前边的序列为根结点的左子树｛HBDF｝，后边的序列｛EKCG｝为根结点的右子树，具体构造过程如图5－14a～f所示。

2）已知二叉树的后序序列与中序序列分别为：｛DGEBHFCA｝和｛DBGEAFHC｝，试画

出该二叉树。具体构造过程如图 5－14g～i 所示。

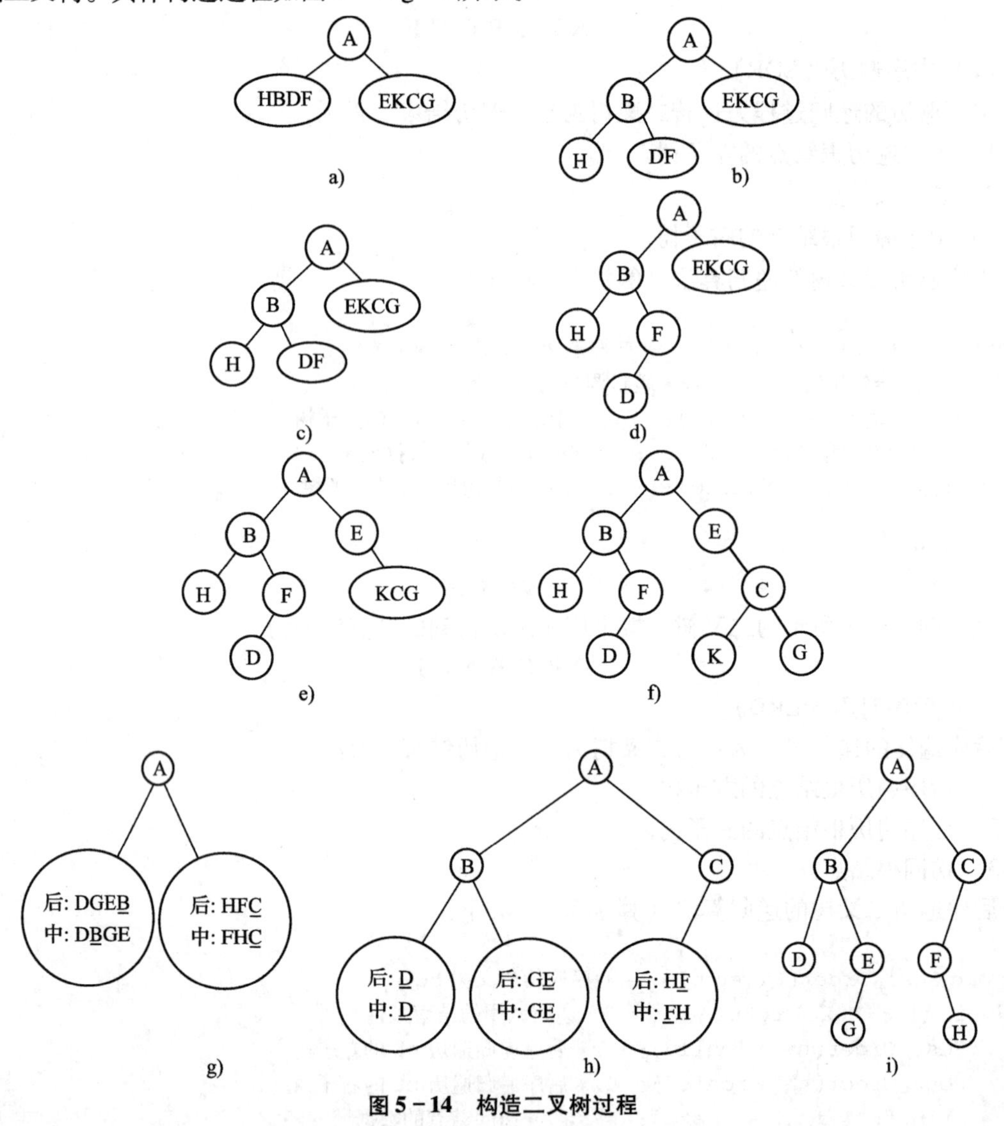

图 5－14　构造二叉树过程

提示： 如果知道后序和先序不能确定唯一的二叉树。

5.2.5　二叉树其他常见操作的相关算法

1. 输入一个二叉树的先序序列，构造这棵二叉树

为了保证唯一地构造出所希望的二叉树，在输入这棵树的先序序列时，需要在所有空二叉树的位置上填补一个特殊的字符，比如，“#”。在算法中，需要对每个输入的字符进行判断，如果对应的字符是“#”，则在相应的位置上构造一棵空二叉树；否则，创建一个新结点。整个算法结构以先序遍历递归算法为基础，二叉树中结点之间的指针连接是通过指针参数在递归调用返回时完成的。

算法 5.4 如下：

```
tree Create_tree(tree t)/* 先序输入二叉树结点值,构造二叉树 */
{    int x;
     x = preord[n++];
     if (x == 0) {t = NULL;} /* 构造空树 */
     else
     {    t = (tree)malloc(sizeof(tnode)); /* 构造新结点 */
          t->data = x;
          t->lchild = Create_tree(t->lchild); /* 构造左子树 */
          t->rchild = Create_tree(t->rchild); /* 构造右子树 */
     }
     return t;
}
```

算法 5.4

2. 计算一棵二叉树的叶子结点数目

这个操作可以使用三种遍历顺序中的任何一种，只是需要将访问操作变成判断该结点是否为叶子结点，如果是叶子结点将累加器加 1 即可。下面这个算法是利用先序遍历实现的。

算法 5.5 如下：

```
int Count_leaf(tree t )
{    if ( t == NULL ) return 0;
     if(t->lchild == NULL && t->rchild == NULL) return 1;
     return  Count_leaf(t->lchild) + Count_leaf(t->rchild);
}
```

算法 5.5

3. 求二叉树的高度

这个操作使用后序遍历比较符合人们求解二叉树高度的思维方式。首先，分别求出左、右子树的高度，在此基础上得出该棵树的高度，即左、右子树较大的高度值加 1。

算法 5.6 如下：

```
int Height ( tree t ) /* 二叉树的高度 */
{    if ( t == NULL ) return -1;
   else
   {    int m = Height ( t->lchild ); /* m 是以 t 为根的左子树的高度 */
        int n = Height ( t->rchild ); /* n 是以 t 为根的右子树的高度 */
        return (m > n)? m + 1:n + 1;
   }
}
```

算法 5.6

【例 5-1】 为如图 5-15 所示的二叉树建立二叉链表，并以递归方式建立二叉树。

输入：二叉树的先序序列 {1, 2, 4, 7, 3, 5, 6}。

输出：二叉树的中序序列、后序序列，树的结点数、树的叶子数、树的高度。

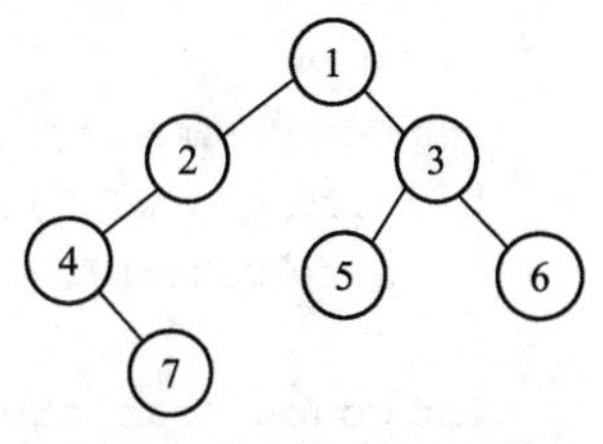

图 5-15　建立的二叉树

```
#include "stdio.h"
#include "stdlib.h"
typedef struct tnode
{  int data;
   struct tnode *lchild, *rchild;
   struct tnode;
} tnode, *tree;
int preord[] = {1,2,4,0,7,0,0,0,3,5,0,0,6,0,0},n;
tree Create_tree(tree t)/*先序输入二叉树结点值,构造二叉树*/
{  int x;
   x=preord[n++];
   if (x==0) {t=NULL;} /*构造空树*/
   else
   {    t=(tree)malloc(sizeof(tnode));/*构造新结点*/
        t->data=x;
        t->lchild=Create_tree(t->lchild);/*构造左子树*/
        t->rchild=Create_tree(t->rchild);/*构造右子树*/
   }
    return t;
}
void Pre_Order(tree t)
{  if (t==NULL) return;
   {printf("%d ",t->data);
    Pre_Order(t->lchild);
    Pre_Order(t->rchild);
   }
}
void In_Order(tree t)
{  if (t!=NULL)
      {In_Order(t->lchild);
    printf("%d ",t->data);
    In_Order(t->rchild);
      }
}
void Post_Order(tree t)
{  if (t==NULL) return;
   { Post_Order(t->lchild);
     Post_Order(t->rchild);
     printf("%d ",t->data);
    }
}
int Count(tree t)
{    if (t==NULL) return 0;
    else return 1 + Count (t->lchild) +Count(t->rchild);
}
int Count_leaf(tree t)
{    if ( t==NULL ) return 0;
```

```
    if(t->lchild==NULL && t->rchild==NULL) return 1;
     return  Count_leaf(t->lchild)+Count_leaf(t->rchild);
}
int Height ( tree t ) /*二叉树的高度*/
{    if ( t== NULL ) return 0;
     else
   {    int m = Height ( t->lchild );/*m是以T为根的左子树的高度*/
        int n = Height ( t->rchild );/*n是以T为根的右子树的高度*/
        return (m > n) ? m+1 : n+1;
   }
}
tree Copy( tree  t ) /*复制二叉树*/
{  if ( t== NULL ) return NULL;
   tree  Temp=new tnode;
   Temp->data=t->data;
   Temp->lchild = Copy( t->lchild );
   Temp->rchild = Copy(t->rchild );
   return Temp;
}
void main()
{ tree tree1=NULL;
  tree1=Create_tree(tree1);
  printf("先序遍历:"); Pre_Order(tree1); printf("\n");
  printf("中序遍历:"); In_Order(tree1);  printf("\n");
  printf("后序遍历:"); Post_Order(tree1);
  printf("\n结点数共有:%d",Count(tree1));
  printf("\n叶子结点数共有:%d",Count_leaf(tree1));
  printf("\n树的高度为:%d\n",Height(tree1));
}
```

运行结果如下:

```
先序遍历:1 2 4 7 3 5 6
中序遍历:4 7 2 1 5 3 6
后序遍历:7 4 2 5 6 3 1
结点数共有:7
叶子结点数共有:3
树的高度为:3
Press any key to continue
```

5.3 树和森林

树与二叉树是两种不同类型的数据结构，但它们之间存在着一种内在的联系，因此一棵树能够转换成唯一对应的二叉树。与二叉树相比，由于允许树中的结点可以有多个（>2）

子结点数，因此它的存储结构及操作运算要比二叉树复杂，下面介绍树的常用存储结构。

5.3.1 树的存储结构

树在计算机内有多种表示方法，下面介绍两种常用的方法。

在树中，每个结点既可能有孩子也可能有双亲，所以既可以通过保存每个结点的孩子结点位置来表示结点之间的结构关系——孩子兄弟表示法，也可以通过保存每个结点的双亲结点位置来表示结点之间的结构关系——双亲表示法。

1. 双亲表示法

通过保存每个结点的双亲结点的位置，表示树中结点之间的结构关系。

用一组连续空间，在存储结点信息的同时为每个结点附设一个指向其双亲的指针 parent，如图 5-16a 所示的树，其双亲表示法如图 5-16b 所示。

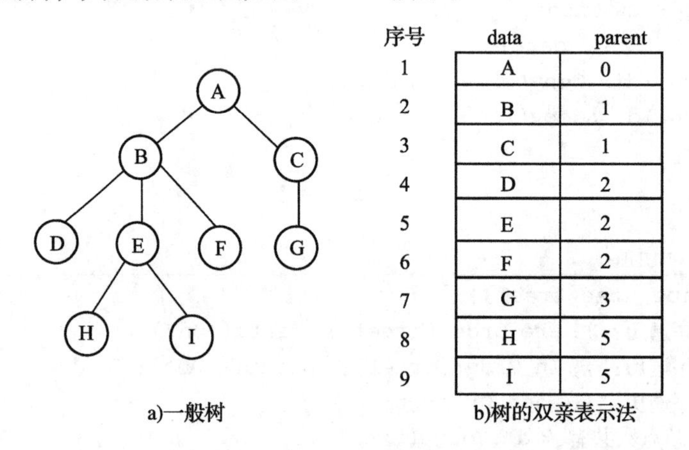

序号	data	parent
1	A	0
2	B	1
3	C	1
4	D	2
5	E	2
6	F	2
7	G	3
8	H	5
9	I	5

a)一般树　　b)树的双亲表示法

图 5-16　树的双亲表示法

2. 孩子兄弟表示法

通过保存每个结点的孩子结点的位置，表示树中结点之间的结构关系。

孩子兄弟表示法又称二叉链表表示法。在这种表示法中，结点的结构为：data 存放结点的有关信息，firstchild 指向该结点的第一个孩子，nextbrother 指向下一个兄弟结点。图 5-17 就是树的孩子兄弟表示法。

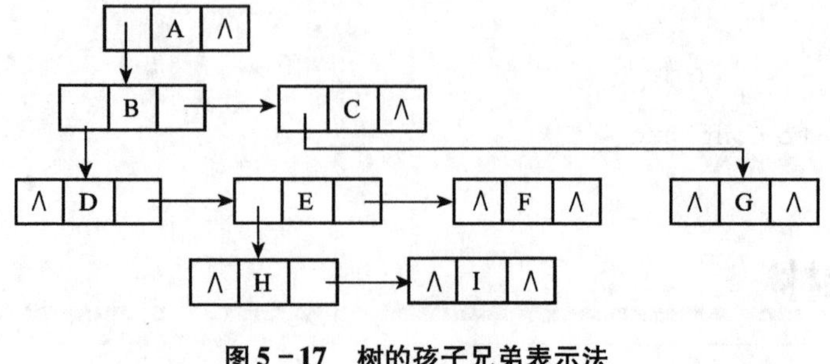

图 5-17　树的孩子兄弟表示法

5.3.2　树、森林与二叉树的转换

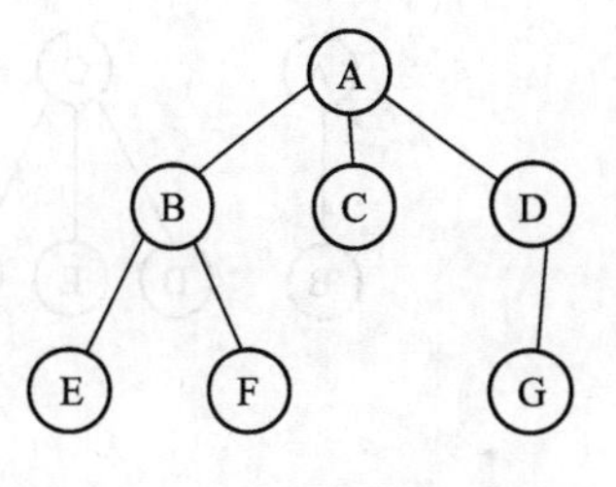

图5-18　一棵树的示意图

由于二叉树和树都可以用二叉链表作为存储结构，因此以二叉链表作为媒介可导出树与二叉树之间的一一对应关系，任何树都可唯一地对应到一棵二叉树，所以树的问题可归结为二叉树问题来研究。以图5-18所示的树为例，可转换为如图5-19所示的二叉树。

技巧：将树转换成二叉树的方法。

（1）将树中同一结点的兄弟相连。

（2）保留结点的最左边孩子连线，删除其他孩子连线。

（3）将同一孩子的连线绕左孩子旋转45°角。

从这样的转换可以得出，任何一棵树所对应的二叉树，其右子树必空。也就是说，所有的树都可以转化为二叉树，但不是所有的二叉树都可以转化为树。

事实上，一棵树采用孩子兄弟表示法所建立的存储结构与它所对应的二叉树的二叉链表存储结构是完全相同的。

森林是树的集合。如果把森林中各棵树的根结点看成是兄弟，然后用树的孩子兄弟表示法表示森林，可以看出森林的集合与二叉树的集合之间存在着一一对应关系。

技巧：将森林转换成二叉树的方法。

（1）将森林中的每棵树转换成相应的二叉树。

（2）第一棵二叉树不动，从第二棵二叉树开始，依次把后一棵二叉树的根结点作为前一棵二叉树根结点的右孩子，当所有二叉树连起来后，此时所得到的二叉树就是由森林转换得到的二叉树。

图5-19和图5-20分别给出了树和森林转换为二叉树的过程。

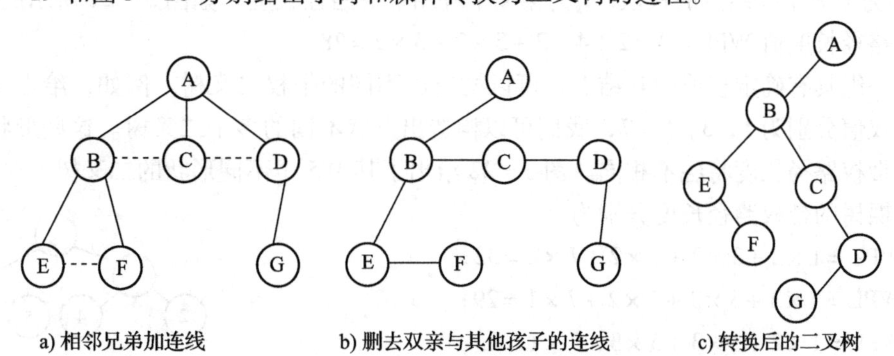

图5-19　将图5-18所示的树转换为二叉树的过程

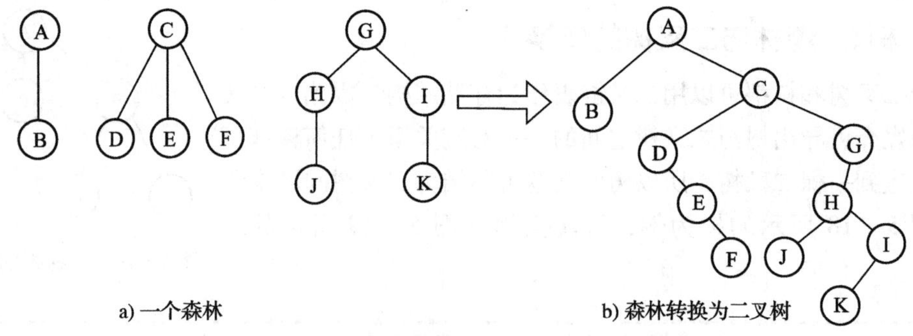

图 5-20 森林与其转换为二叉树的对应关系

5.4 赫夫曼树

我们平常查询单词的时候，总会有一些词查询的频率高，一些词查询的频率低，如果建立一棵树来查询，使那些经常查询的码的深度尽量小，这样，既省时间又省空间。这棵树就是赫夫曼树。

5.4.1 赫夫曼树的定义

赫夫曼树，也称最优二叉树，是指对于一组带有确定权值的叶结点，构造的具有最小带权路径长度的二叉树。

二叉树的路径长度则是指由根结点到所有叶结点的路径长度之和。如果二叉树中的叶结点都具有一定的权值，则可将这一概念加以推广。设二叉树具有 n 个带权值的叶结点，那么从根结点到各个叶结点的路径长度与相应结点权值的乘积之和叫作二叉树的带权路径长度（Weighted Path Length，WPL），记为

$$\text{WPL} = \sum_{k=1}^{n} w_k \cdot l_k$$

其中，w_k 为第 k 个叶结点的权值；l_k为第 k 个叶结点的路径长度。如图 5-21 所示的二叉树，它的带权路径长度值 WPL = 2 × 2 + 4 × 2 + 5 × 2 + 3 × 2 = 28。

给定一组具有确定权值的叶结点，可以构造出不同的带权二叉树。例如，给出 4 个叶结点，设其权值分别为 1，3，5，7，我们可以构造出形状不同的多个二叉树。这些形状不同的二叉树的带权路径长度将各不相同。图 5-22 给出了其中 5 个不同形状的二叉树。

这 5 棵树的带权路径长度分别为

a）WPL = 1 × 2 + 3 × 2 + 5 × 2 + 7 × 2 = 32；

b）WPL = 1 × 3 + 3 × 3 + 5 × 2 + 7 × 1 = 29；

c）WPL = 1 × 2 + 3 × 3 + 5 × 3 + 7 × 1 = 33；

d）WPL = 7 × 3 + 5 × 3 + 3 × 2 + 1 × 1 = 43；

e）WPL = 7 × 1 + 5 × 2 + 3 × 3 + 1 × 3 = 29。

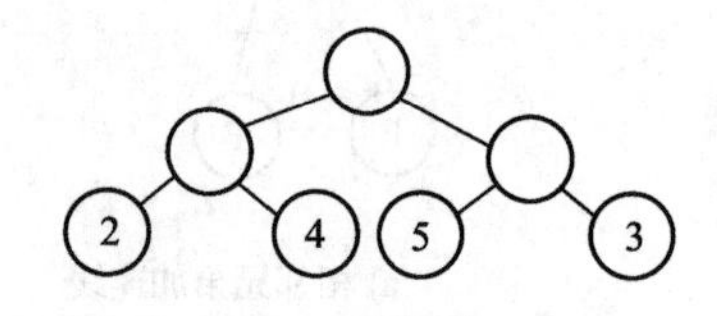

图 5-21 一个带权二叉树

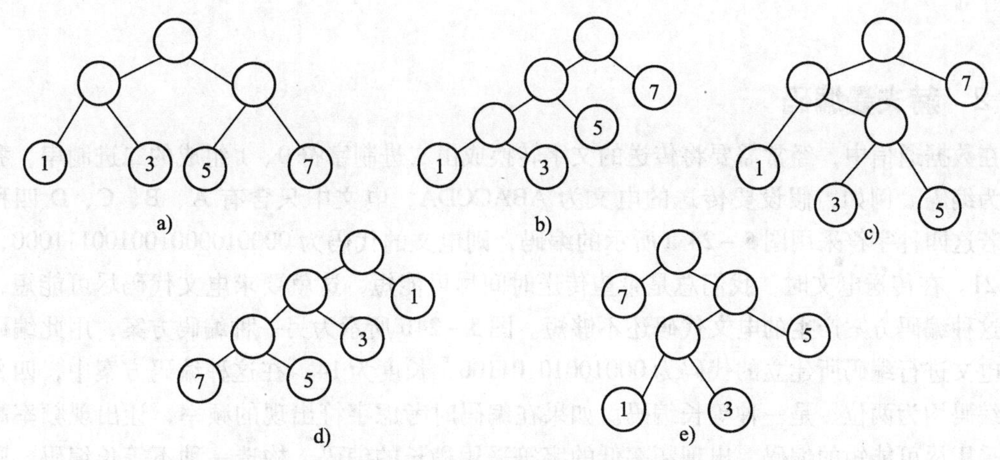

图5-22 具有相同叶子结点和不同带权路径长度的二叉树

由此可见，由相同权值的一组叶子结点所构成的二叉树有不同的形态和不同的带权路径长度，那么如何找到带权路径长度最小的二叉树（即赫夫曼树）呢？

根据赫夫曼树的定义，一棵二叉树要使其带权路径值最小，必须使权值越大的叶结点越靠近根结点，而使权值越小的叶结点越远离根结点。赫夫曼（Huffman）依据这一特点提出了一种方法，这种方法的基本思想是：

（1）由给定的 n 个权值 $\{w_1, w_2, \cdots, w_n\}$ 构造 n 棵只有一个叶结点的二叉树，从而得到一个二叉树的集合 $F=\{T_1, T_2, \cdots, T_n\}$。

（2）在 F 中选取根结点的权值最小和次小的两棵二叉树作为左、右子树构造一棵新的二叉树，这棵新的二叉树的根结点的权值为其左、右子树根结点权值之和。

（3）在集合 F 中删除用作左、右子树的两个结点，并将新建立的二叉树的根结点加入到集合 F 中。

（4）重复步骤（2）、（3），当 F 中只剩下一棵二叉树时，这棵二叉树便是所要建立的赫夫曼树。

图5-23给出了前面提到的叶结点权值集合为 $w=\{1, 3, 5, 7\}$ 的赫夫曼树的构造过程。可以计算出其带权路径长度为29，由此可见，对于由同一组给定叶结点所构造的赫夫曼树，树的形状可能不同，但带权路径长度值是相同的，且一定是最小的。

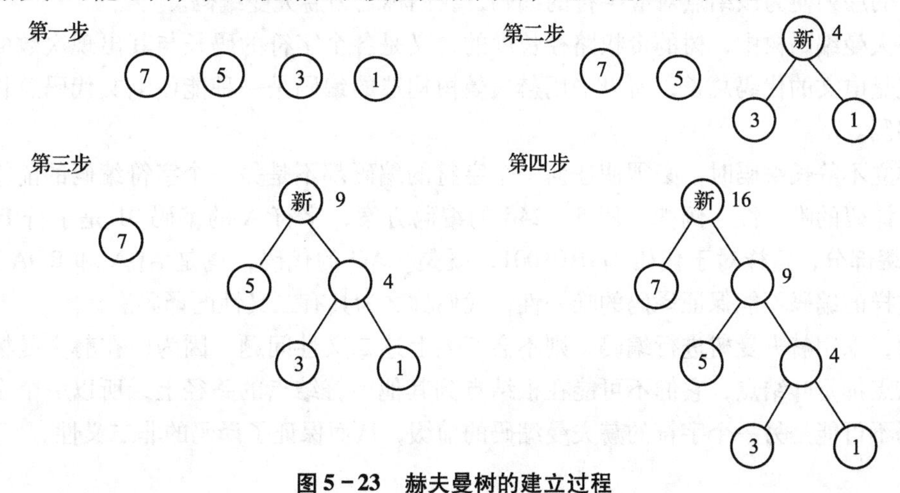

图5-23 赫夫曼树的建立过程

5.4.2 赫夫曼编码

在数据通信中，经常需要将传送的文字转换成由二进制字符0、1组成的二进制串，我们称之为编码。例如，假设要传送的电文为ABACCDA，电文中只含有A、B、C、D四种字符，若这四种字符采用图5-24 a所示的编码，则电文的代码为000010000100100111000，长度为21。在传送电文时，我们总是希望传送时间尽可能短，这就要求电文代码尽可能短，显然，这种编码方案产生的电文代码还不够短。图5-24b所示为另一种编码方案，用此编码对上述电文进行编码所建立的代码为00010010101100，长度为14。在这种编码方案中，四种字符的编码均为两位，是一种等长编码。如果在编码时考虑字符出现的频率，让出现频率高的字符采用尽可能短的编码，出现频率低的字符采用稍长的编码，构造一种不等长编码，则电文的代码就可能更短。如当字符A、B、C、D采用图5-24c所示的编码时，上述电文的代码为0110010101110，长度仅为13。

字符	编码
A	000
B	010
C	100
D	111

a)

字符	编码
A	00
B	01
C	10
D	11

b)

字符	编码
A	0
B	110
C	10
D	111

c)

字符	编码
A	01
B	010
C	001
D	10

d)

图5-24 字符的四种不同的编码方案

赫夫曼树可用于构造使电文的编码总长最短的编码方案。具体做法如下：设需要编码的字符集合为$\{d_1, d_2, \cdots, d_n\}$，它们在电文中出现的次数或频率集合为$\{w_1, w_2, \cdots, w_n\}$，以$d_1, d_2, \cdots, d_n$作为叶结点，$w_1, w_2, \cdots, w_n$作为它们的权值，构造一棵赫夫曼树，规定赫夫曼树中的左分支代表0，右分支代表1，则从根结点到每个叶结点所经过的路径分支组成的0和1的序列便为该结点对应字符的编码，我们称之为赫夫曼编码。

在赫夫曼编码树中，树的带权路径长度的含义是各个字符的码长与其出现次数的乘积之和，也就是电文的代码总长，所以采用赫夫曼树构造的编码是一种能使电文代码总长最短的不等长编码。

在建立不等长编码时，必须使任何一个字符的编码都不是另一个字符编码的前缀，这样才能保证译码的唯一性。例如，图5-24d的编码方案，字符A的编码01是字符B的编码010的前缀部分，这样对于代码串0101001，既是AAC的代码，也是ABA和BDA的代码，因此，这样的编码不能保证译码的唯一性，我们称之为具有二义性的译码。

然而，采用赫夫曼树进行编码，则不会产生上述二义性问题。因为，在赫夫曼树中，每个字符结点都是叶结点，它们不可能在根结点到其他字符结点的路径上，所以一个字符的赫夫曼编码不可能是另一个字符的赫夫曼编码的前缀，从而保证了译码的非二义性。

5.5　树的应用

【例5-2】利用二叉树遍历实现学生成绩排序模块设计。

要求：输入学生的学号和成绩，然后构造二叉排序树，通过对二叉排序树的中序遍历，将成绩按从小到大排序。

实现：利用二叉树的链式存储结构实现学生成绩的存储，利用二叉树的遍历实现学生成绩的排序。

知识点：二叉树的存储结构及建立算法、二叉树的先序、中序和后序遍历，运用递归的遍历算法实现二叉树中序遍历的运算。

```
#include "stdio.h"
#include "stdlib.h"
typedef struct tnode
{  int id;
   int score;
   struct tnode *lchild, *rchild;
}stu;
void Ins_Student(stu **p,long id,int score) /*插入学生信息*/
{  stu *s;
   if(*p==NULL)
     {  s=(stu *)malloc(sizeof(stu));
        s->id=id;
        s->score=score;
        s->lchild=NULL;
        s->rchild=NULL;
        *p=s;//记录根
     }
     else if(score<(*p)->score)
            Ins_Student(&((*p)->lchild),id,score);
        else  Ins_Student(&((*p)->rchild),id,score);
}
//创建二叉排序树
stu *Create_Student()
{  int id, score;
   stu *root;
   root=NULL;
   printf("请输入学号和成绩(用,隔开,0结束):");
   printf("\n————————————————————————————\n");
   printf("学号,成绩:");
   scanf("%ld,%d",&id,&score);
   while(score!=0)
   { Ins_Student(&root,id,score);
     printf("学号,成绩:");
     scanf("%ld,%d",&id,&score);
```

```
}
printf("————————————————————————————————————————————\n");
return root;
}
void In_Order(stu *bt)//二叉树的中序递归遍历
{  if(bt!=NULL)
   {  In_Order(bt->lchild);
      printf("%ld, %d\n",bt->id,bt->score);
      In_Order(bt->rchild);
   }
}
main()
{  stu *root;
   root=Create_Student();
   printf("排序后的结果:\n");
   printf("学号,成绩:\n");
   In_Order(root);
}
```

```
请输入学号和成绩(用,隔开,0 结束):
————————————————————————————————————————
        学号,成绩:101,90
        学号,成绩:102,68
        学号,成绩:103,87
        学号,成绩:104,68
        学号,成绩:105,83
        学号,成绩:0,0
————————————————————————————————————————
排序后的结果:
        学号,成绩:
        102,68
        104,68
        105,83
        103,87
        101,90
Press any key to continue
```

5.6 习题

1. 选择题

(1) 以下说法错误的是（　　）。

A. 树形结构的特点是一个结点可以有多个直接前驱

B. 线性结构中的一个结点至多只有一个直接后继

C. 树形结构可以表达（组织）更复杂的数据

D. 树（及一切树形结构）是一种“分支层次”结构

（2）以下说法错误的是（　　）。

A. 二叉树可以是空集

B. 二叉树的任一结点最多有两棵子树

C. 二叉树与树具有相同的树形结构

D. 二叉树中任一结点的两棵子树有次序之分

（3）以下说法错误的是（　　）。

A. 完全二叉树上结点之间的父子关系可由它们编号之间的关系来表达

B. 在三叉链表上，二叉树的求双亲运算很容易实现

C. 在二叉链表上，求根和求左、右孩子等运算很容易实现

D. 在二叉链表上，求双亲运算的时间性能很好

（4）以下说法错误的是（　　）。

A. 一般在赫夫曼树中，权值越大的叶子离根结点越近

B. 赫夫曼树中没有度数为1的分支结点

C. 若初始森林中共有 n 棵二叉树，则最终求得的赫夫曼树共有 $2n-1$ 个结点

D. 若初始森林中共有 n 棵二叉树，则进行 $2n-1$ 次合并后才能剩下一棵最终的赫夫曼树

（5）深度为6的二叉树最多有（　　）个结点。

A. 64　　B. 63　　C. 32　　D. 31

（6）将含有83个结点的完全二叉树从根结点开始编号，根为1号，后面按从上到下、从左到右的顺序对结点编号，那么编号为41的双亲结点编号为（　　）。

A. 42　　B. 40　　C. 21　　D. 20

（7）设二叉树有 n 个结点，则其深度为（　　）。

A. $n-1$　　B. n　　C. $\lfloor \log_2 n \rfloor + 1$　　D. 无法确定

（8）设深度为 k 的二叉树上只有度为0和度为2的结点，则这类二叉树上所含结点总数最少为（　　）个。

A. $k+1$　　B. $2k$　　C. $2k-1$　　D. $2k+1$

（9）下列说法中正确的是（　　）。

A. 任何一棵二叉树中至少有一个结点的度为2

B. 任何一棵二叉树中每个结点的度都为2

C. 任何一棵二叉树中的度肯定等于2

D. 任何一棵二叉树中的度可以小于2

（10）对含有（　　）个结点的非空二叉树，采用任何一种遍历方式，其结点访问序列均相同。

A. 0　　B. 1　　C. 2　　D. 不存在这样的二叉树

（11）已知某二叉树的后序遍历序列是dabec，中序遍历序列是deabc，它的先序遍历序列是（　　）。

A. acbed　　B. deabc　　C. decab　　D. cedba

（12）某二叉树的先序遍历结点的访问顺序是abdgcefh，中序遍历的结点访问顺序是

dgbaechf，则其后序遍历的结点访问顺序是（　　）。

A. bdgcefha　B. gdbecfha　C. D. bdgechfa　D. gdbehfca

（13）在二叉树的先序遍历序列中，任意一个结点均处在其孩子结点的前面，这种说法（　　）。

A. 正确　B. 错误

（14）由于二叉树中每个结点的度最大为 2，所以二叉树是一种特殊的树，这种说法（　　）。

A. 正确　B. 错误

（15）二叉树是每个结点的度不超过 2 的有序树的特殊情况，这种说法（　　）。

A. 正确　B. 错误

（16）深度为 5 的二叉树至多有（　　）个结点。

A. 16　B. 32　C. 31　D. 10

2. 填空题

（1）树（及一切树形结构）是一种________结构。在树上，________结点没有直接前驱。对树上任一结点 X 来说，X 是它的任一子树的根结点唯一的________。

（2）一棵树上的任何结点（不包括根本身）称为根的________。若 B 是 A 的子孙，则称 A 是 B 的________

（3）一般的，二叉树有________二叉树、________的二叉树、只有________的二叉树、只有________的二叉树、同时有________的二叉树这五种基本形态。

（4）二叉树第 $i(i\geqslant1)$ 层上至多有________个结点。

（5）深度为 $k(k\geqslant1)$ 的二叉树至多有________个结点。

（6）对任何二叉树，若度为 2 的结点数为 n_2，则叶子数 $n_0=$________。

（7）满二叉树上各层的结点数已达到了二叉树可以容纳的________。满二叉树也是________二叉树，但反之不然。

（8）具有 n 个结点的完全二叉树的深度为________；如果将一棵有 n 个结点的完全二叉树按层编号，则对任一编号为 $i(1\leqslant i\leqslant n)$ 的结点 X 有________：

（9）若 $I=1$，则结点 X 是________；若 $i>1$，则 X 的双亲结点的编号为________。

（10）二叉树通常有________存储结构和________存储结构两类存储结构。

（11）每个二叉链标的访问只能从________结点的指针开始，该指针具有标识二叉链表的作用。

（12）对二叉链表的访问只能从________指针开始，若二叉树为空，则________ = NULL。

（13）二叉链表中每个存储结点的每个指针域必须有一个值，这个值或者是________的指针，或者是________。

（14）具有 n 个结点的二叉树中，一共有________个指针域，其中只有________个用来指向结点的左、右孩子，其余的________个指针域为 NULL。

（15）二叉树有不同的链式存储结构，其中最常用的是________与________。

（16）在________遍历二叉树的序列中，任何结点的子树上的所有结点，都是直接跟在该结点之后。

（17）赫夫曼树是具有带权路径长度的________树，通常权值较大的结点离根________。

（18）有 m 个叶子结点的赫夫曼树，其结点总数为________。

（19）任意一棵具有 n 个结点的二叉树，若它有 m 个叶子，则该二叉树上度数为1的结点为________个。

（20）由________转换成二叉树时________其根结点的右子树总是空的。

3. 简答题

（1）简述二叉链表的类型定义。

（2）简述三叉链表的类型定义。

（3）分别画出含三个结点的树与二叉树的所有不同形态。

（4）已知一棵二叉树的中序遍历序列和后序遍历序列分别为 BDCEAFHG 和 DECBHGFA，试画出这棵二叉树，并写出其先序遍历。

（5）将如图5-25所示的森林转换成二叉树。

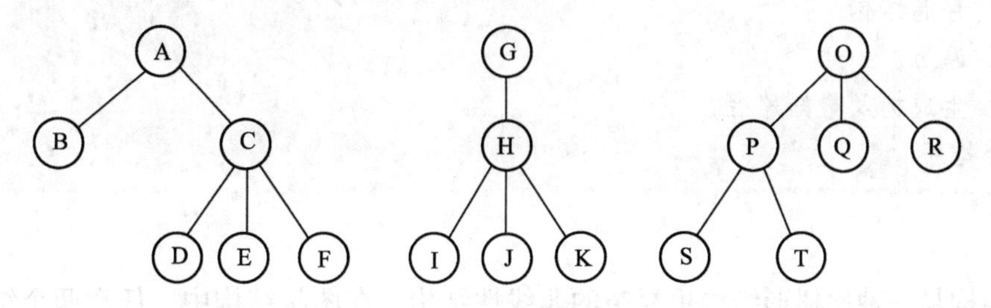

图5-25　将森林转换成二叉树

（6）给定权值7，18，3，32，5，26，12，8，构造相应的赫夫曼树。

（7）已知一棵二叉树的前序序列和中序序列分别为 ABDGHECFIJ 及 GDHBEACIJF，请画出这棵二叉树。

（8）设某密码电文由8个字母组成，每个字母在电文中的出现频率分别是7，19，2，6，32，3，21，10，试为这8个字母设计相应的赫夫曼编码。

4. 算法设计

（1）以三叉链表作存储结构，试编写求二叉树深度的算法。

（2）一棵 n 个结点的完全二叉树存放在二叉树的顺序存储结构中，试编写非递归算法对该树进行先根遍历。

第6章 图

本章要点

- 图的定义和术语
- 图的存储结构
- 图的遍历
- 最小生成树及最短路径
- 拓扑排序

图状结构是一种比树形结构更复杂的非线性结构。在图状结构中，任意两个结点之间都可能相关，即结点之间的邻接关系可以是任意的。因此，图状结构可被用于描述各种复杂的数据对象，在许多领域有着非常广泛的应用，如工程进度安排，去风景区游览景点时如何在较短时间（或较短距离）内游完所有景点等问题，这些情形都要用到图。

6.1 图的基本概念

图是由一个用边或弧连接在一起的顶点或结点的集合。它是一种复杂的非线性数据结构，可称为图状结构或网状结构，前面讨论的线性表和树都可以看成是图的简单情况。

1. 图的定义

图（Graph）是由顶点集合和一个描述顶点之间关系——边（或者弧）的集合组成的一种数据结构，其形式化定义为

$$G=(V,\ E)$$

其中，$V=\{x \mid x \in$某个数据对象$\}$ 是顶点的有穷非空集合；$E_1=\{(x,\ y) \mid x,\ y \in V\}$ 或 $E_2=\{<x,y> \mid x,y \in V$ 且 $\mathrm{Path}(x,\ y)\}$。

其中，E_1 是顶点之间关系的有穷集合，也叫作边（edge）集合，此时的图称为无向图。E_2 表示从 x 到 y 的一条弧，且称 x 为弧尾，y 为弧头，这样的图称为有向图。

图6－1给出了一个图的示例，在该图中：

集合 $V=\{v_1,\ v_2,\ v_3,\ v_4,\ v_5\}$；集合 $E=\{(v_1,\ v_2),\ (v_1,\ v_4),\ (v_2,\ v_3),\ (v_3,\ v_4),$

$(v_3, v_5), (v_2, v_5)\}$。

提示：图的应用举例

例1 交通图（公路、铁路）。

顶点：地点。

边：连接地点的公路。

交通图中有单行道、双行道，分别用有向边、无向边表示。

例2 通信线路图。

顶点：地点。

边：地点间的连线。

例3 各种流程图。

如产品的生产流程图。

顶点：工序。

边：各道工序之间的顺序关系。

2. 图的相关术语

（1）无向图

在一个图中，如果任意两个顶点构成的无序偶对 $(v_i, v_j) \in E$ 是无序的，即顶点之间的连线是没有方向的，则称该图为无向图。图6-1所示是一个无向图 G_1。

（2）有向图

在一个图中，如果任意两个顶点构成的有序偶对 $<v_i, v_j> \in E$ 是有序的，即顶点之间的连线是有方向的，则称该图为有向图。图6-2所示是一个有向图 G_2。

$$G_2 = (V_2, E_2)$$

$$V_2 = \{v_1, v_2, v_3, v_4\}$$

$$E_2 = \{<v_1, v_2>, <v_1, v_3>, <v_3, v_4>, <v_4, v_1>\}$$

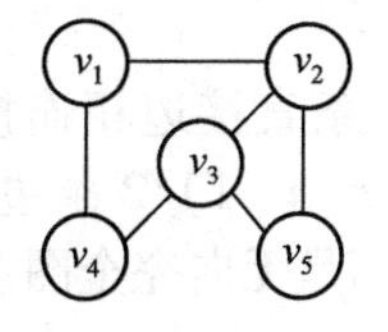

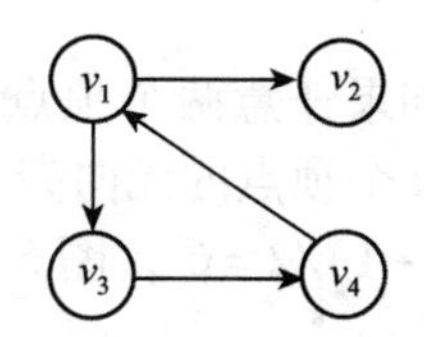

图6-1 无向图 G_1　　**图6-2 有向图 G_2**

（3）顶点、边、弧、弧头、弧尾

图中，数据元素 v_i 称为顶点；$P(v_i, v_j)$ 表示在顶点 v_i 和顶点 v_j 之间有一条直接连线。

如果是在无向图中，则称这条连线为边；如果是在有向图中，一般称这条连线为弧。

边用顶点的无序偶对 (v_i, v_j) 来表示，称顶点 v_i 和顶点 v_j 互为邻接点，边 (v_i, v_j) 依附于顶点 v_i 与顶点 v_j。

弧用顶点的有序偶对 $<v_i, v_j>$ 来表示，有序偶对的第一个结点 v_i 被称为始点（或弧尾），在图中就是不带箭头的一端；有序偶对的第二个结点 v_j 被称为终点（或弧头），在图中就是带箭头的一端。

（4）顶点的度、入度、出度。

顶点的度（degree）是指依附于某顶点 v 的边数，通常记为 TD(v)。在有向图中，要区别顶点的入度与出度的概念。

顶点 v 的入度是指以顶点为终点的弧的数目。记为 ID(v)；

顶点 v 的出度是指以顶点 v 为始点的弧的数目，记为 OD(v)。有

顶点的度(TD) = 出度(OD) + 入度(ID)

例如，在图 6－1 的无向图 G_1 中分别计算顶点 v_1、v_2、v_3、v_4 的度为

$$\mathrm{TD}(v_1)=2,\ \mathrm{TD}(v_2)=3,\ \mathrm{TD}(v_3)=3,\ \mathrm{TD}(v_4)=2,\ \mathrm{TD}(v_5)=2$$

在图 6－2 的有向图 G_2 中分别计算各顶点的入度、出度和度：

$$\mathrm{ID}(v_1)=1,\ \mathrm{OD}(v_1)=2,\ \mathrm{TD}(v_1)=3$$
$$\mathrm{ID}(v_2)=1,\ \mathrm{OD}(v_2)=0,\ \mathrm{TD}(v_2)=1$$
$$\mathrm{ID}(v_3)=1,\ \mathrm{OD}(v_3)=1,\ \mathrm{TD}(v_3)=2$$
$$\mathrm{ID}(v_4)=1,\ \mathrm{OD}(v_4)=1,\ \mathrm{TD}(v_4)=2$$

可以证明，对于具有 n 个顶点、e 条边的图，顶点 v_i 的度 TD(v_i) 与顶点的个数以及边或弧的数目满足关系：

$$e=\frac{1}{2}\sum_{i=1}^{n}\mathrm{TD}(v_i)$$

（5）路径、路径长度。

顶点 v_p 到顶点 v_q 之间的路径（path）是指顶点序列 v_p，v_{i1}，v_{i2}，…，v_{im}，v_q。其中，(v_p，v_{i1})，(v_{i1}，v_{i2})，…，(v_{im},v_q)分别为图中的边。

路径上边的数目称为路径长度。在图 6－1 所示的无向图 G_1 中，$v_1 \to v_4 \to v_3 \to v_5$ 是从顶点 v_1 到顶点 v_5 的一条路径，路径长度为 3。在图 6－2 所示的有向图 G_2 中，$v_1 \to v_3 \to v_4$ 是从顶点 v_1 到顶点 v_4 的一条路径，路径长度为 2。

（6）简单路径、简单回路。

简单路径：若路径上各顶点 v_1，v_2，…，v_m 均不互相重复，则称这样的路径为简单路径。在图 6－1 所示的无向图 G_1 中，$v_1 \to v_4 \to v_3 \to v_5$ 是简单路径。

简单回路：若路径上第一个顶点 v_1 与最后一个顶点 v_m 重合，其余顶点不重复，则称这样的路径为回路或环。如图 6－2 所示有向图 G_2 中的 $v_1 \to v_3 \to v_4 \to v_1$。

（7）无向完全图。

在一个无向图中，如果任意两个顶点之间都有一条直接边相连接，则称该图为完全图。可以证明，在一个含有 n 个顶点的无向完全图中，有 $n(n-1)/2$ 条边。如图 6－3 所示是无向完全图，边数 $n=4\times(4-1)/2=6$，图 6－4 所示则不是无向完全图。

（8）有向完全图。

在一个有向图中，如果任意两个顶点之间都有方向互为相反的两条弧相连接，则称该图为有向完全图。在一个含有 n 个顶点的有向完全图中，有 $n(n-1)$ 条边。图 6－5 所示是完全有向图，边数 $=3\times(3-1)=6$。

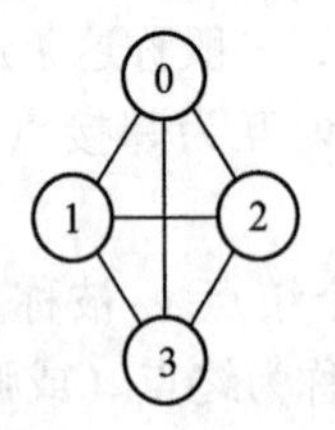

图 6－3　无向完全图

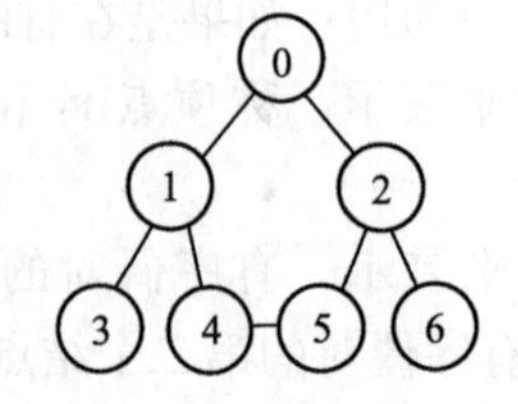

图 6－4　不是无向完全图

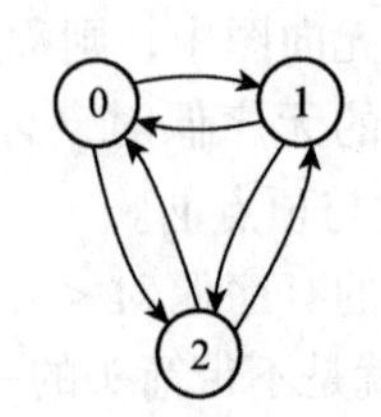

图 6－5　有向完全图

(9) 稠密图、稀疏图。

若一个图的边数或弧数很少，则该图为稀疏图，反之为稠密图。

(10) 子图。

对于图 $G=(V, E)$，$G'=(V', E')$，若存在 V'是 V 的子集，E'是 E 的子集，则称图 G'是 G 的一个子图，如图 6-6 所示。

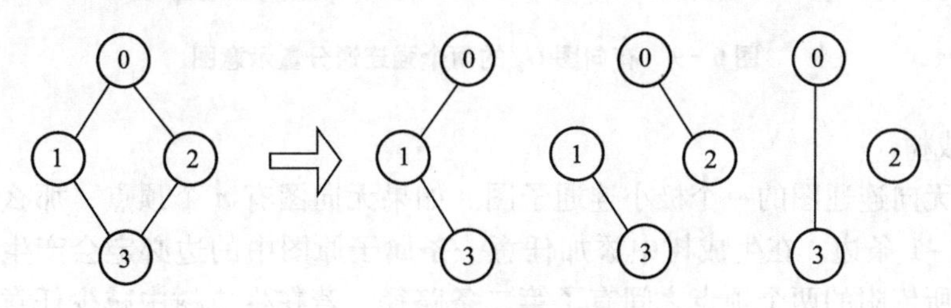

图 6-6 图与部分子图

(11) 权、网。

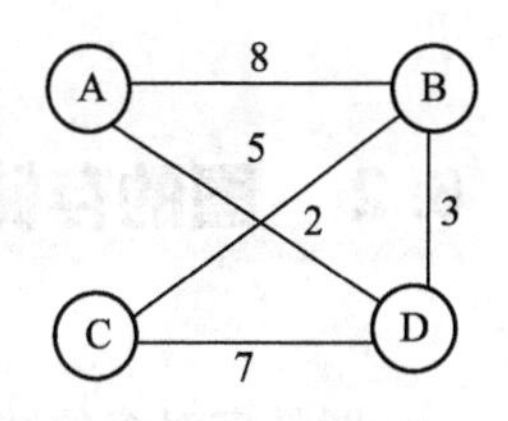

图 6-7 无向网图

与边（弧）有关的数据信息称为权。在实际应用中，权值可以有某种含义。比如，在一个反映城市交通线路的图中，边上的权值可以表示该条线路的长度或者等级；对于反映工程进度的图而言，边或弧上的权值可以表示从前一个工程到后一个工程所需要的时间等。

边（弧）上带权的图称为网。图 6-7 所示就是一个无向网图。如果是带权的有向图，则就是有向网。

(12) 连通的、连通图、连通分量。

在无向图中，如果从一个顶点 v_i 到另一个顶点 v_j（$i \neq j$）有路径，则称顶点 v_i 和 v_j 是连通的。如果图中任意两顶点都是连通的，则称该图是连通图。无向图的极大连通子图称为连通分量。图 6-8a 中有两个连通分量，如图 6-8b 所示。

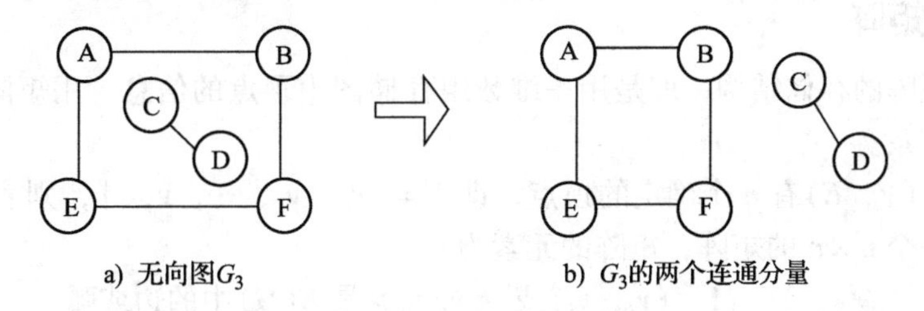

图 6-8 无向图 G_3 的连通分量示意图

(13) 强连通图、强连通分量。

对于有向图来说，若图中任意一对顶点 v_i 和 v_j（$i \neq j$）均有一个从顶点 v_i 到另一个顶点 v_j 的路径，也有从 v_j 到 v_i 的路径，则称该有向图是强连通图。有向图的极大强连通子图称为强连通分量。图 6-9a 中有两个强连通分量，如图 6-9b 所示。

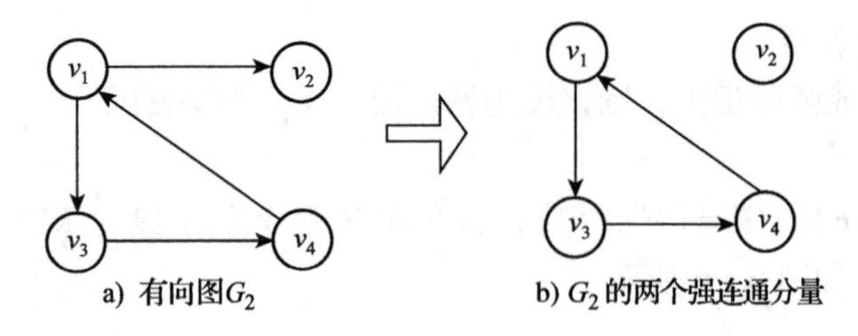

图 6-9　有向图 G_2 的两个强连通分量示意图

（14）生成树。

生成树是无向连通图的一个极小连通子图。如果无向图有 n 个顶点，那么它必定包含且仅包含 G 的 $n-1$ 条边。在生成树中添加任意一条属于原图中的边必定会产生回路，因为新添加的边使其所依附的两个顶点之间有了第二条路径。若在生成树中减少任意一条边，则必然成为非连通的。但有 n 个顶点和 $n-1$ 条边的图并非一定连通，也并非一定是生成树。

（15）生成森林。

对非连通图，称各个连通分量的生成树的集合为此非连通图的生成森林。

6.2　图的存储表示

图是多对多的结构，比线性结构、树结构复杂，其存储结构也要复杂些。图的存储结构至少要保存两类信息：①顶点的信息；②顶点间的关系。

注意　顶点的编号，为了使图的存储结构与图一一对应，在讨论图的存储结构时，首先要给图中的所有顶点编号。

下面分别介绍邻接矩阵表示法、邻接表（邻接表、逆邻接表）等几种常用的图的存储结构。

6.2.1　邻接矩阵

所谓邻接矩阵的存储结构，就是用一维数组存储图中顶点的信息，用矩阵表示图中各顶点之间的邻接关系。

假设图 $G=(V,\ E)$ 有 n 个确定的顶点，即 $V=\{v_0,\ v_1,\ \cdots,\ v_{n-1}\}$，则表示 G 中各顶点的相邻关系是一个 $n\times n$ 的矩阵，矩阵的元素为

$$A[i][j]=\begin{cases}1 & (v_i,\ v_j)\text{或}<v_i,v_j>\text{是}E(G)\text{中的边或弧}\\0 & (v_i,\ v_j)\text{或}<v_i,v_j>\text{不是}E(G)\text{中的边或弧}\end{cases}$$

若 G 是网，则邻接矩阵可定义为

$$A[i][j]=\begin{cases}w_{ij} & \text{若}(v_i,\ v_j)\text{或}<v_i,v_j>\text{是}E(G)\text{中的边或弧}\\\infty & \text{否则但 } i\neq j\\0 & \text{否则但 } i=j\end{cases}$$

其中，w_{ij} 表示边 $(v_i,\ v_j)$ 或 $<v_i,\ v_j>$ 上的权值；∞ 表示一个计算机允许的、大于所有边上权值的数。用邻接矩阵表示法表示的图如图 6-10 所示，用邻接矩阵表示法表示的网图如图 6-11 所示。

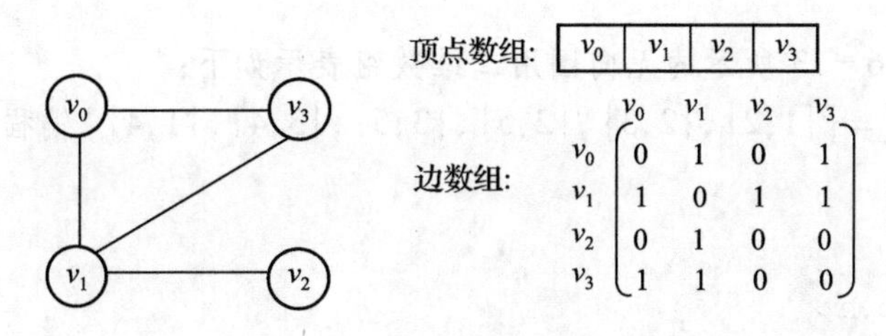

图6-10　一个无向图的邻接矩阵表示

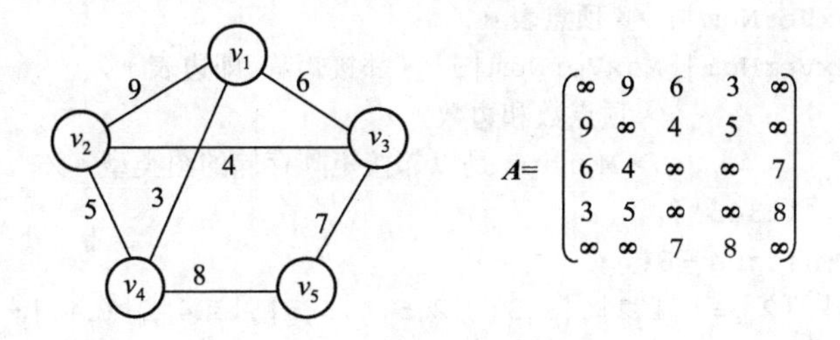

图6-11　一个网的邻接矩阵表示

注意 图的邻接矩阵存储方法具有以下特点。

（1）无向图的邻接矩阵是对称的，同一条边表示了两次；

（2）顶点 v 的度：在无向图中，等于邻接矩阵中对应行（或列）中1的个数；在有向图中，顶点 i 的出度=第 i 行1的个数；顶点 j 的入度=第 j 列1的个数。如图6-12所示。

（3）判断两顶点 v、u 是否为邻接点：只需判断二维数组对应分量是否为1。

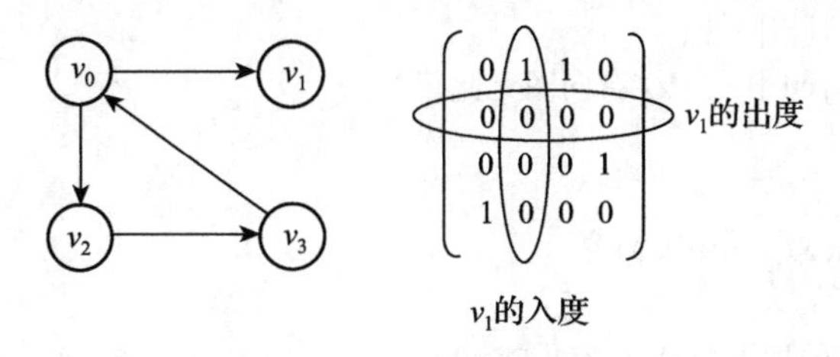

图6-12　v_1 的入度和出度

下面介绍图的邻接矩阵存储表示。

在用邻接矩阵存储图时，除了用一个二维数组存储用于表示顶点间相邻关系的邻接矩阵外，还需用一个一维数组来存储顶点信息，另外还有图的顶点数和边数。故可将其形式描述为算法6.1：

```
typedef struct
{  char vexs[MaxVerNum]; /* 顶点表 */
   int edges[MaxVerNum][MaxVerNum]; /* 邻接矩阵,即边表 */
   int n,e;                 /* 顶点数和边数 */
}Mgraph;                    /* Mgraph 是以邻接矩阵存储的图类型 */
```

算法6.1

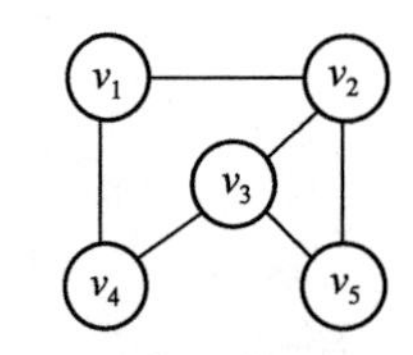

图 6-13 无向图

【例 6-1】 如图 6-13 所示的无向图用二维数组表示如下：

connection[ ][2] = {{1,2},{2,3},{2,5},{3,5},{3,4},{1,4}} 编程实现邻接矩阵。

```
#include <stdio.h>
#define MaxVerNum 100            /* 最大顶点数设为 100 */
typedef struct
{  char vexs[MaxVerNum]; /* 顶点表 */
   int edges[MaxVerNum][MaxVerNum]; /* 邻接矩阵,即边表 */
   int n,e;                    /* 顶点数和边数 */
}Mgraph;                        /* Mgraph 是以邻接矩阵存储的图类型 */
 char vertex[ ] = "12345";
 int nvertex = 5,nedges = 6;
 int connection[ ][2] = {{1,2},{2,3},{2,5},{3,5},{3,4},{1,4}};
 void CreateMgraph(Mgraph &G)
 {    int i,j,k;G.n = nvertex;  G.e = nedges;
      for(i = 0;i < G.n;i + +)
        G.vexs[i] = vertex[i];
      for(i = 0;i < G.n;i + +)
         for(j = 0;j < G.n;j + +)
            G.edges[i][j] = 0;
      for(k = 0;k < G.e;k + +)
      {  i = connection[k][0] -1;
         j = connection[k][1] -1;
         G.edges[i][j] =1;
         G.edges[j][i] =1;//有向图无此行
      }
 }
 void printMgraph(Mgraph &G)
 {    int i,j;
      printf("矩阵的顶点数:% d\n",G.n);
      printf("矩阵的边数:% d\n",G.e);
      for(i =0;i < G.n;i + +)
      {  for(j = 0;j <G.n;j + +)
         printf("  % d",G.edges[i][j]);
          printf(" \n");
          }
 }
 void main()
 {  Mgraph g;
         CreateMgraph(g);
         printMgraph(g);
 }
```

运行结果如下：

```
矩阵的顶点数:5
矩阵的边数:6
  0  1  0  1  0
  1  0  1  0  1
  0  1  0  1  1
  1  0  1  0  0
  0  1  1  0  0
Press any key to continue
```

6.2.2 邻接表

对于顶点 n 多而边数 e 少的图，用 $n \times n$ 方阵的邻接矩阵存储结构是极大浪费存储空间的。邻接表是图的一种链式存储结构。因此，考虑使用邻接表来存储。

邻接表表示法类似于树的孩子链表表示法。由于它只考虑非零元素，因而节省了零元素所占的存储空间。它对于无向图和有向图都适用。就是对于图中的每个顶点 v_i，将所有邻接于 v_i 的顶点 v_j 链成一个单链表，这个单链表就称为顶点 v_i 的邻接表，再将所有点的邻接表表头放到数组中，就构成了图的邻接表。在邻接表表示中有两种结点结构，如图 6－14 所示。

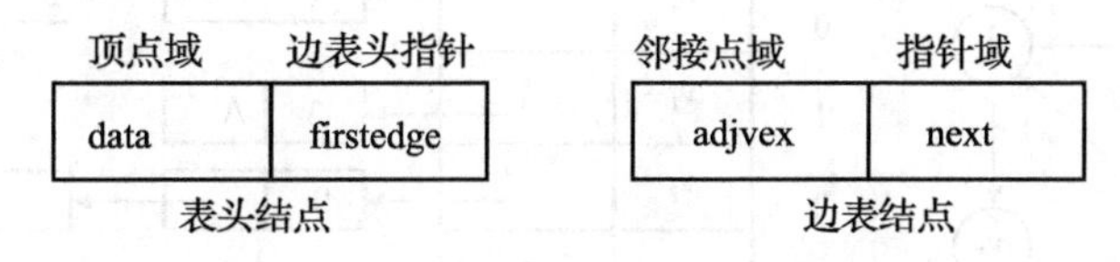

图 6－14　邻接表表示的两种结点结构

在邻接表中，一种是对图中每个顶点建立一个顶点数据表，顶点数据表可以采用顺序存储结构实现，顶点数据表有一个表头结点，它由顶点域（data）和指向第一条邻接边的指针域（firstedge）构成；另一种是边链表，边链表中的结点由邻接点域（adjvex）和指向下一条邻接边的指针域（next）构成。图 6－15 给出了图 6－10 中的无向图所对应的邻接表表示。

对于网图的边表，需再增设一个存储边上信息（如权值等）的域（info），网图的边表结构如图 6－16 所示。图 6－17 给出了网络（带权图）的邻接表表示。

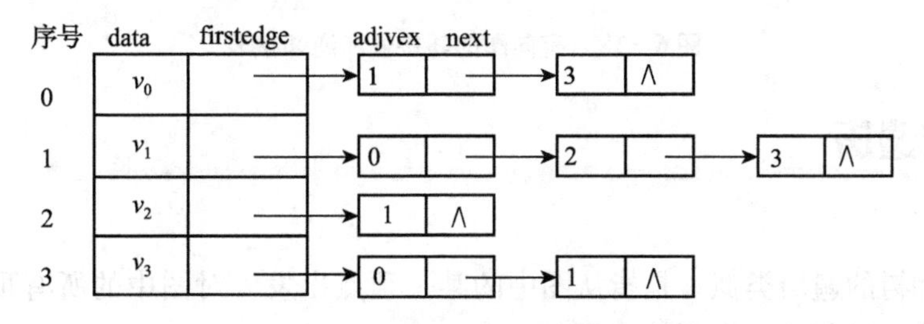

图 6－15　无向图对应的邻接表表示

邻接点域	边上信息	指针域
adjvex	info	next

图 6－16　网图的边表结构

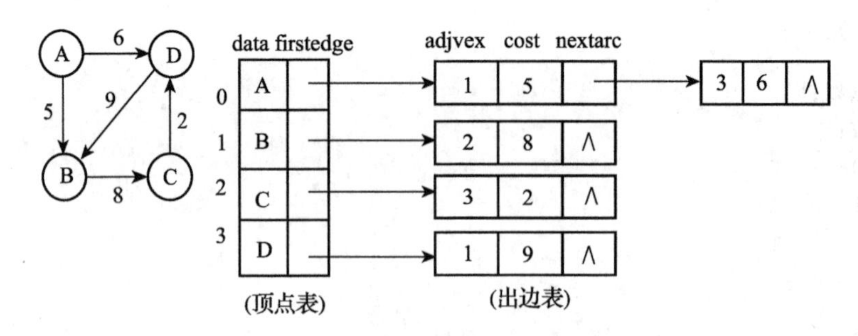

图 6-17　网络（带权图）的邻接表

提示： 若无向图中有 n 个顶点、e 条边，则它的邻接表需 n 个头结点和 $2e$ 个表结点。显然，在边稀疏（$e \ll n(n-1)/2$）的情况下，用邻接表来表示图要比邻接矩阵节省存储空间。

有时，为了便于确定顶点的入度或以顶点 v_i 为头的弧，可以建立一个有向图的逆邻接表，即对每个顶点 v_i 建立一个以 v_i 为弧头的链表。例如，图 6-18a、b 分别为有向图的邻接表和逆邻接表。

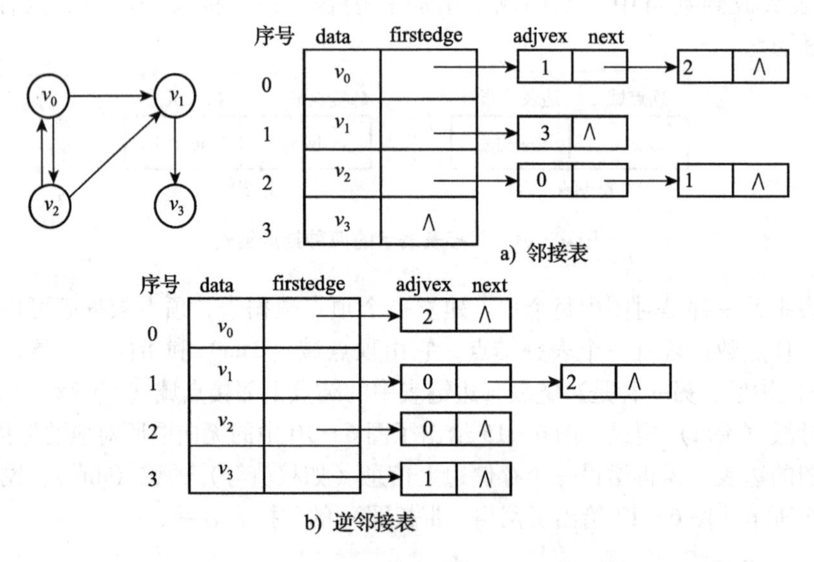

图 6-18　有向图的邻接表和逆邻接表

6.3　图的遍历

图的遍历和树的遍历类似。是指从图中的某一顶点出发，对图中的所有顶点访问一次且只访问一次，这一过程就叫作图的遍历。

图的遍历是图的一种基本操作，图的许多其他操作都是建立在遍历操作的基础之上。

由于图结构本身的复杂性，所以图的遍历操作也较复杂，主要表现在以下四个方面：

① 在图结构中，没有一个“自然”的首结点，图中任意一个顶点都可作为第一个被访问

的结点。

② 在非连通图中，从一个顶点出发，只能够访问它所在的连通分量上的所有顶点，因此，还需考虑如何选取下一个出发点以访问图中其余的连通分量。

③ 在图结构中，如果有回路存在，那么一个顶点被访问之后，有可能沿回路又回到该顶点。

④ 在图结构中，一个顶点可以和其他多个顶点相连，当这样的顶点被访问过后，存在如何选取下一个要访问的顶点的问题。

提示： 为避免重复访问，设置一个标志顶点是否被访问过的辅助数组 visited [ ]。辅助数组 visited [ ] 的初始状态为 0，在图的遍历过程中，一旦某一个顶点 i 被访问，就立即令 visited [i] 为 1，防止它被多次访问。

图的遍历通常分为深度优先遍历和广度优先遍历两种方式，下面分别介绍。

6.3.1 深度优先遍历

图的深度优先遍历类似于树的先序遍历。采用的搜索方法的特点是尽可能先对纵深方向进行搜索。这种搜索方法称为深度优先搜索（Depth-First Search）。相应地，用此方法遍历图就很自然地称之为图的深度优先遍历。

1. 深度优先遍历的递归定义

假设初始状态是图中所有顶点未曾被访问。首先，从图中某个顶点发 v 出发，并将其标记为已访问过；然后，依次从 v 出发搜索 v 的每个邻接点 w。若 w 未曾被访问过，则以 w 为新的出发点继续进行深度优先遍历，直至图中所有和源点 v 有路径相通的顶点（亦称为从源点可达的顶点）均已被访问为止。若此时图中仍有未被访问的顶点，则另选一个尚未访问的顶点作为新的源点重复上述过程，直至图中所有顶点均已被访问为止。

2. 基本实现思想

1）访问顶点 v。

2）从 v 的未被访问的邻接点中选取一个顶点 w，从 w 出发进行深度优先遍历。

3）重复上述两步，直至图中所有和 v 有路径相通的顶点都被访问到。

如图 6-19 所示为深度优先搜索的访问路线。

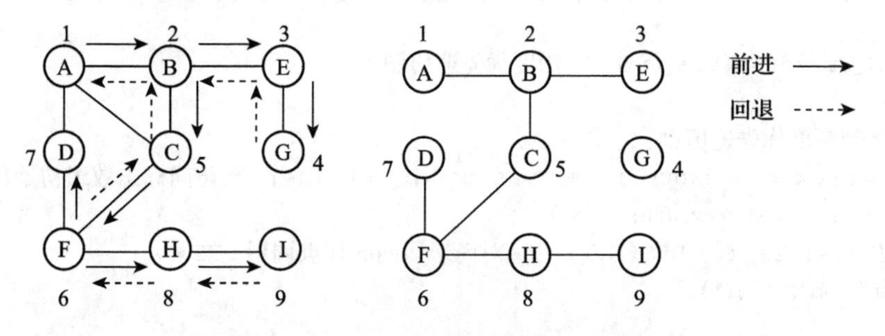

图 6-19 深度优先搜索访问路线示意图

以图 6 - 20 的无向图 G_5 为例，进行图的深度优先搜索。假设从顶点 v_1 出发进行搜索，在访问了顶点 v_1 之后，选择邻接点 v_2。因为 v_2 未曾访问，则从 v_2 出发进行搜索。依此类推，接着从 v_4、v_8、v_5出发进行搜索。在访问了 v_5 之后，由于 v_5 的邻接点都已被访问，则搜索回到 v_8。由于同样的理由，搜索继续回到 v_4、v_2 直至 v_1，此时由于 v_1 的另一个邻接点未被访问，则搜索又从 v_1 到 v_3，再继续进行下去。由此，得到深度优先遍历的顶点访问序列为

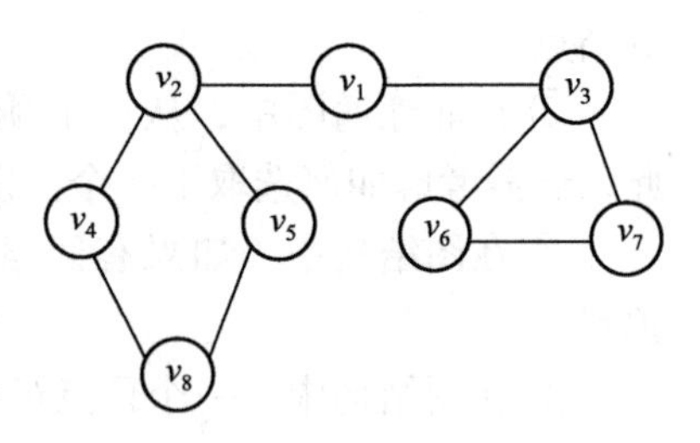

图 6 - 20　一个无向图 G_5

$$v_1 \to v_2 \to v_4 \to v_8 \to v_5 \to v_3 \to v_6 \to v_7$$

显然，这是一个递归的过程。为了在遍历过程中便于区分顶点是否已被访问，需附设访问标志数组 visited[0:n - 1]，其初值为 False ，一旦某个顶点被访问，则其相应的分量置为 True。

操作步骤

递归实现

1）访问顶点 i；visited[i] = True；// 算法执行前 visited[n] = False

2）w = 顶点 i 的第一个邻接点。

3）while（w 存在）

　　if（w 未被访问）

　　　从顶点 w 出发递归执行该算法；

　　w = 顶点 i 的下一个邻接点；

从图的某一点 i 出发，递归地进行深度优先遍历的过程如算法 6.2 所示。

```
void DFS(Graph G,int i)/* 从第 i 个顶点出发递归的深度遍历图 * /
{  int w;
   visited[i] = True; /* 访问第 i 个顶点 * /
   printf("% d - > ",i);
   for(w = First_AdjVex(G,i); w; w = Next_AdjVex(G,i,w))
   if(! visited[w]) DFS(G,w); /* 对尚未访问的邻接顶点 w 调用 DFS * /
}
```

算法 6.2

算法 6.3 给出了对以邻接表为存储结构的整个图进行深度优先遍历实现的 C 语言描述。

```
void DFS_Traverse(Graph G) /* 深度优先遍历图 * /
{ int i;
  printf("深度优先遍历:");
  for(i = 1;i < = G.vexnum;i + + ) visited[i] = False; /* 访问标志数组初始化 * /
  for(i = 1;i < = G.vexnum;i + + )
    if(! visited[i]) DFS(G,i); /* 对尚未访问的顶点调用 DFS * /
  printf(" \b\b  \n");
}
```

算法 6.3

分析：分析上述算法，在遍历时，对图中每个顶点至多调用一次DFS函数，因为一旦某个顶点被标记成已被访问，就不能再从它出发进行搜索。因此，遍历图的过程实质上是对每个顶点查找其邻接点的过程。其耗费的时间则取决于所采用的存储结构。当以二维数组（邻接矩阵）作为图的存储结构时，查找每个顶点的邻接点所需时间为$O(n^2)$，其中n为图中顶点数。而当以邻接表作为图的存储结构时，查找邻接点所需时间为$O(e)$，其中e为无向图中的边数或有向图中的弧数。由此，当以邻接表作为存储结构时，深度优先搜索遍历图的时间复杂度为$O(n+e)$。

6.3.2 广度优先搜索

广度优先搜索（Breadth-First Search）遍历类似于树的按层次遍历的过程。

假设从图中某顶点v出发，在访问了v之后依次访问v的各个未曾被访问过的邻接点，然后分别从这些邻接点出发依次访问它们的邻接点，并使“先被访问的顶点的邻接点”先于“后被访问的顶点的邻接点”被访问，直至图中所有已被访问的顶点的邻接点都被访问到。若此时图中尚有顶点未被访问，则另选图中一个未曾被访问的顶点作为起始点，重复上述过程，直至图中所有顶点都被访问到为止。

换句话说，广度优先搜索遍历图的过程中以v为起始点，由近至远，依次访问和v有路径相通且路径长度为1，2，…的顶点。如图6-21所示为广度优先搜索的访问路线示意图。

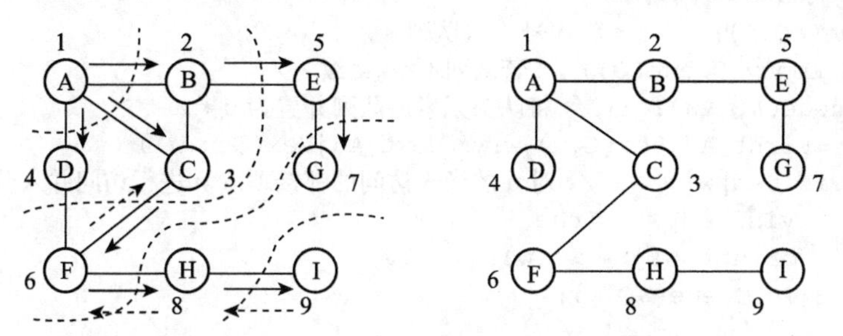

图6-21 广度优先搜索访问路线示意图

例如，对图6-20所示无向图G_5进行广度优先搜索遍历，首先访问v_1以及v_1的邻接点v_2和v_3，然后依次访问v_2的邻接点v_4和v_5及v_3的邻接点v_6和v_7，最后访问v_4的邻接点v_8。由于这些顶点的邻接点均已被访问，并且图中所有顶点都被访问，因此完成了图的遍历。得到的顶点访问序列为

$$v_1 \to v_2 \to v_3 \to v_4 \to v_5 \to v_6 \to v_7 \to v_8$$

和深度优先搜索类似，在遍历的过程中也需要一个访问标 志数组。并且，为了顺次访问路径长度为2，3，…的顶点，需另设辅助队列以存储已被访问的路径长度为1，2，…的顶点。

操作步骤

非递归实现

1）初始化队列Q；visited[n] = False。

2）访问顶点i；visited[i] = True；顶点i入队列Q。

3）while（队列Q非空）

u = 队列 Q 的对头元素出队；
w = 顶点 u 的第一个邻接点；
while （w 存在）
　　如果 w 未被访问，则访问顶点 w；
　　visited[w] = True；
　　顶点 w 入队列 Q；
　　w = 顶点 u 的下一个邻接点。

从图中的某一点 v 出发，非递归地进行广度优先遍历的过程如算法 6.4 所示。

```
  void BFS_Traverse(Graph G)/* 广度优先非递归的遍历,辅助队列 Q 和访问标志数组
visited */
  { int i,u,w;
    SeQueue Q;
    printf("广度优先遍历:");
    for(i=1;i<=G.vexnum;i++) visited[i]=False; /*访问标志数组初始化*/
    Init_Queue(&Q);        /*初始化队列*/
    for(i=1;i<=G.vexnum;i++)
       if(! visited[i])
   {  visited[i]=True;     /*访问顶点 i*/
      printf("%d->",i);
      In_Queue(&Q,i);      /*将序号 i 入队列*/
      while(! Empty_Queue(Q)) /*若队列不空,继续*/
      { Out_Queue(&Q,&u);     /*将队头元素出队列并置为 u*/
        for(w=First_AdjVex(G,u);w;w=Next_AdjVex(G,u,w))
        if(! visited[w])      /*对 u 的尚未访问的邻接顶点 w 进行访问并入队列*/
            {    visited[w]=True;
                 printf("%d->",w);
                 In_Queue(&Q,w);
            }
      }
   }
   printf("\b\b  \n");
  }
```

算法 6.4

分析：分析上述算法，每个顶点至多进一次队列。遍历图的过程实质是通过边或弧查找邻接点的过程，因此广度优先搜索遍历图的时间复杂度和深度优先搜索遍历相同，两者不同之处仅仅在于对顶点的访问顺序不同。

【**例 6-2**】对如图 6-22 所示的无向图和有向图，实现图的广度优先遍历和深度优先遍历。

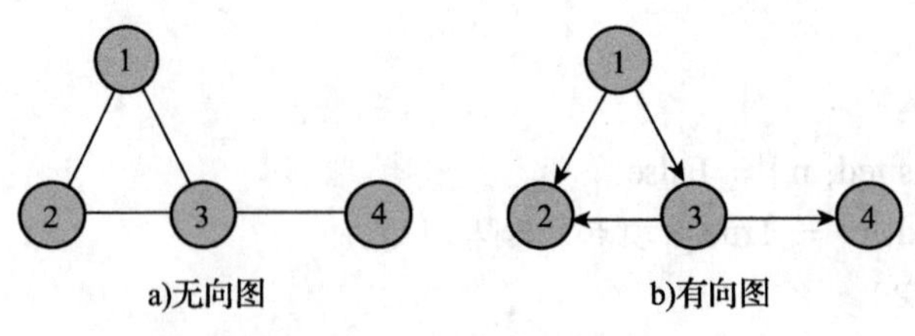

图 6-22　无向图和有向图

```
#include <stdio.h>          /* 图的遍历 */
#include <stdlib.h>
#define MaxVerNum  20      /* 图的最大顶点数 */
#define MaxSize 30        /* 队列的最大容量 */
typedef enum{False,True}  Bool;
typedef struct ArcNode
{int adjvex;              /* 该弧所指向的顶点的位置 */
struct ArcNode *nextarc;/* 指向下一条弧的指针 */
}ArcNode;                 /* 弧结点 */
typedef struct
{ArcNode* AdjList[MaxVerNum]; /* 指向第一条依附该顶点的弧的指针 */
int vexnum,arcnum;       /* 图的当前顶点和弧数 */
int GraphKind;          /* 图的种类,无向图—0,有向图—1 */
}Graph;
typedef struct            /* 队列结构 */
{int elem[MaxSize];      /* 数据域 */
 int front,rear;          /* 队头,队尾指针 */
}SeQueue;
Bool visited[MaxVerNum]; /* 全局变量——访问标志数组 */
void Create_Graph(Graph *G) /* 构造邻接表结构的图 G */
{ int i,start,end;
  ArcNode *s;
  for(i=1;i<=(*G).vexnum;i++)  (*G).AdjList[i]=NULL; /* 初始化指针数组 */
    for(i=1;i<=(*G).arcnum;i++)
    {scanf("%d,%d",&start,&end); /* 输入弧的起点和终点 */
    s=(ArcNode*)malloc(sizeof(ArcNode)); /* 生成一个弧结点 */
    s->nextarc=(*G).AdjList[start]; /* 插入到邻接表中 */
    s->adjvex=end;
    (*G).AdjList[start]=s;
    if((*G).GraphKind==0) /* 若是无向图,再插入到终点的弧链中 */
    {s=(ArcNode*)malloc(sizeof(ArcNode));
     s->nextarc=(*G).AdjList[end];
     s->adjvex=start;
    (*G).AdjList[end]=s;
    }
  }
}
int First_AdjVex(Graph G,int v) /* 找第 v 个顶点的第一个邻接顶点 */
{ if(! G.AdjList[v]) return 0;
  else return(G.AdjList[v]->adjvex);
}
int Next_AdjVex(Graph G,int v,int u) /* 找第 v 个顶点相对 u 的下一个邻接顶点 */
{ ArcNode *p;
  p=G.AdjList[v];
  while(p->adjvex!=u) p=p->nextarc; /* 在顶点 v 的弧链中找到顶点 u */
  if(p->nextarc==NULL) return 0;      /* 若已是最后一个顶点,则返回 0 */
  else return(p->nextarc->adjvex);   /* 返回下一个邻接顶点的序号 */
```

```
}
void Init_Queue(SeQueue *Q)/*队列初始化*/
{ (*Q).front=(*Q).rear=0;}
Bool Empty_Queue(SeQueue Q)/*判断队列是否为空,若空返回True,否则返回False*/
{ if(Q.front==Q.rear) return True;
   else return False;
}
Bool In_Queue(SeQueue *Q,int ch)/*入队列,成功返回True,失败返回False*/
{ if(((*Q).rear+1)% MaxSize==(*Q).front)  return False;
  (*Q).elem[(*Q).rear]=ch;
  (*Q).rear=((*Q).rear+1)% MaxSize;
  return True;
}
Bool Out_Queue(SeQueue *Q,int *ch)/*出队,成功返回True,ch返回该元素值,失败返回
False*/
{ if((*Q).front==(*Q).rear) return False;
  (*ch)=(*Q).elem[(*Q).front];
  (*Q).front=((*Q).front+1)% MaxSize;
  return True; /*成功出队列,返回True*/
}
void DFS(Graph G,int i)/*从第i个顶点出发递归地深度遍历图*/
{ int w;
  visited[i]=True; /*访问第i个顶点*/
  printf("%d->",i);
  for(w=First_AdjVex(G,i);w;w=Next_AdjVex(G,i,w))
  if(! visited[w]) DFS(G,w); /*对尚未访问的邻接顶点w调用DFS*/
}
void DFS_Traverse(Graph G)/*深度优先遍历图*/
{ int i;
  printf("深度优先遍历:");
  for(i=1;i<=G.vexnum;i++) visited[i]=False; /*访问标志数组初始化*/
  for(i=1;i<=G.vexnum;i++)
    if(! visited[i]) DFS(G,i); /*对尚未访问的顶点调用DFS*/
  printf("\b\b  \n");
}
void BFS_Traverse(Graph G)/*广度优先非递归的遍历,辅助队列Q和访问标志数组
visited*/
{ int i,u,w;
  SeQueue Q;
  printf("广度优先遍历:");
  for(i=1;i<= G.vexnum;i++) visited[i]=False; /*访问标志数组初始化*/
  Init_Queue(&Q);      /*初始化队列*/
  for(i=1;i<=G.vexnum;i++)
     if(! visited[i])
  {  visited[i]=True;     /*访问顶点i*/
     printf("%d->",i);
     In_Queue(&Q,i);     /*将序号i入队列*/
```

```
    while(! Empty_Queue(Q)) /* 若队列不空,继续 * /
    { Out_Queue(&Q,&u);    /* 将队头元素出队列并置为 u * /
     for(w = First_AdjVex(G,u);w;w = Next_AdjVex(G,u,w))
     if(! visited[w])      /* 对 u 的尚未访问的邻接顶点 w 进行访问并入队列 * /
        {  visited[w] = True;
           printf("% d - >",w);
           In_Queue(&Q,w);
        }
    }
 }
  printf("\b\b  \n");
}
void main() /* 采用邻接表结构的图 * /
{ Graph G;
  char j = 'y';
  system("cls");
  while(j! = 'N' && j! = 'n')
     {printf("输入 0 或 1(无向图 -0, 有向图 -1):");
      scanf("% d",&G.GraphKind); /* 输入图的种类 * /
      printf("(如:4,3)输入顶点数和弧数: \n");
      scanf("% d,% d",&G.vexnum,&G.arcnum); /* 输入图的顶点数和弧数 * /
      printf("如:1,2 \n1,3 \n 输入各边弧尾和弧头: \n");
      Create_Graph(&G); /* 生成邻接表结构的图 * /
      DFS_Traverse(G);   /* 深度优先搜索遍历图 * /
      BFS_Traverse(G);   /* 广度优先搜索遍历图 * /
      printf("图遍历完毕,继续进行吗? (Y/N)");
      scanf("% c",&j);
     }
 }
```

标方框的数据均为测试数据，图 6 - 22a 中无向图的运行结果如下：

```
输入 0 或 1 <无向图 -0,有向图 -1 >: 0
<如:4,3 >输入顶点数和弧数:
4,4
如:    1,2
       1,3
输入各边弧尾和弧头:
1,2
1,3
2,3
3,4
深度优先遍历:1 - >3 - >4 - >2
广度优先遍历:1 - >3 - >2 - >4
图遍历完毕,继续进行吗? <Y/N>
```

图 6-22b 中有向图的运行结果如下：

```
图遍历完毕,继续进行吗? <Y/N> Y
输入 0 或 1 <无向图 -0,有向图 -1 > = 1
<如:4,3 >输入顶点数和弧数:
4,4
如:    1,2
       1,3
输入各边弧尾和弧头:
1,2
1,3
3,2
3,4
深度优先遍历:1 - >3 - >4 - >2
广度优先遍历:1 - >3 - >2 - >4
```

6.4 最小生成树

6.4.1 最小生成树的基本概念

最小生成树是基于“带权图”的概念。即图中每条边上都有特定的权值，这样的图又称为网。最小生成树指的是所有生成树中，权值之和最小的树。

对连通图的不同遍历，就可能得到不同的生成树。图 6-23a、b、c 所示的均为图 6-20 中的无向连通图的生成树。可以证明，对于有 n 个顶点的无向连通图，无论其生成树的形态如何，所有生成树中都有且仅有 $n-1$ 条边。

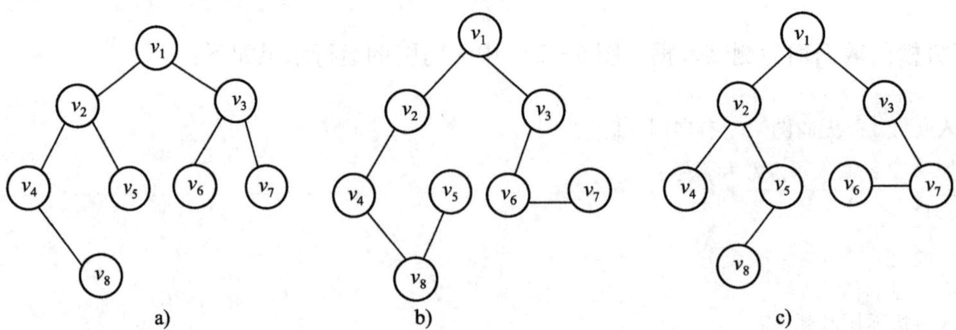

图 6-23　无向连通图 G_5 的三棵生成树

最小生成树的概念可以应用到许多实际问题中。例如：有 A，B，C，D，E 共五个地方。需要修路让它们之间可以相互连通。但是各个结点之间修路的花费可能不一样，n 个地方如果两两相通，一共有 $n(n-1)/2$ 条路，我们想在其中找出 $n-1$ 条，让它们的花费最小。那么如何在 $n(n-1)/2$ 条路中选择出 $n-1$ 条路径呢？有两种经典的算法，它们分别是 Prim 算法和 Kruskal 算法。

6.4.2　构造最小生成树的 Prim 算法

假设 $G=(V, E)$ 为一网图，其中 V 为顶点的集合，E 为边的集合。从某一顶点 u_1 出发，选择与它关联的具有最小权值的边（u_1, v），将其顶点 v 加入到生成树的顶点集合 U 中。U 用于存放 G 的最小生成树中的顶点，T 用于存放 G 的最小生成树中的边。

令集合 U 的初值为 $U=\{u_1\}$（假设构造最小生成树时，从顶点 u_1 出发），集合 T 的初值为 $T=\{\}$。

以后每一步从 U 中选择一个顶点 $u(u \in U)$，而另一个顶点 $v \in V-U$，选择取具有最小权值的边（u, v），将顶点 v 加入集合 U 中，将边（u, v）加入集合 T 中，如此不断重复，直到 $U=V$ 时，最小生成树构造完毕，这时集合 T 中包含了最小生成树的所有边。

Prim 算法可用下述过程描述，其中用 w_{uv} 表示顶点 u 与顶点 v 所在边上的权值。

（1）$U=\{u_1\}$，$T=\{\}$。

（2）while$(U \neq V)$do

$(u, v)=\min\{w_{uv};\ u \in U,\ v \in V-U\}$

$T=T+\{(u, v)\}$

$U=U+\{v\}$

（3）结束。

如图 6-24a 所示的一个网图，按照 Prim 方法，从顶点 0 出发，该网的最小生成树的产生过程如图 6-24b～g 所示。

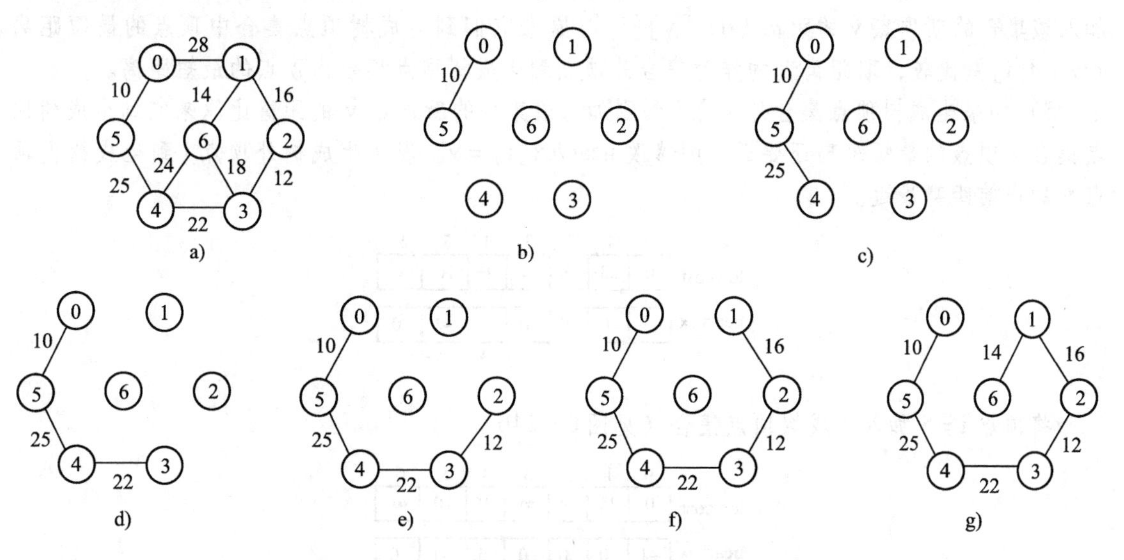

图 6-24　Prim 算法构造最小生成树的过程示意图

【**例 6-3**】利用 Prim 算法实现图 6-24 的最小生成树。

在构造过程中，还设置了两个辅助数组：

lowcost[ ]用于存放生成树顶点集合 U 内的顶点到生成树顶点集合外 V-U 内的各顶点的所有边上的当前最小权值；

nearvex[ ]用于记录生成树顶点集合外各顶点距离集合内哪个顶点最近（即权值最小）。

若选择从顶点 0 出发，则两个辅助数组的初始状态为

	0	1	2	3	4	5	6
lowcost	0	28	∞	∞	∞	10	∞
nearvex	-1	0	0	0	0	0	0

然后反复做以下步骤：

1）在 lowcost[ ]中选择 nearvex[i] ≠ -1 && lowcost[i]最小的边，并用 v 标记它。这样选中的权值最小的边为（nearvex[v]，v），相应的权值为 lowcost[v]。

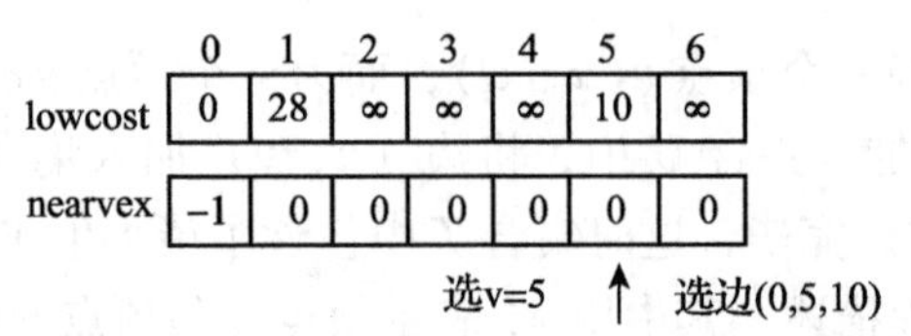

	0	1	2	3	4	5	6
lowcost	0	28	∞	∞	∞	10	∞
nearvex	-1	0	0	0	0	0	0

选v=5 ↑ 选边(0,5,10)

2）将 nearvex [v] 改为 -1，表示它已加入生成树的顶点集合。

3）将边（nearvex[v]，v，lowcost[v]）加入生成树的边集合。

	0	1	2	3	4	5	6
lowcost	0	28	∞	∞	∞	10	∞
nearvex	-1	0	0	0	0	-1	0

选v=5 ↑ 选边(0,5,10)

4）取 lowcost[i] = min{lowcost[i]，Edge[v][i]}，即用生成树顶点集合外各顶点 i 到刚加入该集合的新顶点 v 的距离 Edge[v][i]与原来它们到生成树顶点集合中顶点的最短距离 lowcost[i]做比较，取距离近的作为集合外顶点到生成树顶点集合内顶点的最短距离。

5）如果生成树顶点集合外顶点 i 到刚加入该集合的新顶点 v 的距离比原来它到生成树顶点集合中顶点的最短距离还要近，则修改 nearvex[i] = v。表示生成树外顶点 i 到生成树内顶点 v 的当前距离最近。

	0	1	2	3	4	5	6
lowcost	0	28	∞	∞	25	10	∞
nearvex	-1	0	0	0	5	-1	0

↑

将顶点 i = 5 加入生成树顶点集合（见图 6-24b）。

	0	1	2	3	4	5	6
lowcost	0	28	∞	∞	25	10	∞
nearvex	-1	0	0	0	5	-1	0

选v=4 ↑ 选边(5,4)

将顶点 i = 4 加入生成树顶点集合（见图 6-24c）。

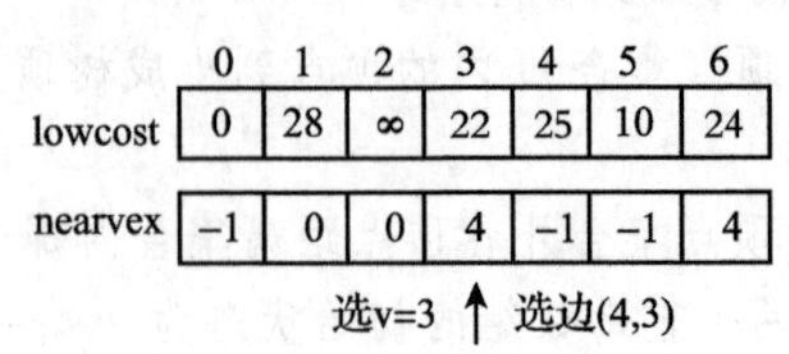

	0	1	2	3	4	5	6
lowcost	0	28	∞	22	25	10	24
nearvex	-1	0	0	4	-1	-1	4

选v=3 ↑ 选边(4,3)

依次将顶点 i=3、顶点 i=2、顶点 i=1、顶点 i=6 加入生成树顶点集合（见图6-24 d~g）。

	0	1	2	3	4	5	6
lowcost	0	16	12	22	25	10	14
nearvex	-1	-1	-1	-1	-1	-1	-1

```
#include"stdio.h" //利用 Prim 算法建立最小生成树
#define MaxVerNum 100
#define MaxValue 10000
typedef struct
{  char vexs[MaxVerNum]; //顶点集合
   int edges[MaxVerNum][MaxVerNum]; //边集合
   int n,e; //顶点和边
} Mgraph;
char vertex[] = "0123456";
int nvertex = 7,nedges = 9;
int connection[][3] = {{0,1,28},{0,5,10},{1,2,16},{1,6,14},{2,3,12},{3,4,22},
{3,6,18},{4,5,25},{4,6,24}};
void CreateMgraph(Mgraph &G)
{  int i,j,k;
   G.n = nvertex;G.e = nedges;
   for(i = 0;i < G.n;i ++)
       G.vexs[i] = vertex[i]; //顶点
   for(i = 0;i < G.n;i ++)
       for(j = 0;j < G.n;j ++)
          G.edges[i][j] = MaxValue; //初始化边为最大值(无限大),无边用最大值表示
   for(i = 0;i < G.n;i ++)
       G.edges[i][i] = 0; //初始化边为 0
   for(k = 0;k < G.e;k ++)
   {  i = connection[k][0];
      j = connection[k][1];
      G.edges[i][j] = connection[k][2];
      G.edges[j][i] = G.edges[i][j]; //有向图无此行
   }
}
void printMgraph(Mgraph &G)
{  int i,j;
   printf("图的结点总数:% d  边总数:% d \n",G.n,G.e);
   for(i = 0;i < G.n;i ++)
   {  for(j = 0;j < G.n;j ++)
         if(G.edges[i][j] == 10000) printf("∞ "); //显示效果好
         else printf("% d",G.edges[i][j]);
   printf(" \n");}
   }
typedef struct
{  int head,tail,cost;
```

```
} MST[MaxVerNum];//最小生成树
void Prim ( Mgraph &G, MST& T, int u )
{  int * lowcost = new int[G.n];
   int * nearvex = new int[G.n];
   for ( int i = 0; i < G.n; i + + )
   {  lowcost[i] = G.edges[u][i];    //u到各点的代价
   nearvex[i] = u;                   //及最短带权路径
    }
    nearvex[u] = -1;          //加到生成树顶点集合
     int k =0;                //存放最小生成树结点的指针
    for (i =0;i <G.n;i + +)
       if(i!=u) //循环n -1 次,加入n -1 条边
  {  int min = MaxValue;//EdgeData
     int v = u;//v是当前具最小权值的边
       for ( int j =0;j <G.n;j + +)
       if ( nearvex[j] != -1 && lowcost[j] < min )// = -1 不参选
       {  v = j;  min = lowcost[j]; //求生成树外顶点到生成树内顶点具有最
       }//小权值的边,v是当前具最小权值的边
       if ( v!=u )   //v =u 表示再也找不到所要求的顶点
       {      T[k].tail = nearvex[v]; //选边加入生成树
              T[k].head = v;
              T[k + +].cost = lowcost[v];
              nearvex[v] = -1;  //该边加入生成树标记
              for ( j = 0; j < G.n; j + + )
                 if ( nearvex[j] != -1 && G.edges[v][j] < lowcost[j] )
              {  lowcost[j] = G.edges[v][j];     //修改
                   nearvex[j] = v;
                   }
       }
  }      //循环n -1 次,加入n -1 条边
}
void main()
{  Mgraph g;
   CreateMgraph(g);
   printMgraph(g);
   MST t;
   Prim(g,t,0);
   printf("生成树:结点→权值→结点 \n");
   for(int i =0;i <g.n -1;i + +)
         printf("(% d)—→% d —→(% d) \n",t[i].tail,t[i].cost,t[i].head);
}
```

运行结果如下:

```
图的结点总数:7   边总数:9
0   28  ∞   ∞   ∞   10  ∞
28  0   16  ∞   ∞   ∞   14
```

```
∞  16  0  12  ∞  ∞  ∞
∞  ∞  12  0  22  ∞  18
∞  ∞  ∞  22  0  25  24
10  ∞  ∞  ∞  25  0  ∞
∞  14  ∞  18  24  ∞  0
生成树:结点→权值→结点
<0 >-→10 -→<5 >
<5 >-→25 -→<4 >
<4 >-→22 -→<3 >
<3 >-→12 -→<2 >
<2 >-→16 -→<1 >
<1 >-→14 -→<6 >
Press any key to continue
```

6.4.3 构造最小生成树的 Kruskal 算法

Kruskal 算法是一种按照网中边的权值递增的顺序构造最小生成树的方法。

Kruskal 算法基本思想：设无向连通网 $G=(V, E)$，令 G 的最小生成树为 T，其初态为 $T=(V, \{\})$，即开始时，最小生成树 T 由图 G 中的 n 个顶点构成，顶点之间没有一条边，这样 T 中各顶点各自构成一个连通分量。然后，按照边的权值由小到大的顺序，考察 G 的边集 E 中的各条边。在 E 中选择权值最小的边，若该边依附的顶点落在 T 中不同的连通分量上，则把该边加入到 T 中，否则舍去此边选择下一条代价最小的边，以免造成回路；如此下去，当 T 中的连通分量个数为 1 时，此连通分量便为 G 的一棵最小生成树。

对于图 6－24a 所示的网，按照 Kruskal 方法构造最小生成树的过程如图 6－25a～g 所示。

在构造过程中，按照网中边的权值由小到大的顺序，不断选取当前未被选取的边集中权值最小的边。依据生成树的概念，n 个结点的生成树，有 $n-1$ 条边，故反复执行上述过程，直到选取了 $n-1$ 条边为止，就构成了一棵最小生成树。

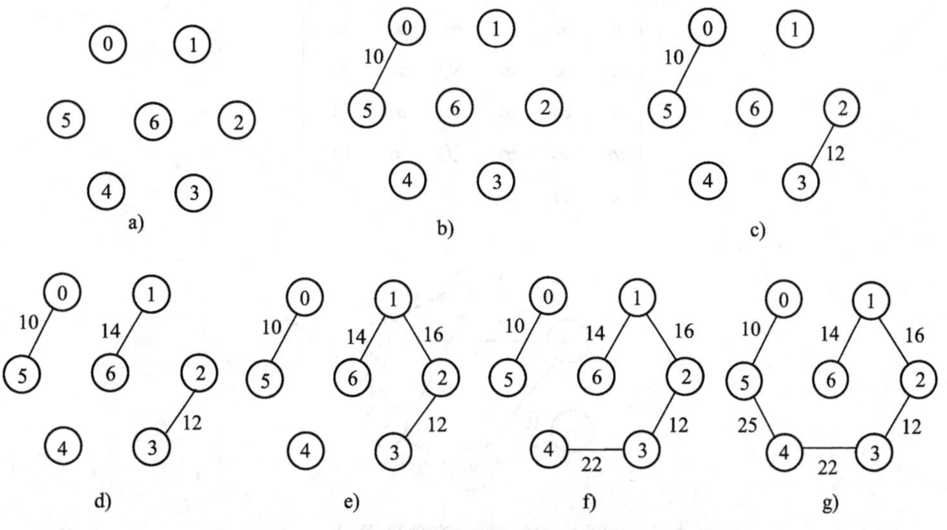

图 6－25 Kruskal 算法构造最小生成树的过程示意图

6.5 最短路径

最短路径问题是图的又一个比较典型的应用问题。例如，从城市 A 到城市 B 之间有多条路，能否找到最近的通路呢？如果将城市用点表示，城市间的公路用边表示，公路的长度作为边的权值，那么，这个问题就可归结为在网图中，求点 A 到点 B 的所有路径中，边的权值之和最短的那一条路径。这条路径就是两点之间的最短路径，并称路径上的第一个顶点为源点，最后一个顶点为终点。在非网图中，最短路径是指两点之间经历的边数最少的路径。下面讨论两种最常见的最短路径问题。

6.5.1 从一个源点到其他各点的最短路径

本节先来讨论单源点的最短路径问题：给定带权有向图 $G=(V, E)$ 和源点 $v \in V$，求从 v 到 G 中其余各顶点的最短路径。在下面的讨论中假设源点为 v_0。

下面就介绍解决这一问题的算法。Dijkstra 算法是一个按路径长度递增的次序产生最短路径的算法。Dijkstra 算法又称为单源最短路径算法，所谓单源是在一个有向图中，从一个顶点出发，求该顶点至所有可到达顶点的最短路径问题。

Dijkstra 算法的基本思想是：设置两个顶点的集合 S 和 $T=V-S$，集合 S 用于存放已找到最短路径的顶点，集合 T 则用于存放当前还未找到最短路径的顶点。初始状态时，集合 S 中只包含源点 v_0，然后不断从集合 T 中选出到顶点 v_0 路径长度最短的顶点 u 加入到集合 S 中，集合 S 每加入一个新的顶点 u，都要修改顶点 v_0 到集合 T 中剩余顶点的最短路径长度值，集合 T 中各顶点新的最短路径长度值等于，原来的最短路径长度值与顶点 u 的最短路径长度值加上 u 到该顶点的路径长度值中的较小值。此过程不断重复，直到集合 T 的顶点全部加入到 S 中为止。

例如，图 6-26 所示一个有向网图 G 的带权邻接矩阵为

$$\begin{pmatrix} \infty & \infty & 10 & \infty & 30 & 100 \\ \infty & \infty & 5 & \infty & \infty & \infty \\ \infty & \infty & \infty & 50 & \infty & \infty \\ \infty & \infty & \infty & \infty & \infty & 10 \\ \infty & \infty & \infty & 20 & \infty & 60 \\ \infty & \infty & \infty & \infty & \infty & \infty \end{pmatrix}$$

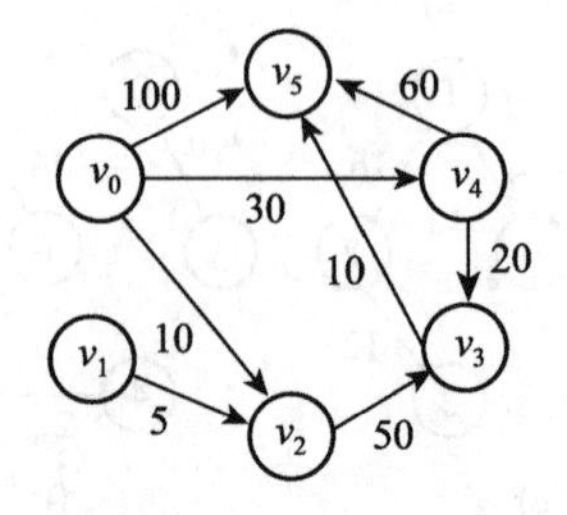

图 6-26 一个有向网图 G

若对 G 施行 Dijkstra 算法，则所得从 v_0 到其余各顶点的最短路径，以及运算过程中 D 值的变化状况，如表6-1所示。

表6-1　用 Dijkstra 算法构造单源点最短路径过程中各参数的变化

终点	从 v_0 到各终点的 D 值和最短路径的求解过程				
	i=1	i=2	i=3	i=4	i=5
v_1	∞	∞	∞	∞	∞ 无
v_2	10 (v_0,v_2)				
v_3	∞	60 (v_0,v_2,v_3)	50 (v_0,v_4,v_3)		
v_4	30 (v_0,v_4)	30 (v_0,v_4)			
v_5	100 (v_0,v_5)	100 (v_0,v_5)	90 (v_0,v_4,v_5)	60 (v_0,v_4,v_3,v_5)	
v_j	v_2	v_4	v_3	v_5	
S	$\{v_0,v_2\}$	$\{v_0,v_2,v_4\}$	$\{v_0,v_2,v_3,v_4\}$	$\{v_0,v_2,v_3,v_4,v_5\}$	

求源点到其他所有顶点的最短路径其时间复杂度也是 $O(n^2)$。

6.5.2　每对顶点之间的最短路径

顶点对之间的最短路径是指：对于给定的有向网 $G=(V,E)$，要对 G 中任意一对顶点有序对 V、$W(V\neq W)$，找出 V 到 W 的最短距离和 W 到 V 的最短距离。

解决此问题的一种有效方法是：轮流以每一个顶点为源点，重复执行 Dijkstra 算法 n 次，即可求得每一对顶点之间的最短路径，总的时间复杂度为 $O(n^3)$。

弗洛伊德（Floyd）提出了另外一种求图中任意两顶点之间最短路径的算法，虽然其时间复杂度也是 $O(n^3)$，但其算法的形式更简单，且有助于理解和编程。

Floyd 算法仍然使用图的邻接矩阵 arcs[n+1][n+1] 来存储带权有向图。算法的基本思想是：设置一个 $n\times n$ 的矩阵 $A^{(k)}$，其中除对角线上的元素都等于0外，其他元素 $A^{(k)}[i][j]$ 表示顶点 i 到顶点 j 的路径长度，k 表示运算步骤。开始时，以任意两个顶点之间的有向边的权值作为路径长度，没有有向边时，路径长度为∞，当 $k=0$ 时，$A^{(0)}[i][j]=arcs[i][j]$，以后逐步尝试在原路径中加入其他顶点作为中间顶点，如果增加中间顶点后，得到的路径比原来的路径长度减少了，则以此新路径代替原路径，修改矩阵元素。具体做法如下。

第一步，让所有边上加入中间顶点1，取 $A[i][j]$ 与 $A[i][1]+A[1][j]$ 中较小的值作为 $A[i][j]$ 的值，完成后得到 $A^{(1)}$。

第二步，让所有边上加入中间顶点2，取 $A[i][j]$ 与 $A[i][2]+A[2][j]$ 中较小的值，完成后得到 $A^{(2)}\cdots$，如此进行下去，当第 n 步完成后，得到 $A^{(n)}$，$A^{(n)}$ 即为所求结果，$A^{(n)}[i][j]$ 表示顶点 i 到顶点 j 的最短距离。

因此，Floyd 算法可以描述为

$A^{(0)}[i][j]=arcs[i][j]$;　　　　// arcs 为图的邻接矩阵

$A^{(k)}[i][j]=\min\{A^{(k-1)}[i][j],\ A^{(k-1)}[i][k]+A^{(k-1)}[k][j]\}$

其中 $k=1,2,\cdots,n$。

定义一个 n 阶方阵序列：

$D^{(-1)}$，$D^{(0)}$，…，$D^{(n-1)}$

$D^{(-1)}[i][j] = G.arcs[i][j]$；

$D^{(k)}[i][j] = \min\{D^{(k-1)}[i][j],\ D^{(k-1)}[i][k] + D^{(k-1)}[k][j]\}$，k = 0，1，…，n - 1。

$D^{(0)}[i][j]$是从顶点 v_i到 v_j，中间顶点是 v_0 的最短路径的长度；

$D^{(k)}[i][j]$是从顶点 v_i到 v_j，中间顶点的序号不大于 k 的最短路径的长度；

$D^{(n-1)}[i][j]$是从顶点 v_i到 v_j 的最短路径的长度。

对于如图 6-27 所示的有向图，其对应的邻接矩阵为

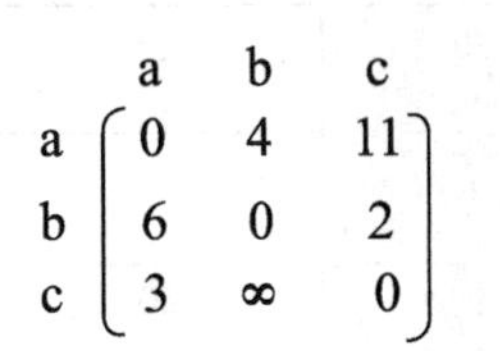

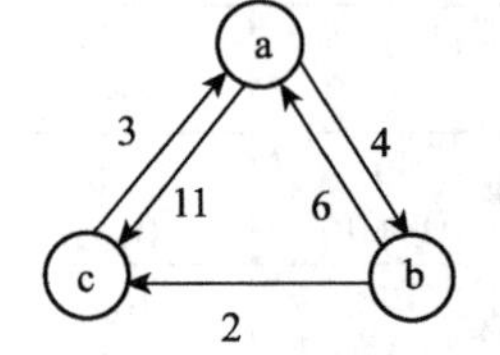

图 6-27 一个有向网图

执行 Floyd 算法时矩阵 **D** 和矩阵 **P** 的取值变化如下：

$$\boldsymbol{D}^{(-1)}=\begin{bmatrix}0&4&11\\6&0&2\\3&\infty&0\end{bmatrix},\ \boldsymbol{D}^{(0)}=\begin{bmatrix}0&4&11\\6&0&2\\3&7&0\end{bmatrix},\ \boldsymbol{D}^{(1)}=\begin{bmatrix}0&4&6\\6&0&2\\3&7&0\end{bmatrix},\ \boldsymbol{D}^{(2)}=\begin{bmatrix}0&4&6\\5&0&2\\3&7&0\end{bmatrix}$$

$$\boldsymbol{P}^{(-1)}=\begin{bmatrix}&ab&ac\\ba&&bc\\ca&&\end{bmatrix},\ \boldsymbol{P}^{(0)}=\begin{bmatrix}&ab&ac\\ba&&bc\\ca&cab&\end{bmatrix},\ \boldsymbol{P}^{(1)}=\begin{bmatrix}&ab&abc\\ba&&bc\\ca&cab&\end{bmatrix},\ \boldsymbol{P}^{(2)}=\begin{bmatrix}&ab&abc\\bca&&bc\\ca&cab&\end{bmatrix}$$

6.6 拓扑排序

在一个表示工程的有向图中，用顶点表示活动，有向边表示活动之间的优先关系，则这样活动在顶点上的有向图称为 AOV 网。AOV 网中的弧表示了活动之间存在的制约关系。AOV 网中不能存在回路。

例如，计算机专业的学生必须完成一系列规定的基础课和专业课才能毕业，学生应该按照什么样的顺序来学习这些课程呢？这个问题可看成是一个工程，其活动就是每一门课程。这些课程的名称与相应代号如表 6-2 所示。

表 6-2 计算机专业的课程设置及其关系

课程代号	课程名	先行课程代号	课程代号	课程名	先行课程代号
C1	C 程序设计	无	C6	人工智能	C3
C2	数值分析	C1，C13	C7	机器原理	C13
C3	数据结构	C1，C13	C8	算法分析	C3
C4	汇编语言	C1，C12	C9	高级语言	C3，C4
C5	自动机理论	C13	C10	编译系统	C9

（续）

课程代号	课程名	先行课程代号	课程代号	课程名	先行课程代号
C11	操作系统	C10	C13	微积分	C12
C12	解析几何	无			

表中，C1、C12是独立于其他课程的基础课，而有的课却需要有先行课程，如学完C程序设计和微积分后才能学数据结构……，先行条件规定了课程之间的优先关系。这种优先关系可以用图6-28所示的有向图来表示。其中，顶点表示课程，有向边表示前提条件。若课程i为课程j的先行课，则必然存在弧$<i, j>$。在安排学习顺序时，必须保证在学习某门课之前，已经学习了其先行课程。

设$G=(V, E)$是一个具有n个顶点的有向图，V中顶点序列v_1，v_2，…，v_n称作一个拓扑序列，当且仅当该顶点序列满足下列条件：若在有向图G中存在从顶点v_i到v_j的一条路径，则在顶点序列中顶点v_i必须排在顶点v_j之前。

图6-28所示AOV网的拓扑序列不止一条。

C1，C12，C4，C13，C2，C3，C9，C10，C11，C7，C6，C8，C5是一条拓扑序列。

C12，C1，C4，C13，C2，C3，C9，C10，C11，C5，C6，C7，C8是另一条拓扑序列。

显然，对于任何一项工程中各个活动的安排，必须按拓扑有序序列中的顺序进行才是可行的。

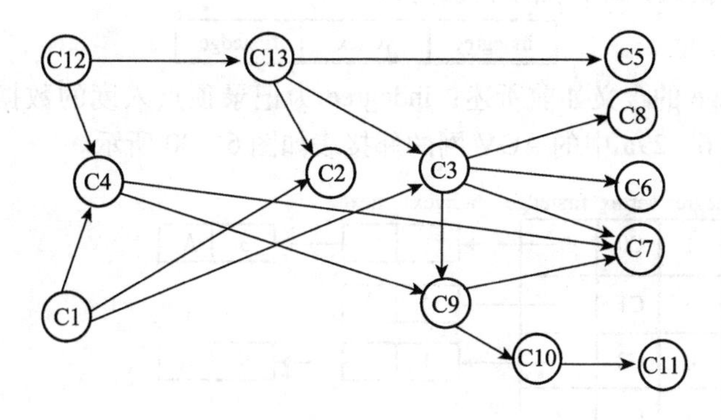

图6-28　一个AOV网实例

6.6.1　拓扑排序的概念

拓扑排序就是对一个有向图构造拓扑序列的过程。构造时会有两种结果：一种是网中全部顶点都被输出，这说明网中不存在有向回路；另一种就是网中顶点未被全部输出，剩余的顶点均无前驱顶点，这说明网中存在有向回路。

6.6.2　拓扑排序算法

对AOV网进行拓扑排序的方法和步骤如下：

1）从AOV网中选择一个没有前驱的顶点（该顶点的入度为0）并输出它。

2）从网中删去该顶点，并删去以该顶点作为弧尾的全部弧。

3）重复上述两步，直到剩余的网中不再存在没有前驱的顶点为止。

图6-29给出了在一个AOV网上实施上述步骤的例子。

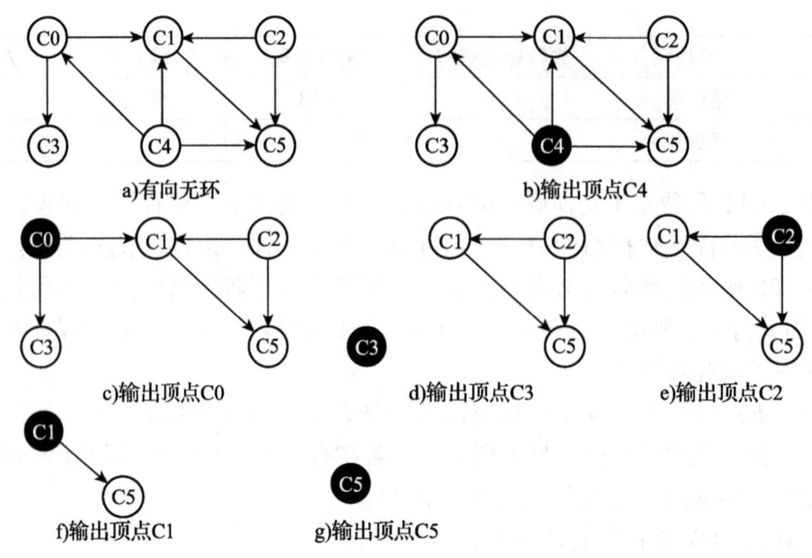

图 6-29　拓扑排序过程

最后得到的拓扑有序序列为 C4，C0，C3，C2，C1，C5 。它满足图中给出的所有前驱和后继关系，对于本来没有这种关系的顶点，如 C4 和 C2，也排出了先后次序关系。

为了实现上述算法，对 AOV 网采用邻接表存储方式，并且邻接表中顶点结点中增加一个记录顶点入度的数据域，即顶点结构设为：

indegree	vertex	firstedge

其中，vertex、firstedge 的含义如前所述；indegree 为记录顶点入度的数据域。边结点的结构如图 6-30 所示。图 6-29a 中的 AOV 网的邻接表如图 6-30 所示。

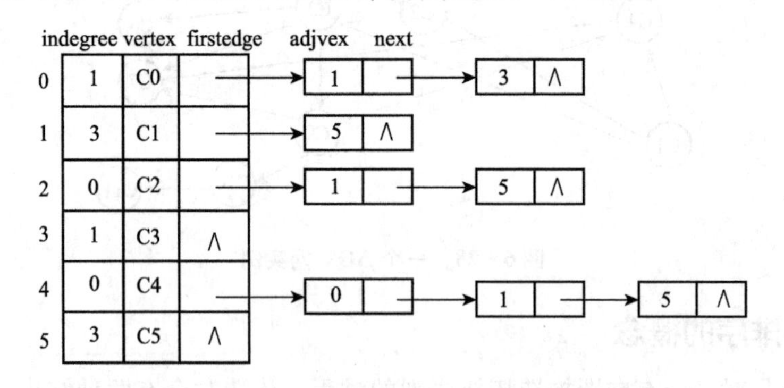

图 6-30　图 6-29a 所示的一个 AOV 网的邻接表

顶点表结点结构的描述改为

```
typedef struct Vertexnode{                /* 顶点表结点 */
    int indegree               /* 存放顶点入度 */
    char vertex;          /* 顶点域 */
    EdgeNode  * firstedge;       /* 边表头指针 */
    } VertexNode,AdjList[MaxVerNum];
```

当然也可以不增设入度域，而另外设一个一维数组来存放每一个结点的入度。

算法中可设置一个堆栈，凡是网中入度为0的顶点都将其入栈。

操作步骤

1）将没有前驱的顶点（count 域为0）压入栈。

2）从栈中退出栈顶元素输出，并把该顶点引出的所有有向边删去，即把它的各个邻接顶点的入度减1。

3）将新的入度为0的顶点再入堆栈。

4）重复2）~3），直到栈为空为止。此时或者是已经输出全部顶点，或者剩下的顶点中没有入度为0的顶点。

下面给出用C语言描述的拓扑排序算法的实现。

从上面的步骤可以看出，栈在这里的作用只是起到一个保存当前入度为零点的顶点，并使之处理有序。这种有序可以是后进先出，也可以是先进先出，因此也可用队列来辅助实现。在下面给出的用C语言描述的拓扑排序的算法实现中，我们采用栈来存放当前未处理过的入度为零点的结点，但并不需要额外增设栈的空间，而是设一个栈顶位置的指针将当前所有未处理过的入度为零的结点连接起来，形成一个链式栈。

【例6-4】 用C语言描述的拓扑排序算法的实现。

```
#include <stdio.h>
#define MaxVerNum 100
typedef struct EdgeNode
{   int adjvex;//该弧所指向的顶点的位置
    struct EdgeNode *next;//指向下一条弧指针
} EdgeNode;
typedef struct VertexNode
{    char vertex;//顶点信息
     EdgeNode *firstedge;//指向第一条依附该顶点的弧
     int indegree;//入度数
} VertexNode,AdjList[MaxVerNum];
typedef struct
{    AdjList adjlist;//邻接链表
     int n,e;//结点和边
} ALgraph;
typedef struct Stacknode
{    int data;
     struct Stacknode *next;
} Stacknode,*Linkstack;//栈的存储表示
Linkstack Init_stack()//构造一个栈
{    return NULL; }
void push(Linkstack &top,int e)//入栈
{    Stacknode *s;
     s=new Stacknode; s->data=e; s->next=top;
     top=s;
}
void pop(Linkstack &top,int &e)//出栈
```

```
{    Stacknode *s;
     if(top==NULL) return ;//NULL;
     else{ e=top->data;  s=top;  top=top->next; delete s;}
}
void Destroy_stack(Linkstack &top)//销毁一个栈
{    Stacknode *s;
while(top)
     {    s=top;  top=top->next;  delete s;}
}
int Empty_Stack(Linkstack top)//若栈空返回1
{    if(top==NULL) return 1;
     else return 0;
}
char vertex[]="012345";
int nvertex=6,nedges=8;
int connection[][2]={{0,3},{0,1},{1,5},{2,5},{2,1},{4,5},{4,1},{4,0}};
void Create_ALgraph(ALgraph &G)
{    int i,j,k;
     EdgeNode *pe;//,*pe1;
     G.n=nvertex;G.e=nedges;
     for(i=0;i<G.n;i++)
     {    G.adjlist[i].vertex=vertex[i];
     G.adjlist[i].firstedge=NULL;
     G.adjlist[i].indegree=0;
     }
     for(k=0;k<G.e;k++)//生成邻接表
     {    i=connection[k][0];
     j=connection[k][1];
     pe=new EdgeNode;//建立边结点
     pe->adjvex=j;
     pe->next=G.adjlist[i].firstedge;
     G.adjlist[i].firstedge=pe;//链入顶点 i 的边链表的前端
     G.adjlist[j].indegree++;//入度数顶点 j 入度加1
}
}
void print_Mgraph(ALgraph &G)
{ int i,j=0;
EdgeNode *pe;
printf("Number of Vertex is:%d\n",G.n);
printf("Number of edges is:%d\n",G.e);
for(i=0;i<G.n;i++)
   {    printf("%d→V%d",G.adjlist[i].indegree,G.adjlist[i].vertex-48  );
     pe=G.adjlist[i].firstedge;
     while(pe!=NULL)
       { printf("→%d",pe->adjvex); pe=pe->next; }
     printf("\n");
     }
```

```
}
void TopologicalSort (ALgraph G)
{    Linkstack S;EdgeNode * p;
     S = Init_stack();//入度为零的顶点栈初始化
     int j;
     for (int i =0; i < G.n;i + +)        //入度为零顶点
     if ( G.adjlist[i].indegree = =0) push(S, i); //进栈
     for (i =0;i < G.n;i + +)     //期望输出 n 个顶点
         if(Empty_Stack(S)) //中途栈空,转出
     {    printf("网络中有回路!" );
        return;
         }
     else //继续拓扑排序
     {    pop(S,j);              //退栈
          printf("→C% d",j);       //输出
          p =G.adjlist[j].firstedge;
          while ( p!= NULL) //扫描出边表
          {  int k =p - >adjvex;       //另一顶点
             if( - -G.adjlist[k].indegree = =0)  //顶点入度减 1
               push(S,k);
             p =p - >next;//顶点的入度减至零,进栈
          }
     }
     printf(" \n");
}
void main()
{    ALgraph g;
     Create_ALgraph(g);
     print_Mgraph(g);
     printf("拓扑排序结果:");
     TopologicalSort(g);
}
```

运行结果如下：

```
Number of Uertex is:6
Number of edges is:8
1→V0→1→3
3→V1→5
0→V2→1→5
1→V3
0→V4→0→1→5
3→V5
拓扑排序结果:→C4→C0→C3→C2→C1→C5
Press any key to continue
```

对一个具有 n 个顶点、e 条边的网来说，整个算法的时间复杂度为 $O(e+n)$。

6.7 图的应用

图6-31 河南省各地级市和公路信息

【例6-5】河南省地级市组成的地图遍历。

要求：利用图的邻接表表示法来存储河南省各地级市和公路信息（见图6-31），利用深度优先遍历来对每个城市进行遍历。

实现：找出城市之间最省钱的路。

知识点：图的存储结构及建立算法、图的深度优先和广度优先遍历算法。

```
#include "stdio.h"
#include "stdlib.h"
//0:郑州,1:新乡,2:焦作,3:开封,4:洛阳,5:平顶山,6:许昌,7:漯河,8:周口
int visited[10] = {0};
typedef struct ArcNode
{    int cityid;
     struct ArcNode *next;
}ArcNode;
typedef struct
{    char city[20];
     ArcNode *first;
}Vnode;
typedef struct
{
     Vnode citys[10];
     int vexnum,arcnum; //vexnum代表顶点数量,arcnum代表边数量
}Graph;
Graph creat() //地图的建立
{  ArcNode *p;
  int i,s,d;
  Graph map;
  printf("请输入城市和公路的数量(用,隔开):");
  scanf("%d,%d",&map.vexnum,&map.arcnum);
  getchar(); //吸收回车符
  for(i=0;i<map.vexnum;i++) //输入顶点
  {    printf("第%d城市名称:",i);
       scanf("%s",&map.citys[i].city);
       map.citys[i].first=NULL;
  }
  for(i=0;i<map.arcnum;i++)
```

```
  {  printf("公路序号(从几号,到几号):");
    scanf("% d,% d",&s,&d);
    //前插法
    p=(ArcNode *)malloc(sizeof(ArcNode));
    p->cityid=d;
    p->next=map.citys[s].first;
    map.citys[s].first=p;
    p=(ArcNode *)malloc(sizeof(ArcNode));
    p->cityid=s;
    p->next=map.citys[d].first;
    map.citys[d].first=p;
  }
  return map;
}
void DFS(Graph map,int i)//地图的深度优先遍历
{  ArcNode *p;
   if(visited[i]==0)
   { printf("% s  ",map.citys[i].city);
    visited[i]=1;
    p=map.citys[i].first;
    while(p!=NULL)
{if(visited[p->cityid]==0)
    DFS(map,p->cityid);
    p=p->next;//回溯
  }
  }
}
main()
{
   Graph map;
   int i;
   map=creat();
   for(i=0;i<map.vexnum;i++)
   DFS(map,i);
}
```

运行结果如下：

```
请输入城市和公路的数量(用,隔开):5,7
第0城市名称:郑州
第1城市名称:新乡
第2城市名称:焦作
第3城市名称:开封
第4城市名称:洛阳
公路序号(从几号,到几号):0,1
公路序号(从几号,到几号):1,2
公路序号(从几号,到几号):2,3
```

```
公路序号(从几号,到几号):3,4
公路序号(从几号,到几号):4,2
公路序号(从几号,到几号):4,1
公路序号(从几号,到几号):3,1
郑州  新乡  开封  洛阳  焦作  Press ang key to continue
搜狗拼音  半:
```

6.8 习题

1. 选择题

(1) 任何一个带权的无向连通图的最小生成树（　　）。

A. 只有一棵　　B. 有一棵或多棵　　C. 一定有多棵　　D. 可能不存在

(2) 含 n 个顶点的连通图中的任意一条简单路径，其长度不可能超过（　　）。

A. 1　　B. $n/2$　　C. $n-1$　　D. n

(3) 一有向图 G 的邻接表存储结构如图 6-32 所示。现按深度优先遍历算法，从顶点 v_1 出发，所得到的顶点序列是（　　）。

A. v_1，v_3，v_2，v_4，v_5　　B. v_1，v_3，v_4，v_2，v_5

C. v_1，v_2，v_3，v_4，v_5　　D. v_1，v_3，v_4，v_5，v_2

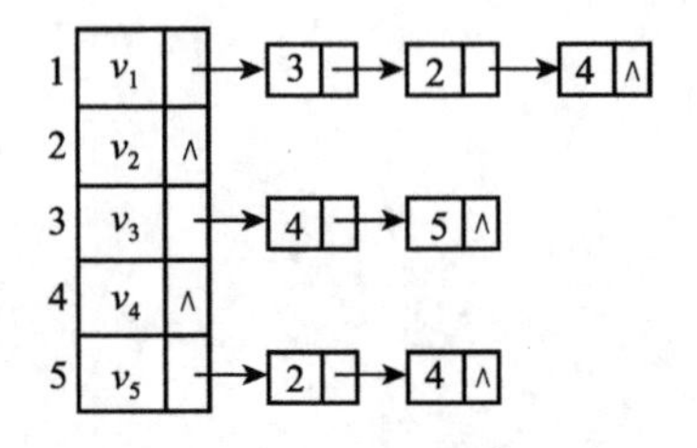

图 6-32　有向图 G 的邻接表存储结构

(4) 在无向图中，所有顶点的度数之和是所有边数的（　　）倍。

A. 0.5　　B. 1　　C. 2　　D. 4

(5) 在图的邻接表存储结构上执行深度优先搜索遍历类似于二叉树上的（　　）。

A. 先序遍历　　B. 中序遍历　　C. 后序遍历　　D. 按层次遍历

(6) 在图的邻接表存储结构上执行广度优先搜索遍历类似于二叉树上的（　　）。

A. 先序遍历　　B. 中序遍历　　C. 后序遍历　　D. 按层次遍历

(7) 在图 6-33 中，从顶点 v_1 出发，按广度优先遍历图的顶点序列是（　　）。

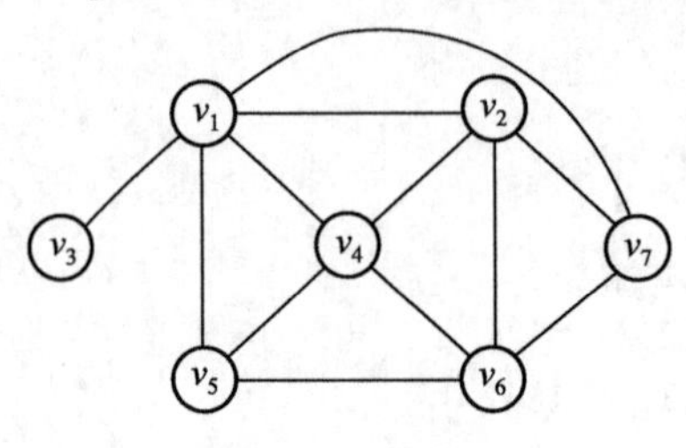

图 6-33　无向图

A. v_1v_3，v_5，v_4，v_2，v_6，v_7　　B. v_1，v_2，v_4，v_7，v_6，v_5，v_3

C. v_1，v_5，v_3，v_4，v_2，v_7，v_6　　D. v_1，v_4，v_7，v_2，v_6，v_5，v_3

（8）在图6－33中，从顶点v_1出发，深度遍历图的顶点序列是（　　）。

A. v_1，v_5，v_3，v_4，v_2，v_6，v_7　　B. v_1，v_5，v_3，v_4，v_2，v_7，v_6

C. v_1，v_7，v_2，v_6，v_4，v_5，v_3　　D. v_1，v_2，v_4，v_7，v_6，v_5，v_3

2. 填空题

（1）若顶点的偶对是有序的，此图为________图，有序偶对用________括号括起来；若顶点偶对是无序的，此图为________图，无序偶对用________括号括起来。

（2）设x，$y \in V$，若$<x, y> \in E$，则$<x, y>$表示有向图G中从x到y的一条________，x称为________点，y称为________点；若$(x, y) \in E$，则在无向图G中x和y间有一条________。

（3）在无向图中，若顶点x与y间有边(x, y)，则x与y互称________，边(x, y)称为与顶点x和y________。

（4）一个具有n个顶点的完全无向图的边数为________，一个具有n个顶点的完全有向图的弧度数为________。

（5）无向图的邻接矩阵是一个________矩阵，有向图的邻接矩阵是一个________矩阵。

（6）图的存储结构主要有________和________两种。

（7）邻接表表示法是借助________来反映顶点间的邻接关系，所以称这个单链表为邻接表。

（8）遍历的基本方法有________优先搜索和________优先搜索两种。

（9）深度优先搜索遍历类似于树的________遍历，它所用到的数据结构是________；广度优先搜索遍历类似于树的________遍历，它所用到的数据结构是________。

（10）对具有n个顶点的图，其生成树有且仅有________条边，即生成树是图的边数________的连通图。

3. 简答题

（1）给出图6－34所示的三个无向图的邻接矩阵和邻接表。

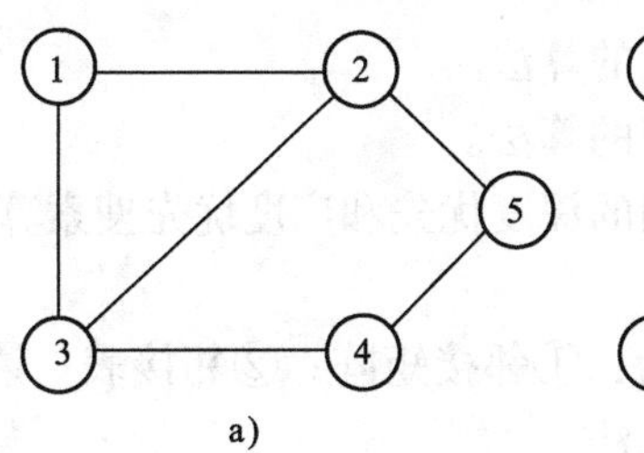

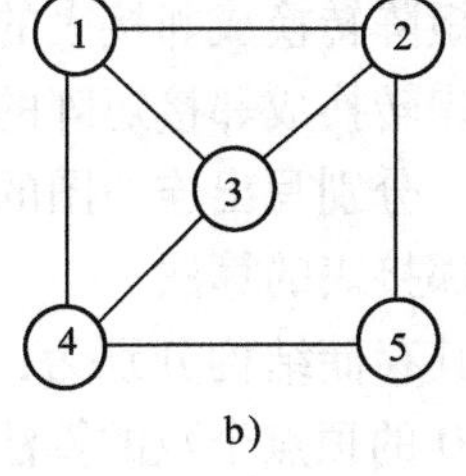

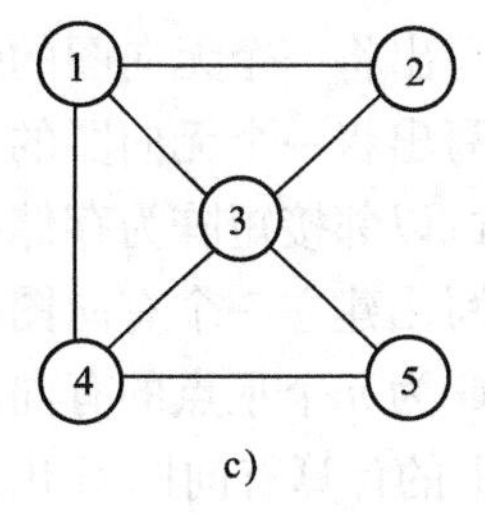

图6－34　三个无向图

（2）求出图6－35所示的最小生成树。

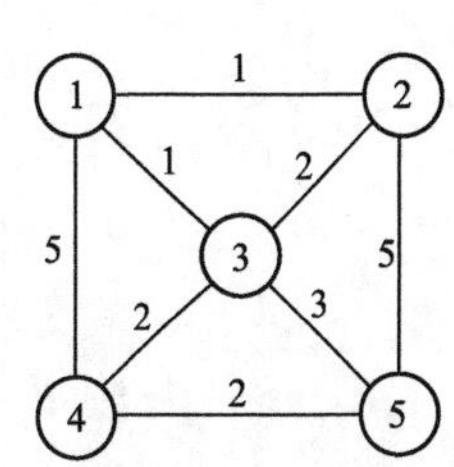

图6－35　求无向图的最小生成树

（3）给出图 6－36 所示的邻接矩阵表示。

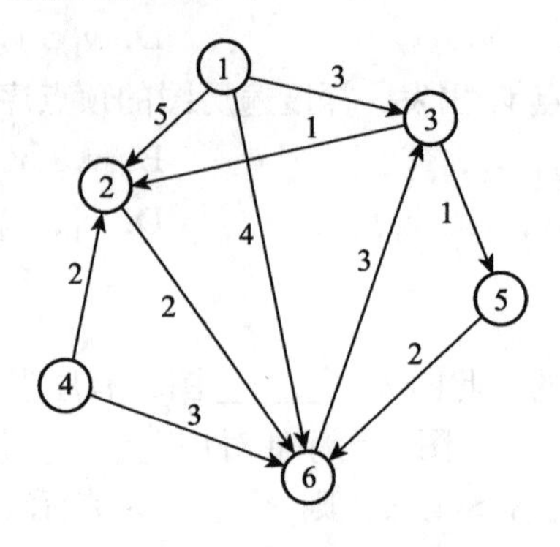

图 6－36　求有向图的邻接矩阵

（4）已知连通网的邻接矩阵如下，试画出它所表示的连通网及该连通网的最小生成树。

$$
\begin{Bmatrix}
\infty & 1 & 12 & 5 & 10 \\
1 & \infty & 8 & 9 & \infty \\
12 & 8 & \infty & \infty & 2 \\
5 & 9 & \infty & \infty & 4 \\
10 & \infty & 2 & 4 & \infty
\end{Bmatrix}
$$

（5）图 6－37 所示为一无向连通网络，请根据 Prim 算法构造出它的最小生成树。

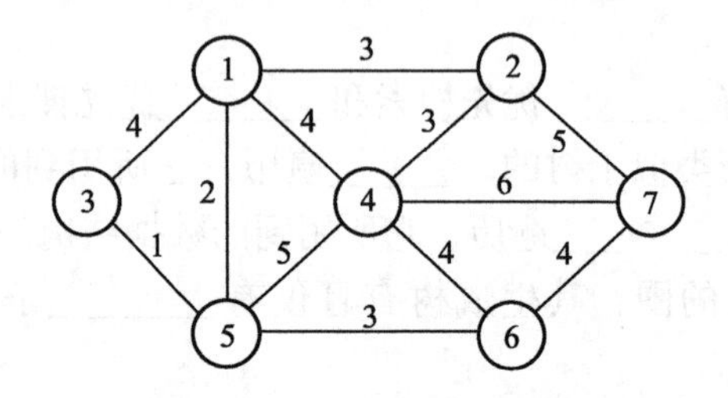

图 6－37　无向连通网络

4. 算法设计

（1）写出将一个无向图的邻接矩阵转换成邻接表的算法。

（2）写出将一个无向图的邻接表转换成邻接矩阵的算法。

（3）试以邻接矩阵为存储结构，分别写出连通图的深度优先和广度优先搜索算法。

（4）写出建立一个有向图的逆邻接表的算法。

（5）G 为 n 个顶点的有向图，其存储结构分别为：①邻接矩阵；②邻接表。请写出相应存储结构上的计算有向图 G 出度为 0 的顶点个数的算法。

第7章

查找

本章要点

- 查找的基本概念和术语
- 静态查找表的结构和顺序查找
- 有序表的折半查找、插值查找和分块查找

只要打开计算机，就会涉及查找，利用搜索引擎上网搜索。查找是许多程序中最消耗时间的一部分，例如，查询学生信息的操作。一个好的查找方法会大大提高运行速度。

7.1 基本概念与术语

下面以学生信息表的一部分为例，讨论计算机中与查找相关的一些概念（见图7-1）。

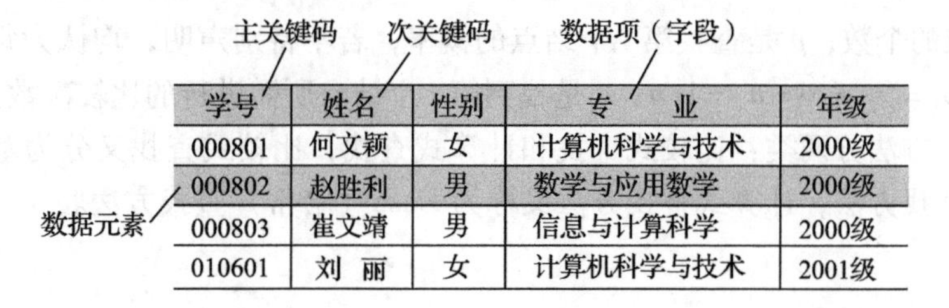

学号	姓名	性别	专　业	年级
000801	何文颖	女	计算机科学与技术	2000级
000802	赵胜利	男	数学与应用数学	2000级
000803	崔文靖	男	信息与计算科学	2000级
010601	刘　丽	女	计算机科学与技术	2001级

图7-1　关键字和关键码

1. 数据项（也称项或字段）

数据项是数据不可分割的最小单位。如表中的“学号”“姓名”等。项有名和值之分，表中“000802”是项“学号”的一个取值。

2. 数据元素（记录）

数据元素是由若干项、组合项构成的数据单位，是某一问题中处理的基本单位。数据元素有型和值之分，表中项名的集合，即表头部分就是数据元素的类型；而一个学生所对应的一行数据就是一个数据元素的值，学生信息表中全体学生即为数据元素的集合。

3. 关键码

关键码是数据元素（记录）中某个项或组合项的值，用它可以标记一个数据元素（记录）。能唯一确定一个数据元素（记录）的关键码，称为主关键码；而不能唯一确定一个数据元素（记录）的关键码，称为次关键码。学生信息表中的“学号”即可看成主关键码，“姓名”则应视为次关键码，因可能有同名同姓的学生。

4. 查找

按给定的某个值 k，在查找表中查找关键码为给定值 k 的数据元素（记录）。

关键码是主关键码时：由于主关键码唯一，所以查找结果也是唯一的，一旦找到，查找成功，结束查找过程，并给出找到的数据元素（记录）的信息，或指示该数据元素（记录）的位置。如果整个表检测完，还没有找到，则查找失败，此时，查找结果应给出一个“空”记录或“空”指针。

5. 查找表

查找表是由具有同一类型（属性）的数据元素（记录）组成的集合。分为静态查找表和动态查找表两类。

（1）动态查找表：若在查找的同时对表做修改运算（如插入和删除），则相应的表称之为动态查找表，否则称之为静态查找表。

（2）静态查找表：仅对查找表进行查找操作，而不能改变的表，则称为静态查找表。

（3）平均查找长度：由于查找运算的主要运算是关键字的比较，所以通常把查找过程中对关键字需要执行的平均比较次数（也称为平均查找长度）作为衡量一个查找算法效率优劣的标准。平均查找长度（Average Search Length，ASL）的定义为

$$\mathrm{ASL} = p_1 c_1 + p_2 c_2 + \cdots + p_n c_n = \sum_{i=1}^{n} p_i c_i$$

其中，n 是结点的个数；p_i是查找第 i 个结点的概率，若不特别声明，均认为每个结点的查找概率相等，即 $p_1 = p_2 = \cdots = p_n = 1/n$；$c_i$是找到第 i 个结点所需进行的比较次数。

查找的基本方法分两类：比较式查找和计算式查找，比较式查找又分为基于线性表的查找和基于树的查找方法，计算式查找方法又称为 Hash（哈希）查找方法。

7.2 线性表查找

在表的组织方式中，线性表是最简单的一种。在线性表上进行查找的方法有三种：顺序查找、折半查找、分块查找。因为不考虑在查找的同时对表做修改，故上述三种查找方法都是在静态查找表上实现的。

7.2.1 顺序查找

顺序查找又称线性查找，是最基本的查找方法之一。其查找方法为：从表的一端开始，向另一端逐个按给定值 k 与关键码进行比较，若找到，则查找成功，并给出数据元素在表中

的位置；若整个表检测完，仍未找到与 k 相同的关键码，则查找失败，给出失败信息。

以顺序表存储结构为例，数据元素从下标为 1 的数组单元开始存放，0 号单元起监视哨的作用，其算法如算法 7.1 所示。

```
int Seq_Search(NodeType a[], int k)
{  int i;
   a[0] = k;
   for(i =1;i <n;i + +) //数据元素从下标为 1 的数组单元开始存放,所以 i 的初值是 1
       if(a[i].key == k)
           return i +1;/* 因数组下标从 0 开始,位号要 +1 */
   return -1;
}
```

算法 7.1

分析：对于有 n 个数据元素的表，当给定值 k 与表中第 i 个元素关键码相等，即定位第 i 个记录时，需进行 $n-i+1$ 次关键码比较，即 $c_i=n-i+1$。查找成功时，顺序查找的平均查找长度为

$$\mathrm{ASL}=\sum_{i=1}^{n}p_i(n-i+1)$$

设每个数据元素的查找概率相等，即 $p_i=\frac{1}{n}$，则等概率情况下有

$$\mathrm{ASL}=\sum_{i=1}^{n}\frac{1}{n}(n-i+1)=\frac{n+1}{2}$$

查找不成功时，关键码的比较次数总是 $n+1$ 次。

算法中的基本工作就是关键码的比较，因此，查找长度的时间复杂度为 $O(n)$。

许多情况下，查找表中数据元素的查找概率是不相等的。为了提高查找效率，查找表需依据查找概率越高则比较次数越少、查找概率越低则比较次数越多的原则来存储数据元素。

顺序查找的缺点是：

当 n 很大时，平均查找长度较大，效率低；优点是对表中数据元素的存储没有要求。另外，对于线性链表，只能进行顺序查找。

【例 7-1】 顺序查找算法的实现，在数组 a[5] 中查找关键码 k。

```
#include "stdio.h"
#define n 5
typedef struct
{  int key;                 /* key 为关键码 */
   //InfoType otherinfo;   /* 其他数据,为简化程序这里没有定义 */
}NodeType;
int Seq_Search(NodeType a[], int k) /*7.1 算法 */
{  int i;
   for(i =0;i <n;i + +)  if(a[i].key == k)  return i +1;
   return -1;
}
```

```
void main()
{   int result, i, k;
    NodeType  SeqList[n];
    printf("输入数组 a 中的 5 个整型数据:\n");
    for(i = 0;i < n;i + +)
       scanf("% d",&SeqList[i].key);
    printf("输入要查找的关键码:\n");  scanf("% d",&k);
    result = Seq_Search(SeqList,k); /* 查找 k * /
    if(result == -1)
       printf("查找失败!");
    else
       printf("查找成功! 该数位置是:% d\n", result);
}
```

运行结果如下:

```
输入数组 a 中的 5 个整型数据:
2  5  8  3  6
输入要查找的关键码:
3
查找成功! 该数位置是:4
```

7.2.2 折半查找

折半查找也称二分查找，它要求线性表是有序表。有序表就是表中数据元素按关键码升序或降序排列。基本思想：每次比较有序表中的中间位置的数据，如果不相等，则将有序表逐渐减小一半，不断重复上述查找过程，直到查找成功。如果所查找的区域无数据元素，则查找失败。

操作步骤

1）low = 1；high = length；　　　　　　　　// 设置初始区间

2）当 low > high 时，返回查找失败信息；　　// 表空，查找失败

3）low≤high，mid = (low + high)/2；　　　　// 取中点

① 若 k < a[mid].key，high = mid - 1；转 2）　　// 查找在左半区进行

② 若 k > a[mid].key，low = mid + 1；转 2）　　// 查找在右半区进行

③ 若 k = a[mid].key，返回数据元素在表中位置；　// 查找成功

例如，有序表按关键码排列如下：

{8，15，19，22，24，29，32，35，38，42，46，49，53}

在表中查找关键码为 15 和 23 的数据元素。

（1）查找关键码为 15 的过程。

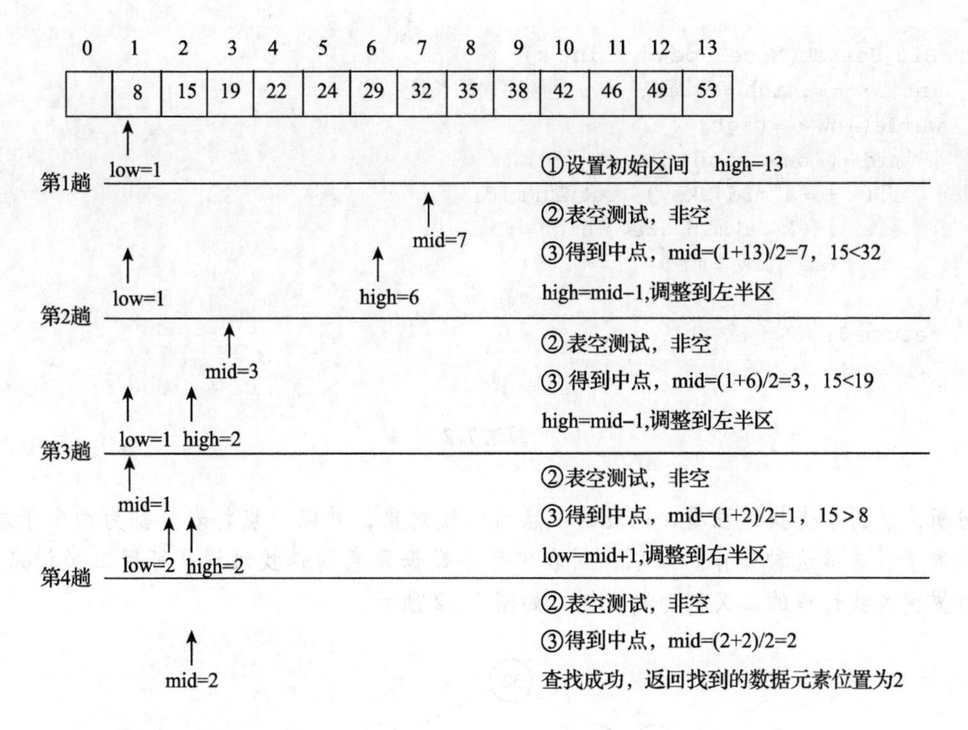

（2）查找关键码为 23 的过程。

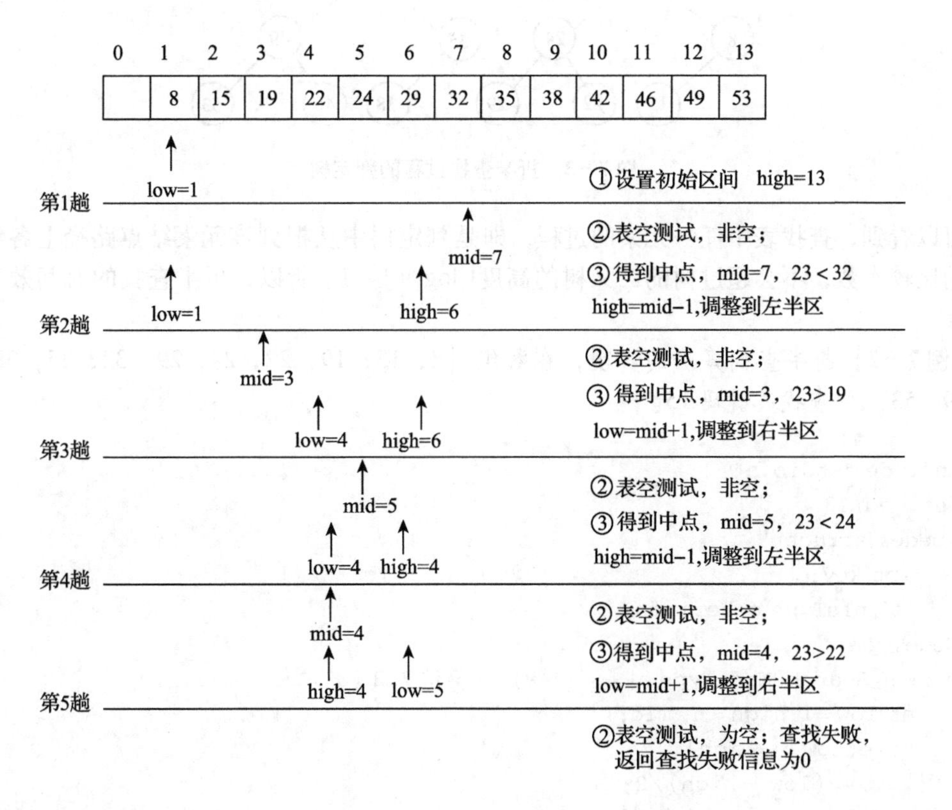

算法 7.2 如下：

```
int Bin_Search(NodeType a[], int k)
{   int low=1,high=n, mid; //n是顺序表的长度
    while(low<=high)
    {  mid=(low+ high)/2;
       if(k==a[mid].key)  return mid;
       else if(k<a[mid].key) high=mid-1;
           else  low=mid+1;
    }
    return 0;
}
```

算法 7.2

分析：从折半查找过程看，以表的中点为比较对象，并以中点将表分割为两个子表，对定位到的子表继续这种操作。所以，对表中每个数据元素的查找过程，可用二叉树来描述，称这种描述查找过程的二叉树为判定树，如图 7－2 所示。

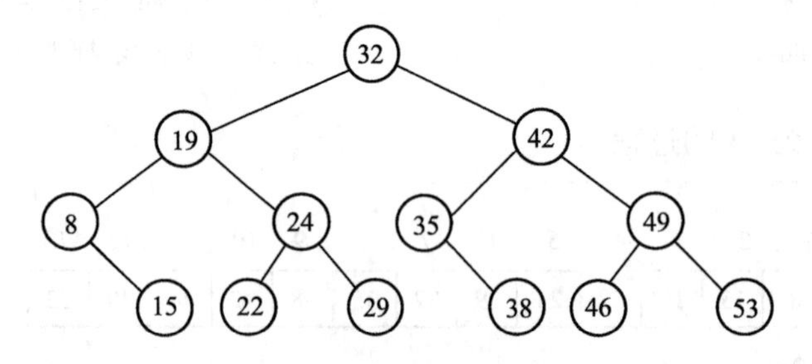

图 7－2　折半查找过程的判定树

可以看到，查找表中任一元素的过程，即是判定树中从根到该元素结点路径上各结点关键码的比较次数，不会超过树的二叉树的高度$\lfloor \log_2 n \rfloor + 1$。所以，折半查找的时间效率为 O($\log_2 n$)。

【例 7－2】折半查找算法的实现，在数组｛8，15，19，22，24，29，32，35，38，42，46，49，53｝中查找关键码 15。

```
#include "stdio.h"
#define n 13
typedef struct
{    int key;
     //InfoType otherinfo;
}NodeType;
int Bin_Search(NodeType a[], int k) /*算法7.2*/
{   int low=1,high=n, mid;
    while(low<=high)
    {  mid=(low+ high)/2;
       if (k == a[mid].key)  return mid;
       else if(k <a[mid].key) high=mid-1;
           else  low=mid+1;
```

```
    }
    return 0;
}
void main()
{   int result, i, k;
    NodeType SeqList[n];
    printf("输入数组 a 中的 13 个整型数据:\n");
    for(i=0;i<n;i++)  scanf("%d",&SeqList[i].key);
    printf("输入要查找的关键码:\n");  scanf("%d",&k);
    result=Bin_Search(SeqList, k);/*查找 k*/
    if(result==0) printf("查找失败!");
    else    printf("查找成功! 该数位置是:%d\n",result+1);
}
```

运行结果如下：

```
输入数组 a 中的 13 个整型数据:
8  15  19  22  24  29  32  35  38  42  46  49  53
输入要查找的关键码:
15
查找成功! 该数位置是:2
```

7.2.3　分块查找

分块查找又称索引顺序查找，是对顺序查找的一种改进。分块查找要求将查找表分成若干个子表，并对子表建立索引表，查找表的每一个子表由索引表中的索引项确定。查找时，先通过给定值 k 在索引表中检测，以确定在查找表中的查找分块，然后再对该分块进行顺序查找。

索引项包括两个字段：

关键码字段（存放对应子表中的最大关键码值）；

指针字段（存放指向对应子表的指针），并且要求索引项按关键码字段有序。

例如，关键码集合为｛90，43，15，32，78，9，66，49，35，71，22，86，18，53｝，按关键码值32，66，90分为三块建立的查找表及其索引表如图7-3所示。

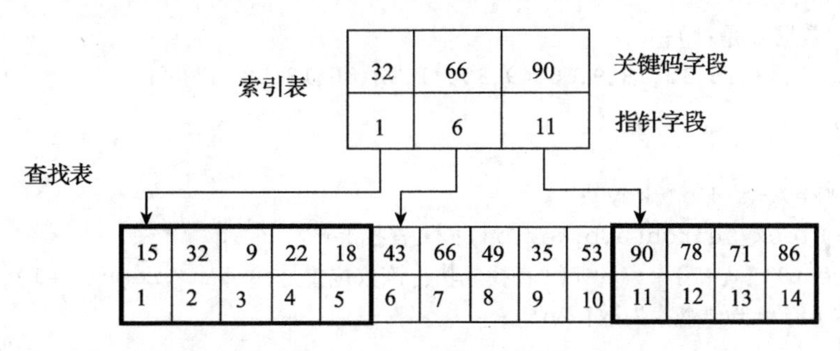

图7-3　分块查找示例

分析：分块查找由索引表查找和子表查找两步完成。设 n 个数据元素的查找表分为 m 个子表，且每个子表均为 t 个元素，则 $t=\frac{n}{m}$。这样，分块查找的平均查找长度为

$$ASL=ASL\ 索引+ASL\ 子表=\frac{1}{2}(m+1)+\frac{1}{2}\left(\frac{n}{m}+1\right)=\frac{1}{2}\left(m+\frac{n}{m}\right)+1$$

可见，平均查找长度不仅和表的总长度 n 有关，而且也和所分的子表个数 m 有关。对于表长 n 确定的情况，当 m 取$\sqrt{n}$时，$ASL=\sqrt{n}+1$ 达到最小值。

【例 7-3】 分块查找算法的实现，在数组 {90，43，15，32，78，9，66，49，35，71，22，86，18，53} 中查找关键码 35。

```
#include "stdio.h"
#define len 15
typedef struct
{    int key,low;
}index;
int Block_Search(int *a, index *inx, int k,int bn) /*算法 7.3 */
{    int low1 =0,i,mid,high;
     int high1 =bn -1;
     int find =0;
     while((low1 < =high1)&&! find) /* 在索引表 inx 上查找 k 所在的块 */
     {  mid =(low1 +high1)/2;
        if(k <inx[mid].key)  high1 =mid -1;
        else  if(k >inx[mid].key)low1 =mid +1;
              else { high1 =mid -1;   find =1; }
     }
     if(low1 <bn) {i =inx[low1].low;  high =i +len/bn;}
     while(i <high&&a[i]!=k) i + +;/* 在块中进行查找 */
     if(a[i]!=k) i = -1;
       return i;
}
void main()
{ int a[15] = {90,43,15,32,78,9,66,49,35,71,22,86,18,53};
  index b[3] ={32,1,66,6,90,11};
  int key,bn,result;
  printf("数据 a 是:");
  printf("90,43,15,32,78,9,66,49,35,71,22,86,18,53 \n");
  key =35;
  bn =3;
  printf("key =% d\n",key);
  result =Block_Search(a,b,key,bn);/* 查找 k */
      if(result!=-1) printf("查找成功! 该数位置是:% d\n",result +1);
      else printf("查找失败! \n");
}
```

运行结果如下：

```
数据a是:90,43,15,32,78,9,66,49,35,71,22,86,18,53
key=35
查找成功! 该数位置是:9
```

7.3 二叉排序树

当表的插入删除操作频繁时，需要移动表中很多结点，可采用二叉排序树来进行查找和修改操作的方法。

7.3.1 二叉排序树的定义

二叉排序树满足以下三个性质：

1）若它的左子树非空，则左子树上所有结点的值均小于根结点的值。

2）若它的右子树非空，则右子树上所有结点的值均大于根结点的值。

3）左、右子树本身又各是一棵二叉排序树。

如图7-4所示，对二叉排序树进行中序遍历，便可得到一个按关键码有序的序列。因此，一个无序序列，可通过构造一棵二叉排序树而使其成为有序序列。

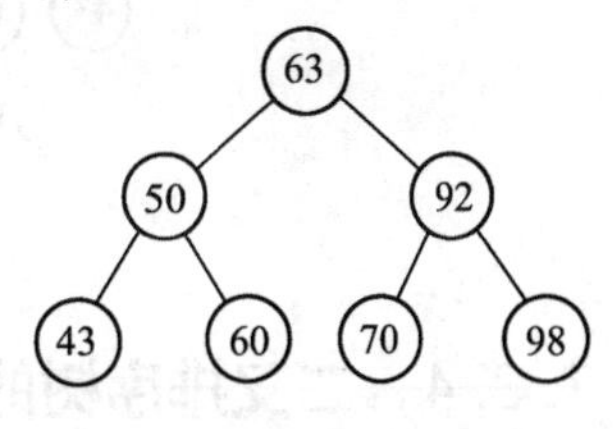

图7-4 一棵二叉排序树

7.3.2 二叉排序树的插入和生成

先讨论向二叉排序树中插入一个结点的过程：设待插入结点的关键码为kx，为将其插入，先要在二叉排序树中进行查找，若查找成功，按二叉排序树定义，待插入结点已存在，不用插入；查找不成功时，则插入之。因此，新插入结点一定是作为叶子结点添加上去的。

构造一棵二叉排序树则是逐个插入结点的过程。

【例7-4】 记录的关键码序列为{63，92，70，50，60，43，98}，构造一棵二叉排序树的过程如图7-5所示。

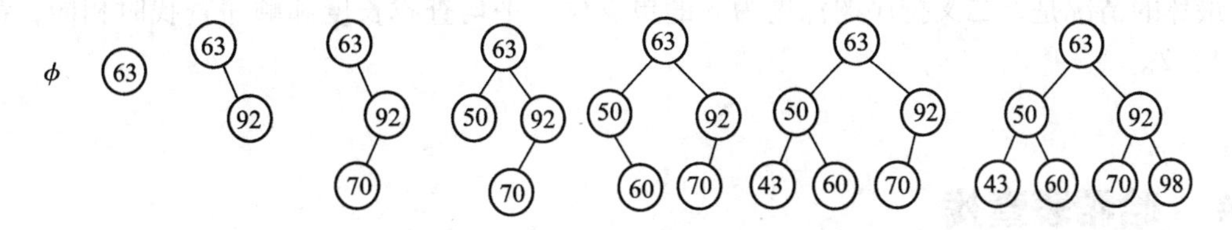

图7-5 从空树开始构造二叉排序树的过程

7.3.3 二叉排序树的删除操作

从二叉排序树中删除一个结点之后，使其仍能保持二叉排序树的特性即可。也就是说，删除一个结点相当于删去有序序列中的一个结点。

二叉排序树的删除操作有三种情况：

1）若p结点是叶子，只需将p的双亲（parent）中指向p的指针域置空即可。

2）若p结点只有一个孩子，此时只需将孩子（child）和p的双亲（parent）直接连接即可，删去p（见图7-6a、b）。

3）若p结点有两个孩子，寻找p结点中序遍历的后继结点q替代p结点（见图7-6c、d）。

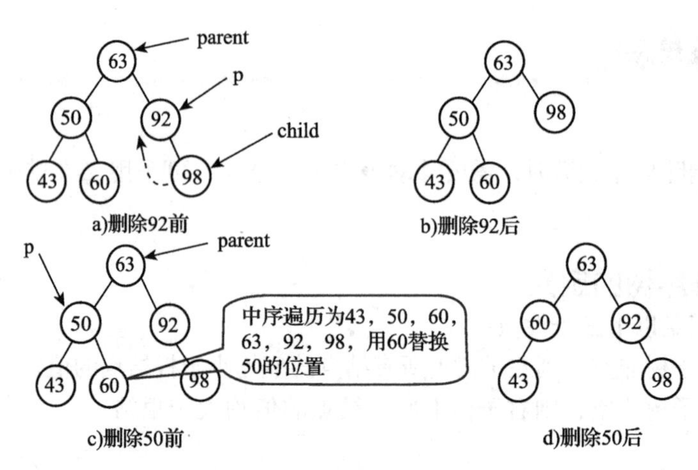

图7-6　二叉排序树删除的过程

7.3.4　二叉排序树的查找

二叉排序树可看作是一有序表，其查找过程与二分查找类似，也是一个逐步缩小查找范围的过程。首先，将要查找的值与根结点进行比较，如果相等，算法可终止；如果比根结点小，则到左子树查，否则查右子树。若查找成功，则是从根结点出发走了一条从根结点到待查结点的路径；若查找不成功，则是从根结点出发走了一条从根结点到某个叶子结点的路径。

如图7-6a所示，树的深度为3，每个记录查找概率相同，则平均查找长度为

$$ASL = (1 + 2 \times 2 + 3 \times 3)/6 = 14/6$$

由于含有n个结点的二叉排序树不唯一，形态和深度可能不同。故含有n个结点的二叉排序树的平均查找长度和树的形态有关。

最好的情况是，二叉排序树和二叉判定树形态相同，平均查找长度为$\log_2 n$。

最坏的情况是，二叉排序树深度为n的单支树，平均查找长度和顺序查找时相同，都为$(n+1)/2$。

7.4　哈希表查找

以上讨论的查找方法，由于数据元素的存储位置与关键码之间不存在确定的关系，因此，查找时需要进行一系列对关键码的查找比较，即“查找算法”是建立在比较的基础上的。理想的情况是依据关键码直接得到其对应的数据元素位置，即要求关键码与数据元素间存在一一对应关系，通过这个关系，能很快地由关键码得到对应的数据元素位置。

7.4.1　哈希表与哈希方法

哈希法又称散列法、杂凑法以及关键字地址计算法等，相应的表称为哈希表。其基本思想是：首先，在元素的关键码 key 和元素的存储位置 p 之间建立一个对应关系 H，使得 $p=H(key)$。H 称为哈希函数。创建哈希表时，把关键码为 key 的元素直接存入地址为 $H(\text{key})$ 的单元；以后在查找关键码为 key 的元素时，再利用哈希函数计算出该元素的存储位置 $p=H(\text{key})$，从而达到按关键码直接存取元素的目的。

对于 n 个数据元素的集合，总能找到关键码与存放地址一一对应的函数。若最大关键码为 m，则可以分配 m 个数据元素存放单元，选取函数 $H(\text{key})=\text{key}$ 即可，但这样会造成存储空间的很大浪费，甚至不可能分配这么大的存储空间。

当关键码集合很大时，关键码值不同的元素可能会映射到哈希表的同一地址上，即 $\text{key}_1 \neq \text{key}_2$，但 $H(\text{key}_1)=H(\text{key}_2)$，这种现象称为冲突，此时称 key_1 和 key_2 为同义词。可以说，冲突不可能避免，只能尽可能减少。所以，哈希方法需要解决以下两个问题：

1）如何构造哈希函数。

2）如何处理冲突。

例如，10 个元素的关键码分别为 19，28，1，20，22，6，14，33，47，15。选取关键码与元素位置间的函数为 $H(\text{key})=\text{key}\%10$。

1）通过这个函数对 10 个元素建立查找表如下：

0	1	2	3	4	5	6	7	8	9
20	1	22	33	14	15	6	47	28	19

2）查找时，对给定值 key 依然通过这个函数计算出地址，再将 key 与该地址单元中元素的关键码进行比较，若相等，则查找成功。

7.4.2　哈希函数的构造方法

构造哈希函数的原则如下：

1）函数本身便于计算。

2）计算出来的地址分布均匀，即对任一关键字码，$H(\text{key})$ 所对应的不同地址的概率相等，目的是尽可能减少冲突。

下面介绍构造哈希函数常用的五种方法。

1. 直接定址法

$$H(\text{key})=a\cdot\text{key}+b \quad (a\text{、}b\ \text{为常数})$$

即取关键码的某个线性函数值为哈希地址，这类函数是一一对应函数，不会产生冲突，但要求地址集合与关键码集合大小相同。因此，对于较大的关键码集合不适用。

例如，关键码集合为{120，300，550，700，800，900}，选取哈希函数为 $H(\text{key})=\text{key}/100$，运算结果取整数部分，则存放结果如下。

0	1	2	3	4	5	6	7	8	9
	120		300		550		700	800	900

2. 数字分析法

如果事先知道关键码集合，并且每个关键码的位数比哈希表的地址码位数多时，可以从关键码中选出分布较均匀的若干位，构成哈希地址。设关键码集合中，每个关键码均由 m 位组成，每位上可能有 r 种不同的符号。

若关键码是4位十进制数，则每位上可能有10个不同的数符0~9，所以 $r=10$。

若关键码是仅由英文字母组成的字符串，不考虑大小写，则每位上可能有26种不同的字母，所以 $r=26$。

数字分析法根据 r 种不同的符号在各位上的分布情况，选取某几位组合成哈希地址。所选的位应使各种符号在该位上出现的频率大致相同。

有一组关键码如下：

①	②	③	④	⑤	⑥	⑦
3	4	7	0	5	2	4
3	4	9	1	4	8	7
3	4	8	2	6	9	6
3	4	8	5	2	7	0
3	4	8	6	3	0	5
3	4	9	8	0	5	8
3	4	7	9	6	7	1
3	4	7	3	9	1	9

第1、2位均是“3”和“4”，第3位也只有“7”“8”“9”，因此，这几位不能用。余下四位分布较均匀，可作为哈希地址选用。若哈希地址是两位，则可取这四位中的任意两位组合成哈希地址，也可以取其中两位与其他两位叠加求和后，取低两位作为哈希地址。

3. 平方取中法

当无法确定关键码中哪几位分布较均匀时，可以先求出关键码的二次方值，然后按需要取二次方值的中间几位作为哈希地址。这是因为，平方后中间几位和关键码中每一位都相关，故不同关键码会以较高的概率产生不同的哈希地址。

例如，我们把英文字母在字母表中的位置序号作为该英文字母的内部编码。例如，K的内部编码为11，E的内部编码为05，Y的内部编码为25，A的内部编码为01，B的内部编码为02。由此组成关键码“KEYA”的内部代码为11052501。同理，可以得到关键码“KYAB”“AKEY”“BKEY”的内部编码。之后对关键码进行二次方运算，取出第7到第9位作为该关键码哈希地址，如图7-7所示。对关键码二次方后，按哈希表大小，取中间的若干位作为哈希地址。

关键码	内部编码	内部编码的二次方值	关键码的哈希地址 H(key)
KEYA	11052501	122157778355001	778
KYAB	11250102	126564795010404	795
AKEY	01110525	001233265775625	265
BKEY	02110525	004454315775625	315

图7-7　二次方取中法求得的哈希地址

4. 折叠法（Folding）

此方法将关键码自左到右分成位数相等的几部分，最后一部分位数可以短些，然后将这几部分叠加求和，并按哈希表表长取后几位作为哈希地址。这种方法称为折叠法。

有两种叠加方法：

（1）移位法 —— 将各部分的最后一位对齐相加。

（2）间界叠加法 —— 从一端向另一端沿各部分分界来回折叠后，最后一位对齐相加。

例如，关键码为 key = 25346358705，设哈希表长为三位数，则可对关键码按每三位一部分来分割。

关键码分割为如下四组：

253　463　587　05

用上述方法计算哈希地址，对于位数很多的关键码，且每一位上符号分布较均匀时，可采用此方法求得哈希地址。

```
    253              253┐
    463             ┌364┘
    587             └587┐
+    05            +  50┘
-------           -------
   1308              1254
H(key)=308         H(key)=254
移位法              间界叠加法
```

5. 除留余数法

假设哈希表表长为 m，p 为小于等于 m 的最大质数，则哈希函数为

$$H(\text{key}) = \text{key}\%\ p \quad (p \text{ 是一个整数})$$

其中，“%”为模 p 取余运算。即取关键码除以 p 的余数作为哈希地址。使用除留余数法，选取合适的 p 很重要，若哈希表表长为 m，则要求 $p \leqslant m$，且接近 m 或等于 m。p 一般选取质数，也可以是不包含小于 20 质因子的合数。

例如，已知待散列元素为（18，75，60，43，54，90，46），表长 $m = 10$，$p = 7$，则有

$H(18) = 18\ \%\ 7 = 4$，$H(75) = 75\ \%\ 7 = 5$，$H(60) = 60\ \%\ 7 = 4$

$H(43) = 43\ \%\ 7 = 1$，$H(54) = 54\ \%\ 7 = 5$，$H(90) = 90\ \%\ 7 = 6$

$H(46) = 46\ \%\ 7 = 4$

此时冲突较多。为减少冲突，可取较大的 m 值和 p 值，如 $m = p = 13$，结果如下：

$H(18) = 18\ \%\ 13 = 5$，$H(75) = 75\ \%\ 13 = 10$，$H(60) = 60\ \%\ 13 = 8$

$H(43) = 43\ \%\ 13 = 4$，$H(54) = 54\ \%\ 13 = 2$，$H(90) = 90\ \%\ 13 = 12$

$H(46) = 46\ \%\ 13 = 7$

此时没有冲突，除留余数法求出的哈希地址如下所示：

0	1	2	3	4	5	6	7	8	9	10	11	12
		54		43	18		46	60		75		90

7.4.3 处理冲突的方法

通过构造性能良好的哈希函数，可以减少冲突，但一般不可能完全避免冲突，因此解决冲突是哈希法的另一个关键问题。创建哈希表和查找哈希表都会遇到冲突，两种情况下解决

冲突的方法应该一致。下面以创建哈希表为例，说明解决冲突的方法。常用的解决冲突方法有以下四种。

1. 开放定址法

所谓开放定址法，也称再散列法，其基本思想是：当关键码 key 的哈希地址 $p=H(\text{key})$ 出现冲突时，以 p 为基础，产生另一个哈希地址 p_1，如果 p_1 仍然冲突，再以 p 为基础，产生另一个哈希地址 p_2，…，直到找出一个不冲突的哈希地址 p_i，将相应元素存入 p_i 中。这种方法有一个通用的再散列函数形式：

$$H_i=(H(\text{key})+d_i)\%\ m \quad (i=1,\ 2,\ \cdots,\ n)$$

其中，$H(\text{key})$为哈希函数；m 为表长；d_i 称为增量序列。增量序列的取值方式不同，相应的再散列方式也不同。主要有以下三种：

（1）线性探测法。

d_i为增量序列 $d_i=1,\ 2,\ \cdots,\ m-1$，且 $d_i=i$。

例如，关键码集为｛47，7，29，11，16，92，22，8，3｝，哈希表表长为 11，H（key）$=\text{key}\ \%\ 11$，用线性探测法处理冲突，建表如下：

0	1	2	3	4	5	6	7	8	9	10
11	22		47	92	16	3	7	29	8	
	△					▲		△	△	

47、7、11、16、92 均是由哈希函数得到的没有冲突的哈希地址而直接存入的。

$H(29)=7$，哈希地址上冲突，需寻找下一个空的哈希地址。

由 $H_1=(H(29)+1)\ \%\ 11=8$，哈希地址 8 为空，将 29 存入。22 和 8 同样也在哈希地址上有冲突，所以也是由 H_1找到空的哈希地址的。

而 $H(3)=3$，哈希地址上冲突，由

$H_1=(H(3)+1)\ \%\ 11=4$，仍然冲突；

$H_2=(H(3)+2)\ \%\ 11=5$，仍然冲突；

$H_3=(H(3)+3)\ \%\ 11=6$，找到空的哈希地址，存入。

线性探测法可能使第 i 个哈希地址的同义词存入第 $i+1$ 个哈希地址，这样本应存入第 $i+1$ 个哈希地址的元素变成了第 $i+2$ 个哈希地址的同义词，……，因此，可能出现很多元素在相邻的哈希地址上“堆积”起来，大大降低了查找效率。为此，可采用二次探测法或双哈希函数探测法，以改善“堆积”问题。

（2）二次探测法。

$$H_i=(H(\text{key})\pm d_i)\ \%\ m$$

其中，$H(\text{key})$为哈希函数；m 为哈希表长度，m 要求是某个 $4k+3$ 的质数（k 是整数）；d_i为增量序列 1^2，-1^2，2^2，-2^2，…，q^2，$-q^2$，且 $q\leqslant(m-1)/2$。

用二次探测法处理上例中的冲突，建表如下：

0	1	2	3	4	5	6	7	8	9	10
11	22	3	47	92	16		7	29	8	
	△	▲						△	△	

对关键码寻找空的哈希地址，只有 3 这个关键码与上例不同：

$H(3)=3$，哈希地址上冲突，由

$H_1 = (H(3) + 1^2) \% 11 = 4$，仍然冲突；

$H_2 = (H(3) - 1^2) \% 11 = 2$，找到空的哈希地址，存入。

（3）随机探测法。

$$H_i = (H(\mathrm{key}) + \mathrm{RN}) \% m$$

其中，RN 是一个随机数。

将线性探测法的步长从常数改为随机数，即令：在实际程序中应预先用随机数发生器产生一个随机序列，将此序列作为依次探测的步长。这样就能使不同的关键码具有不同的探测次序，从而可以避免或减少堆积。

2. 拉链法

换一下思路，为什么有冲突就要换地方，能不能在原地解决。拉链法就是在原地想办法解决冲突问题。拉链法是将相同的关键码链接形成一个单链表，每个单链表第一个结点的地址对应存储在散列表相应的存储单之中。

设哈希函数得到的哈希地址域在区间[0, m-1]上，以每个哈希地址作为一个指针，指向一个链，即分配指针数组 DataType ＊e[m]；建立 m 个空链表，由哈希函数对关键码转换后，映射到同一哈希地址 i 的同义词均加入到＊e[i]所指向的链表中，向链表中插入元素的操作均在表头进行。例如，关键码序列为

{47, 7, 29, 11, 16, 92, 22, 8, 3, 50, 37, 89, 94, 21}

哈希函数为 $H(\mathrm{key}) = \mathrm{key} \% 11$，用拉链法处理冲突，建表如图 7-8 所示。

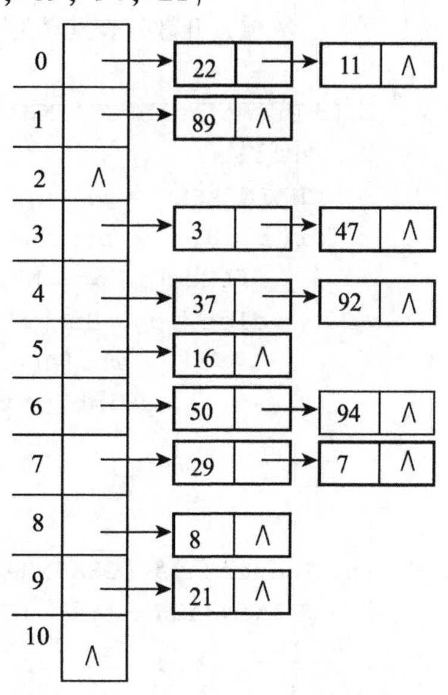

图 7-8 拉链法处理冲突时的哈希表

3. 建立一个公共溢出区

凡是冲突的都放在一起，给冲突的元素找个区域存放，为所有冲突的关键码建立一个公共的溢出区来存放。

设哈希函数产生的哈希地址集为[0, m-1]，则分配两个表：

（1）一个基本表 base_ tbl[m]，每个单元只能存放一个元素。

（2）一个溢出表 over_ tbl[k]；只要关键码对应的哈希地址在基本表上产生冲突，则将所有这样的元素一律存入该表中。也就是说，一旦产生冲突，都填入溢出表。

查找时，对给定值 k 通过哈希函数计算出哈希地址 i，先与基本表中的单元 base_ tbl[i]进行比较，若相等，则查找成功；否则，再到溢出表中进行查找。

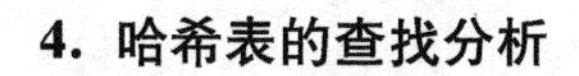

4. 哈希表的查找分析

一般情况下，处理冲突方法相同的哈希表，其平均查找长度依赖于哈希表的装填因子 α：

$$\alpha = \text{表中填入的记录数/ 哈希表的长度}$$

装填因子是哈希表装满程度的标志因子。由于表长是定值，α 与“填入表中的元素个数”成正比。所以，α 越大，填入表中的元素较多，产生冲突的可能性就越大；α 越小，填入表中的元素较少，产生冲突的可能性就越小。

【例7-5】编写程序，实现在开散列表上查找元素。

```
#include  <stdio.h>
#include  <malloc.h>
#define MaxSize 20
typedef  struct  node5
{ int  key;
 struct  node5  *next;
}CHAINHASH;
CHAINHASH *Htc[MaxSize];
void Creat_Hash(CHAINHASH  *Htc[])/* 建立开散列表 */
{ CHAINHASH  *p;
  int  i, j;
  i = 0; scanf("% d",&i);    /* 输入开散列表元素关键码值 */
  while (i !=-99)
  { j = i % 13;            /* 散列函数: ADD(rec(key)) = key % 13 */
   p =(CHAINHASH *)malloc(sizeof(CHAINHASH)); /* 生成结点,挂入开散列表中 */
   p->next = Htc[j];
   p->key = i;
   Htc[j] = p;
   scanf("% d",&i);
  }  /* 输入开散列表元素关键码值 */
}
void Print_hash(CHAINHASH  *Htc[])/* 显示开散列表 */
{  int i;
   CHAINHASH  *p;
  for(i =0; i < 13; i++)
   {  if(Htc[i] == NULL) printf("   % 3d |^\n",i);
      else { p = Htc[i]; printf("   % 3d | ->",i);
          while(p != NULL) {printf("% 5d ->",p->key); p=p->next; }
         printf("\n");
         }
   }
}
int Search_hash(CHAINHASH  *Htc[], int k) /* 开散列表中查找元素 */
{    CHAINHASH  *p;
     int  j;
     j = k % 13;      /* 散列函数: ADD(rec(key)) = key % 13 */
     p = Htc[j];
     if(p!= NULL)      /* 开散列表中查找元素 */
       { while((p->key != k)&&(p->next != NULL))
         p=p->next;
           if(p->key ==k) return 1;   /* 查找成功,返回 1 */
           else return 0;           /* 查找不成功,返回 0 */
       }
    else return 0;
}
```

```
void main( )
{ CHAINHASH  *Htc[MaxSize];
  int i, k;
  for (i = 0; i < MaxSize; i + +)
      Htc[i] = NULL;
  printf("输入元素关键码值(正整型),用空格分开, -1 结束:\n ");
  Creat_Hash(Htc);
  printf("显示建立的开散列表 : \n \n");
  Print_hash(Htc);
  printf(" \n 输入待查元素关键码 : ");
  scanf("% d",&i);
  k = Search_hash(Htc, i);
  if (k == 0) printf("开散列表中待查元素不存在 \n \n");
  else     printf("开散列表中待查元素存在 \n \n");
}
```

运行结果如下:

```
输入元素关键码值〈正整型〉,用空格分开, -1 结束:
2  6  8  9  5  14  16  12  -99
显示建立的开散列表:
      0:^
      1:→   14 →
      2:→    2 →
      3:→   16 →
      4:^
      5:→    5 →
      6:→    6 →
      7:^
      8:→    8 →
      9:→    9 →
      10:^
      11:^
      12:→  12 →
输入待查元素关键码:16
开散列表中待查元素存在
```

7.5 应用举例

【例 7-6】 利用折半法查找实现学生信息查询模块设计。

要求：学生信息包括学号和成绩，按照成绩从小到大的顺序录入 10 个学生的信息。

实现：利用折半法查找实现学生信息查询的功能。

知识点：折半法查找的算法。

```
#include "stdio.h"
#include "stdlib.h"
typedef struct
{    int id;
     int score;
}stu;
int Bin_Search(stu a[],int n,int k)//k 为要查找的值
{    int low=1,high=n,mid;
     while(low<=high)
     {    mid=(low+high)/2;
          if(k==a[mid].score)   return a[mid].id;
          else if(k<a[mid].score)   high=mid-1;
              else low=mid+1;
      }
      return 0;
}
void main()
{    stu s[6];//下标从 1 开始,存储 6 个数
     int i,score,id;
     printf("请按照成绩递增顺序输入学号和分数:\n");
     for(i=1;i<=5;i++)
        scanf("%ld,%d",&s[i].id,&s[i].score);
     printf("输入要查找的分数:"); scanf("%d",&score);
     id=Bin_Search(s,5,score);
     if(id==0)printf("不存在!");
     else    printf("学号为:%2d\n",id);
}
```

运行结果如下：

```
请按照成绩递增顺序输入学号和分数:
101,65
102,70
103,78
104,82
105,90
输入要查找的分数:78
学号为:103
```

7.6 习题

1. 名词解释

（1）主关键码

（2）平均查找长度

（3）静态查找表
（4）动态查找表
（5）二叉排序树
（6）哈希（散列）表

2. 填空题

（1）静态查找表的存储结构主要采用顺序存储结构，如果需要，也可以采用链式存储结构，但当使用________查找算法或（斐波那契数列）查找算法来查找时，要求查找表只能是顺序存储结构，并且查找表中的数据序列必须________。

（2）通过中序遍历一棵二叉排序树得到的数据________序列必然是一个（有序）序列。

（3）在各种查找方法中，平均查找长度与结点个数 n 无关的查找方法是________。

3. 简答题

（1）请画出长度为8的有序查找表的折半查找判定树。

（2）请说明在一个查找表上可以使用折半查找算法进行查找的前提条件主要有哪些?

（3）已知关键码序列为｛45，28，67，33，29，50｝，二叉排序树初始为空，要求：

① 画出按正向（从关键码45开始）顺序插入结点建立的二叉排序树；

② 画出按反向（从关键码50开始）顺序插入结点建立的二叉排序树。

（4）请分析二叉排序树的平均查找长度主要与哪些因素有关?

（5）设哈希表的地址空间为0～6，哈希函数为 $H(\text{key}) = \text{key} \% 7$。请对关键码序列｛32，13，49，18，22，38｝按线性探测再散列处理冲突的方法构造哈希表，并求出在等概率情况下且查找成功时的平均查找长度。

（6）设哈希表的地址空间为0～12，哈希函数为 $H(\text{key}) = \text{key} \% 11$。请对关键码序列｛30，15，49，61，22，50，23，41，18｝按二次探测再散列处理冲突的方法构造哈希表，并求出在等概率情况下且查找成功时的平均查找长度。

（7）设哈希表的地址空间为0～12，哈希函数为 $H(\text{key}) = \text{key} \% 11$。请对关键码序列｛30，15，49，61，22，50，23，41，18｝按拉链法（链地址法）解决冲突的办法构造哈希表，并求出在等概率情况下且查找成功时的平均查找长度。

4. 编程题

（1）试将书中的折半查找算法改写成递归描述的算法。

（2）试写一个判别给定二叉树（二叉链表存储，结点上的关键码均不同）是否为二叉排序树的算法。

第 8 章
排序

本章要点

- 排序分类及各种排序算法的基本思想
- 一般排序算法的设计与实现
- 排序算法的效率分析

数据处理的核心运算就是排序，将处理的数据按关键码大小有序排列，排序是计算机程序设计中的一种基础操作，研究和掌握各种排序方法，能提高处理数据的效率。

在排序过程中，若整个文件都是放在内存中处理，排序时不涉及数据的内、外存交换，则称之为内部排序（简称内排序）；反之，若排序过程中要进行数据的内、外存交换，则称之为外部排序。本书主要介绍内部排序。

8.1　排序的概念

排序又称分类，是对一个数据元素集合或序列重新排列成一个按数据元素某个项值有序的序列，如图 8-1 所示，网上购物中经常会用排序来查找商品。

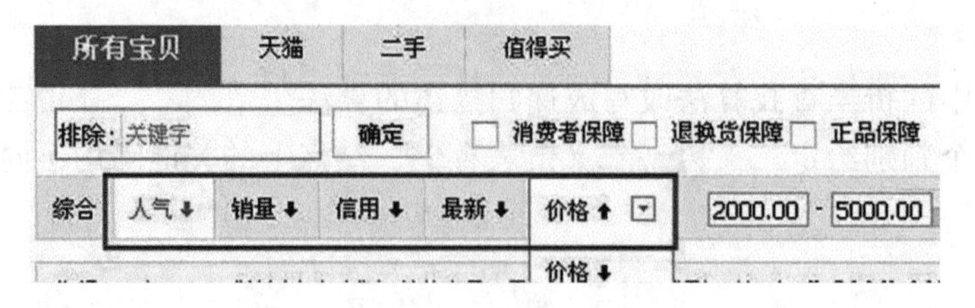

图 8-1　排序的应用

按关键码进行排序：若相同关键码的元素间的位置关系，排序前与排序后保持一致，称此排序方法是稳定的；对于不能保持排序前后一致的排序方法，则称该排序方法是不稳定的。比如，排序前是 $\{a_1, a_2, a_3, a_4, a_5\}$，其中 $a_2 = a_4$，经过某种排序后为 $\{a_1, a_2, a_4, a_3, a_5\}$，则称这种排序是稳定的，因为 a_2 排序前在 a_4 的前面，排序后还是在 a_4 的前面。假如变成 $\{a_1, a_4, a_2, a_3, a_5\}$ 就不是稳定的了。

在排序的过程中需要进行下列两种基本操作：

1）比较两个关键码的大小。

2）将记录从一个位置移至另外一个位置。

8.2　插入排序

插入排序：每次将一个待排序的记录，按其关键码大小插入到前面已经排好序的子表中的适当位置，直到全部记录插入完成为止。插入排序包括直接插入排序和希尔排序。

8.2.1　直接插入排序

直接插入排序的基本思想：把 n 个待排序的元素看成 1 个有序表和 1 个无序表，开始时有序表中只包含 1 个元素，无序表中包含有 $n-1$ 个元素，排序过程中每次从无序表中取出第 1 个元素，将它插入到有序表中的适当位置，使之成为新的有序表。直接插入排序过程如图 8-2 所示。

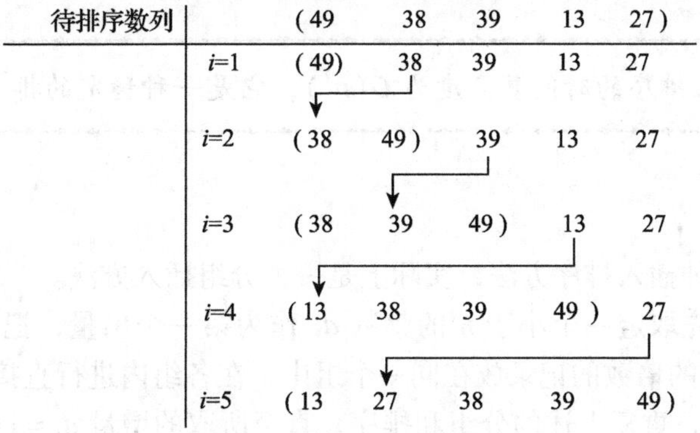

待排序数列	(49　38　39　13　27)
i=1	(49)　38　39　13　27
i=2	(38　49)　39　13　27
i=3	(38　39　49)　13　27
i=4	(13　38　39　49)　27
i=5	(13　27　38　39　49)

图 8-2　直接插入排序过程

具体操作：仅有 1 个记录的表总是有序的，因此，对 n 个记录的表，可从第 2 个记录开始直到第 n 个记录，逐个向有序表中进行插入操作，从而得到 n 个记录按关键码有序排列的表，算法 8.1 如下：

```
void Insert_Sort(int a[], int n)
{  int i,j, temp;
   for (i =1;i <n;i + +)
   {  temp = a[i];
      j = i -1;                  /* 从右向左在有序区 a[0..i -1]中找 a[i]的插入位置 * /
      while (j > =0 && temp < a[j])
      {  a[j +1] = a[j]; j - -;}  /* 将关键码大于 a[i].key 的记录后移 * /
       a[j +1] = temp;        /* 在 j +1 处插入 a[i] * /
    }
}
```

算法 8.1

分析：空间效率——仅用了一个辅助单元。时间效率——向有序表中逐个插入记录的操作，进行了 $n-1$ 趟，每趟操作分为比较关键码和移动记录，而比较的次数和移动记录的次数取决于待排序列按关键码的初始排列。

最好情况下：即待排序列已按关键码排列有序，每趟操作只需 1 次比较而不需要移动。

最坏情况下：即第 j 趟操作，插入记录需要同前面的 j 个记录进行 j 次关键码比较，移动记录的次数为 $j+2$ 次。

$$总移动次数 = \sum_{j=1}^{n-1}(j+2) = \frac{1}{2}n(n-1)+2(n-1)$$

$$总比较次数 = \sum_{j=1}^{n-1}j = \frac{1}{2}n(n-1)$$

平均情况下：即第 j 趟操作，插入记录大约同前面的 $j/2$ 个记录进行关键码比较，移动记录的次数为 $j/2+2$ 次。

$$总比较次数 = \sum_{j=1}^{n-1}\frac{j}{2} = \frac{1}{4}n(n-1) \approx \frac{1}{4}n^2$$

$$总移动次数 = \sum_{j=1}^{n-1}\left(\frac{j}{2}+2\right) = \frac{1}{4}n(n-1)+2(n-1) \approx \frac{1}{4}n^2$$

提示：直接插入排序的时间复杂度为 $O(n^2)$，它是一种稳定的排序方法。

8.2.2 希尔排序

希尔排序也是一种插入排序方法，实际上是一种分组插入方法。

其基本思想是：先取定一个小于 n 的整数 d_1 作为第一个增量，把表的全部记录分成 d_1 个组，所有距离为 d_1 的倍数的记录放在同一个组中，在各组内进行直接插入排序；然后，取第二个增量 $d_2(<d_1)$，重复上述的分组和排序，直至所取的增量 $d_t=1(d_t<d_t-1<\cdots<d_2<d_1)$，即所有记录放在同一组中进行直接插入排序为止。

将记录序列分成若干子序列，分别对每个子序列进行插入排序。其中，d 称为增量，它的值在排序过程中从大到小逐渐缩小，直至最后一趟排序减为 1。

例如：设待排序的表有 10 个记录，其关键码分别为 {9，8，7，6，5，4，3，2，1，0}。图 8-3 说明了采用希尔排序方法进行排序的过程。

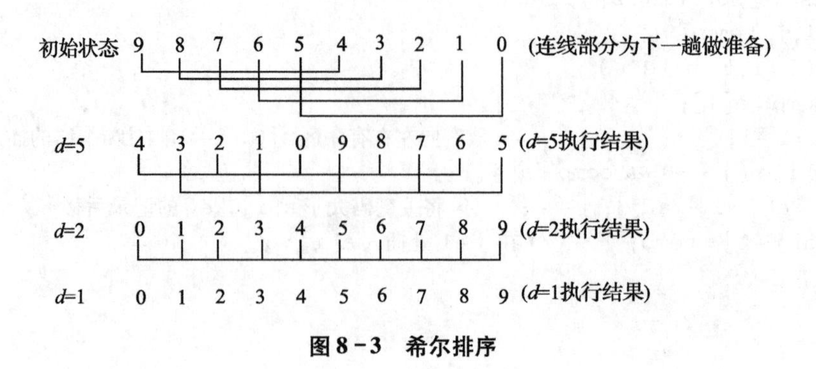

图 8-3 希尔排序

具体的算法8.2如下：

```
void Shell_Sort(int a[],int n)    /*希尔排序算法*/
{    int i,j,d,temp;
     d=n/2;    /*d取初值n/2*/
     while(d>0)
     { for(i=d;i<n;i++)           /*将a[d..n-1]分别插入各组当前有序区中*/
         {    j=i-d;
              while(j>=0 && a[j]>a[j+d])
              {temp=a[j]; a[j]=a[j+d]; a[j+d]=temp; /*a[j]与a[j+d]交换*/
              j=j-d;
              }
         }
         d=d/2;                  /*递减增量d*/
     }
}
```

算法8.2

分析：时间效率分析，为确定插入位置所进行的折半查找，关键码的比较次数至多为$\log_2(n+1)$次，移动记录的次数和直接插入排序相同，故时间复杂度仍为$O(n^2)$。希尔排序是一种不稳定的排序方法。

8.3 交换排序

交换排序主要通过两两比较待排记录的关键码，若发生与排序要求相逆的情况，则交换之。有两种交换排序方法：冒泡排序、快速排序。

8.3.1 冒泡排序

冒泡排序的基本思想：对待排序关键码进行比较和位置的交换，从而使关键码最小的记录如气泡一般逐渐往上“漂浮”直至“水面”。

整个算法是从最下面的记录开始，对每两个相邻的关键码进行比较，且使关键码较小的记录交换至关键码较大的记录的前面，使得经过一趟冒泡排序后，关键码最小的记录到达最前面，接着，再在剩下的记录中查找关键码次小的记录，并把它交换到第二个位置上。依此类推，直到在某趟排序过程中没有进行过交换记录的操作为止。

冒泡排序方法：对n个记录的表，进行第一趟冒泡排序得到一个关键码最小的记录a[n]，对$n-1$个记录的表进行第二趟冒泡排序，再得到一个关键码最小的记录a[$n-1$]，如此重复，直到得到n个记录按关键码有序的表。

例如，待排序的关键码为{49，38，65，97，76，13，27，49}，分别存放在a[0]～a[7]中，其排序过程如图8-4所示，算法8.3如下：

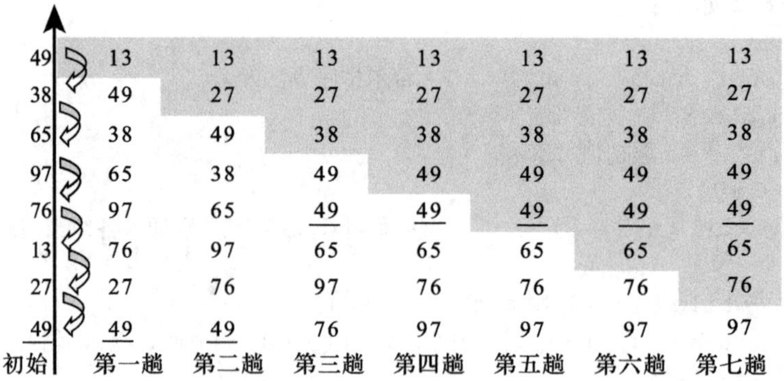

初始	第一趟	第二趟	第三趟	第四趟	第五趟	第六趟	第七趟
49	13	13	13	13	13	13	13
38	49	27	27	27	27	27	27
65	38	49	38	38	38	38	38
97	65	38	49	49	49	49	49
76	97	65	49	49	49	49	49
13	76	97	65	65	65	65	65
27	27	76	97	76	76	76	76
49	49	49	76	97	97	97	97

图 8-4 冒泡排序过程

```
void Bubble_Sort(int a[], int n) /* 冒泡排序 */
{ int i, j, temp;
  for (i=0;i<n-1;i++)
  {   for (j=n-1;j>i;j--)        /* 比较并查找本趟最小关键码的记录 */
      if (a[j] <a[j-1])
       { temp=a[j]; a[j]=a[j-1]; a[j-1]=temp;} /* a[j]与a[j-1]进行交换 */
  }
}
```

算法 8.3

分析：空间效率——仅用了一个辅助单元。时间效率——总共进行 $n-1$ 趟冒泡排序，对 j 个记录的表进行一趟冒泡排序需要 $j-1$ 次关键码比较。

移动次数：

$$\text{总比较次数} = \sum_{j=2}^{n}(j-1) = \frac{1}{2}n(n-1)$$

最好情况下：待排序列已有序，不需要移动。

最坏情况下：每次比较后均要进行三次移动。

$$\text{移动次数} = \sum_{j=2}^{n}3(j-1) = \frac{3}{2}n(n-1)$$

注意 当原序列基本有序时，冒泡排序的速度还是较快的，它的时间复杂度为 $O(n^2)$。

8.3.2 快速排序

快速排序是由冒泡排序改进而得的。

其基本思想是：在待排序的 n 个记录中任取一个记录（通常取第一个记录，该记录称为支点），把该记录放入适当位置后，数据序列被此记录划分成两部分。所有关键码比该记录关键码小的记录放置在前一部分，所有比它大的记录放置在后一部分，并把该记录排在这两部分的中间（称为该记录归位），这个过程称作一趟快速排序，如图 8-5 所示。

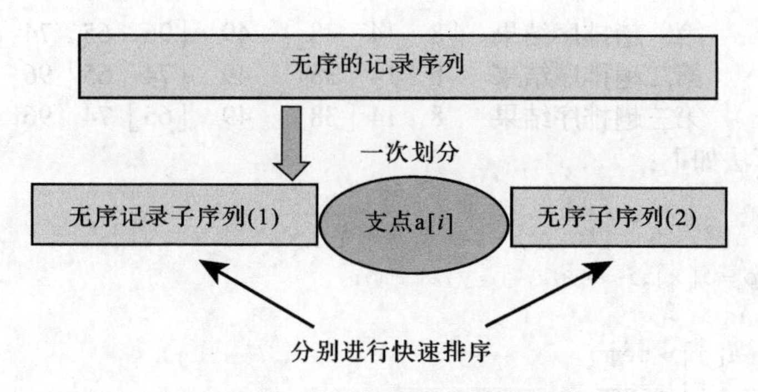

图8-5 快速排序基本思想示意图

对无序的记录序列进行“一次划分”，之后分别对分割所得到的两个子序列“递归”进行快速排序。对各部分不断划分，直到整个序列按关键码有序。

先将第一个记录移至辅助变量 x 中，然后从 j 所指位置起向前搜索第一个关键字小于 x 的记录，找到后，将 a[j]移至 a[i]的位置；再从 i 所指向的位置向后搜索第一个关键字大于 x 的记录，找到后，将 a[i]移至 a[j]的位置；重复这两步过程，直至 $i=j$，最后将 x 送至 a[i]中去。至此一趟排序完成，原序列划分为两个子序列，设 $1\leqslant p<q\leqslant n$，a[$p$]，a[$p+1$]，…，a[$q$]为待排序列。

如图 8-6 所示，一趟排序的具体做法是：设置两个指针 i 和 j，其初始状态分别指向序列中的第一个记录和最后一个记录。

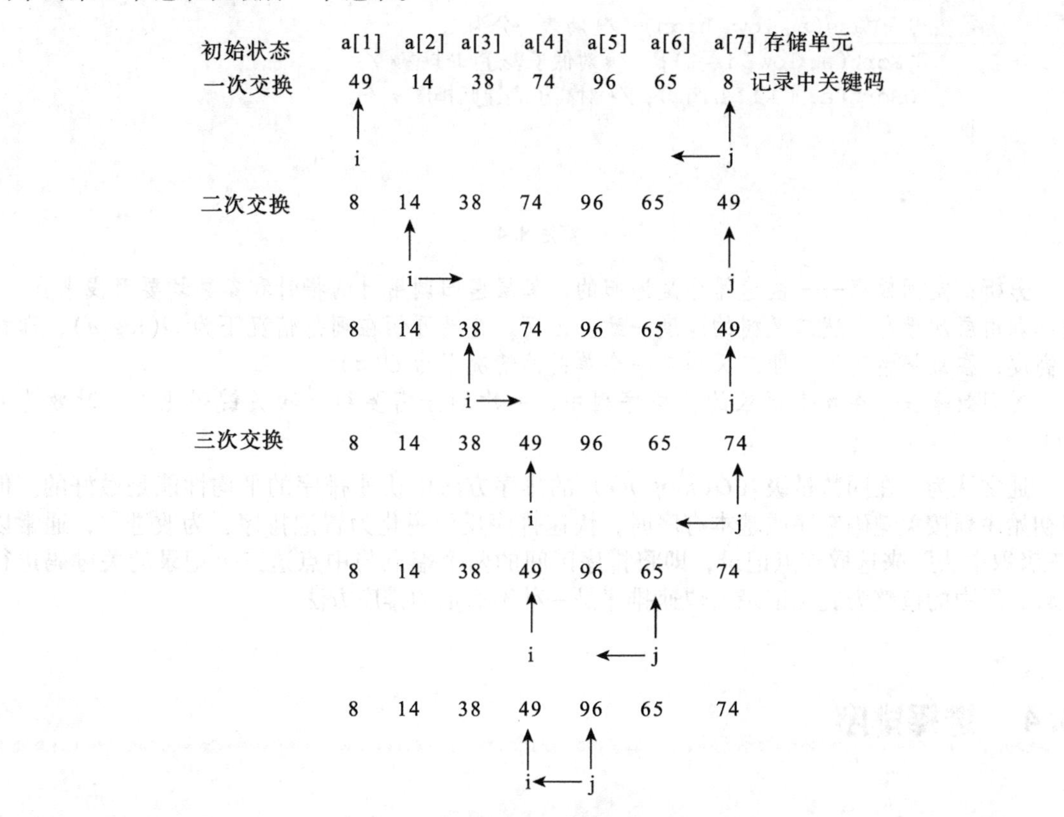

图8-6 快速排序第1趟排序过程

第一趟排序结果 [8 14 38] 49 [96 65 74]
第二趟排序结果 8 [14 38] 49 [74 65] 96
第三趟排序结果 8 14 [38] 49 [65] 74 96

第一趟排序算法如下：

```
int Pass(int a[],int x,int y)   /* 快速排序法 */
{      int temp = a[x],i = x + 1, j = y,stemp;
       while(1)
       { while(a[j] > temp)   j - -;
         while(a[i] < temp)   i + +;
         if(i > = j)    break;
         stemp = a[i]; a[i] = a[j]; a[j] = stemp;
       }
       a[x] = a[j];  a[j] = temp;
       return j;
}
```

整个快速排序算法如算法8.4所示：

```
void QSort( int a[], int low, int high) /* 递归形式的快速排序 */
{    int i;
     if(low < high)
     {     i = Pass(a, low, high); /* 将表一分为二 */
           QSort(a, low, i -1);   /* 对低子表递归排序 */
           QSort(a, i +1, high); /* 对高子表递归排序 */
     }
}
```

算法8.4

分析：空间效率——快速排序是递归的，每层递归调用时的指针和参数均要用栈来存放，递归调用层次数与上述二叉树的深度一致。因而，存储开销在理想情况下为 $O(\log_2 n)$，即树的高度；在最坏情况下，即二叉树是一个单链的情况下为 $O(n)$。

时间效率——在 n 个记录的待排序列中，一次划分需要约 n 次关键码比较，时效为 $O(n)$。

通常认为，在同数量级（$O(n\log_2 n)$）的排序方法中快速排序的平均性能是最好的。但当初始序列按关键码有序或基本有序时，快速排序反而蜕化为冒泡排序。为改进之，通常以“三者取中法”来选取支点记录，即将排序区间的两个端点与中点这三个记录的关键码进行比较，居中的调整为支点记录。快速排序是一种不稳定的排序方法。

8.4 选择排序

选择排序主要是每一趟从待排序列中选取一个关键码最小的记录，也即第一趟从 n 个记录中选取关键码最小的记录，第二趟从剩下的 $n-1$ 个记录中选取关键码最小的记录，直到整个序列的记录选完。这样，由选取记录的顺序，便可得到按关键码有序的序列。有两种选择排序方法：简单选择排序、堆排序。

8.4.1 简单选择排序

操作方法：第一趟，从 n 个记录中找出关键码最小的记录与第一个记录交换；第二趟，从第二个记录开始的 $n-1$ 个记录中再选出关键码最小的记录与第二个记录交换；如此，第 i 趟，则从第 i 个记录开始的 $n-i+1$ 个记录中选出关键码最小的记录与第 i 个记录交换，直到整个序列按关键码有序，如图 8-7 所示，算法 8.5 如下：

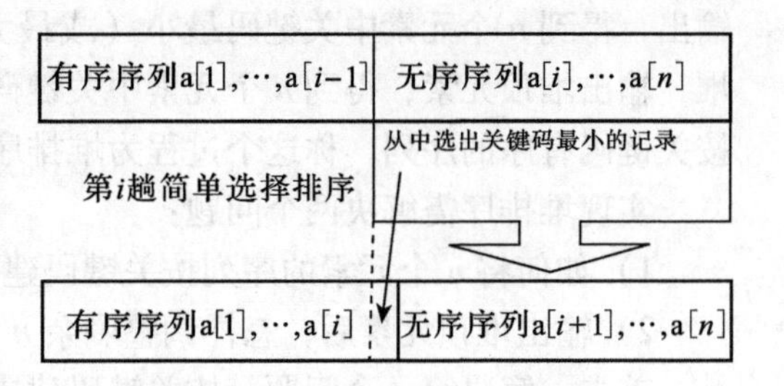

图 8-7 直接选择排序示意图

```
void Select_Sort(int a[], int n)   /* 简单选择排序 * /
{ int i,j,k,x;
  for(i =0;i <n -1;i + +)
      { k =i;
      for(j =i +1;j <n;j + +)       /* 从 i 开始的 n - i +1 个记录中选关键码最小的记录 * /
        { if(a[j] <a[k])
          k =j;                /* k 中存放关键码最小记录的下标 * /
        }
        if(k! =i)
        {     x =a[i];a[i] =a[k]; a[k] =x;
        } /* 关键码最小的记录与第 i 个记录交换 * /
      }
}
```

算法 8.5

> **提示**：从程序中可以看出，简单选择排序移动记录的次数较少，但关键码的比较次数依然是 $\frac{1}{2}n(n+1)$，所以时间复杂度仍为 $O(n^2)$。

8.4.2 堆排序

堆排序是对直接选择排序的改进，是一种树形选择排序方法。它的特点是：在排序过程中，将 a[1]，…，a[n]看成是一棵完全二叉树的顺序存储结构，利用完全二叉树中双亲结点之间的内在关系，在当前待排序关键码中选择关键码最大（或最小）的记录。

n 个关键码序列 k_1，k_2，…，k_n 称为堆，当且仅当该序列满足如下性质（简称为堆性质）：

1）$k_i \leqslant k_{2i}$ 且 $k_i \leqslant k_{2i+1}$ 或

2）$k_i \geqslant k_{2i}$ 且 $k_i \geqslant k_{2i+1}$ （$1 \leqslant i \leqslant \lfloor \frac{n}{2} \rfloor$）

满足性质 1 中情况的称为小根堆，满足性质 2 中情况的称为大根堆。下面讨论的堆是大根堆。

从图 8-8 中可以看出，若以一维数组存储一个堆，则堆对应一棵完全二叉树，且所有非叶结点的值均不大于（或不小于）其子女的值，根结点的值是最小（或最大）的。

堆排序的排序过程：设有 n 个元素，首先，将这 n 个元素按关键码建成堆，将堆顶元素输出，得到 n 个元素中关键码最小（或最大）的元素；然后，再对剩下的 $n-1$ 个元素建成堆，输出堆顶元素，得到 n 个元素中关键码次小（或次大）的元素。如此反复，便得到一个按关键码有序的序列，称这个过程为堆排序。

实现堆排序需解决两个问题：

1）如何将 n 个元素的序列按关键码建成堆。

2）输出堆顶元素后，怎样调整剩余 $n-1$ 个元素，使其按关键码成为一个新堆。

首先，解决第一个问题，按关键码建成堆，如图 8-8 所示。

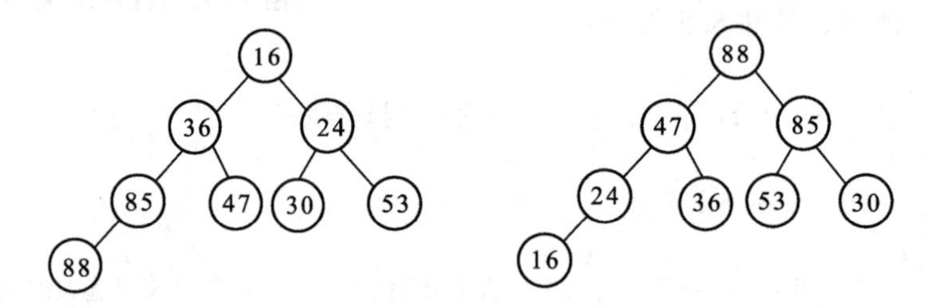

图 8-8　两个堆示例

例如，把关键码 {53，36，30，88，47，16，24，85} 建成堆的过程，如图 8-9 所示。

图 8-9a 是 8 个结点的初始状态，按关键码的书写顺序从左到右，从上到下，得到一棵完全二叉树，则 a［$2i$］是 a［i］的左孩子；a［$2i+1$］是 a［i］的右孩子。图 8-9b～f 是调整结点并建堆的过程。即假设完全二叉树的某一个结点 i 对于它的左子树、右子树已是堆，接下来需要将关键码 a[$2i$]与 a[$2i+1$]之中的最大者与 a[i]进行比较，若 a[i]的关键码较小则交换，这有可能破坏下一级的堆。于是继续采用上述方法构造下一级的堆。直到完全二叉树中的结点 i 构成堆为止。对于任意一棵完全二叉树，从 $i=\lfloor n/2 \rfloor$到 1，反复利用上述思想建堆。大者“上浮”，小者则被“筛选”下去。

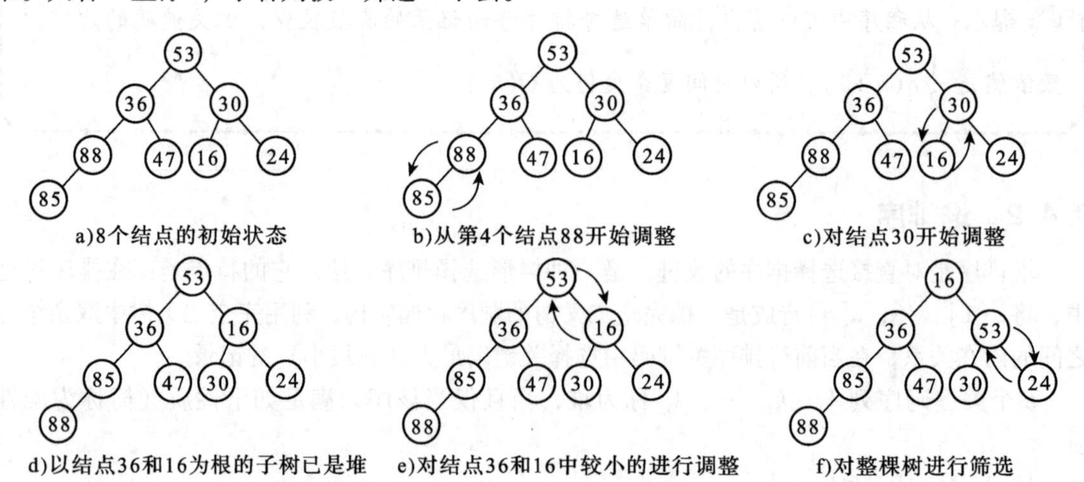

a)8个结点的初始状态
b)从第4个结点88开始调整
c)对结点30开始调整
d)以结点36和16为根的子树已是堆
e)对结点36和16中较小的进行调整
f)对整棵树进行筛选

图 8-9　按关键码建成堆的过程

第二个问题，解决输出堆顶元素后，对剩余元素重新建成堆的调整过程。

调整方法：设有 m 个元素的堆，输出堆顶元素后，剩下 $m-1$ 个元素。将堆底元素送入堆顶，堆被破坏，其原因仅是根结点不满足堆的性质。将根结点与左、右子女中较小（或小大）的进行交换。若与左子女交换，则左子树堆被破坏，且仅左子树的根结点不满足堆的性质；若与右子女交换，则右子树堆被破坏，且仅右子树的根结点不满足堆的性质。继续对不满足堆性质的子树进行上述交换操作，直到叶子结点，堆被建成。称这个自根结点到叶子结点的调整过程为筛选，如图 8-10a ~ o 所示。

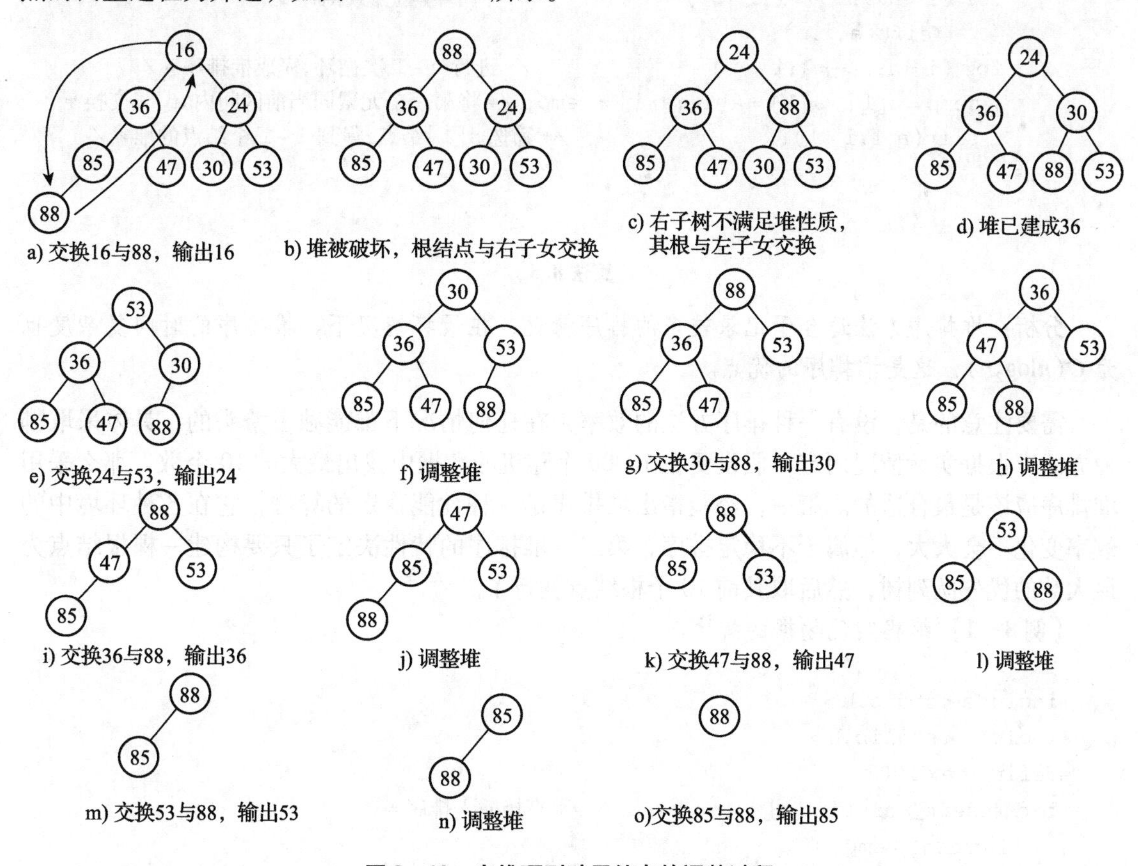

图 8-10　自堆顶到叶子结点的调整过程

算法 8.6 如下：

```
void sift(int a[],int low,int high) /* 堆排序 * /
{     int i = low,j = 2 * i;      /* a[j]是 a[i]的左孩子 * /
      int temp = a[i];
      while (j < = high)
      { if (j < high && a[j] < a[j +1])
                j + +;
                if (temp < a[j])
                {a[i] = a[j];      /* 将 a[j]调整到双亲结点位置上 * /
                i = j;         /* 修改 i 和 j 值,以便继续向下筛选 * /
                j = 2 * i;
                }
```

```
        else
          break;          /* 筛选结束 */
        }
        a[i] = temp;          /* 被筛选结点的值放入最终位置 */
}
void HeapSort(int a[],int n)
{     int i,temp;
      for (i = n/2;i >= 1;i--)                    /* 循环建立初始堆 */
          sift(a,i,n);
      for (i = n;i >= 2;i--)                     /* 进行 n-1 次循环,完成推排序 */
      { temp = a[1]; a[1] = a[i];a[i] = temp; /* 将第一个元素同当前区间内 a[1]交换 */
        sift(a,1,i-1);                       /* 筛选 a[1]结点,得到 i-1 个结点的堆 */
      }
}
```

算法 8.6

分析：堆排序方法适合于记录较多的排序情况，在最坏情况下，堆排序的时间复杂度也为 $O(n\log_2 n)$，这是堆排序的优点。

需要注意的是，没有一种排序方法的效率是在任何情况下都能独占鳌头的，具体采取哪种方法应根据实际情况而定，假设要在 10000 个随机的数据中找出最大的 10 个数，那么采用堆排序应该是最合适的。第一，经验指出堆排序是一种性能稳定的算法，它在各种环境中的效率变化不会太大，但属于不稳定排序；第二，堆排序的特性决定了只要构建一棵根结点为最大数的优先队列树，然后取其前 10 个根结点就行了。

【例 8-1】编程实现数据的排序。

```
#include <stdio.h>
#include <stdlib.h>
#define max 100
void Insert_Sort(int a[],int n)         /* 直接插入排序 */
{     int i,j, temp;
      for (i = 1;i < n;i++)
      { temp = a[i];
        j = i-1;                     /* 从右向左在有序区 a[0..i-1]中找 a[i]的插入位置 */
        while (j >= 0 && temp < a[j])
        {   a[j+1] = a[j]; j--;  }        /* 将关键码大于 a[i].key 的记录后移 */
            a[j+1] = temp; /* 在 j+1 处插入 a[i] */
      }
}
void Bubble_Sort(int a[], int n) /* 冒泡排序 */
{ int i,j, temp;
  for (i = 0;i < n-1;i++)
  {   for (j = n-1;j > i;j--)         /* 比较并查找本趟最小关键码的记录 */
      if (a[j] < a[j-1])
       { temp = a[j]; a[j] = a[j-1]; a[j-1] = temp;} /* a[j]与 a[j-1]进行交换 */
```

```
    }
}
int Pass(int a[],int x,int y)   /*快速排序法*/
{    int temp=a[x],i=x+1, j=y,stemp;
     while(1)
     { while(a[j]>temp)   j--;
       while(a[i]<temp)   i++;
       if(i>=j)    break;
       stemp=a[i]; a[i]=a[j]; a[j]=stemp;
      }
      a[x]=a[j];
      a[j]=temp;
      return j;
}
void  QSort( int a[], int low, int high) /*递归形式的快速排序*/
{  int i;
   if(low<high)
   {  i=Pass(a, low, high); /*将表一分为二*/
      QSort(a, low, i-1);   /*对低子表递归排序*/
      QSort(a, i+1, high); /*对高子表递归排序*/
   }
}
void Select_Sort(int a[], int n)   /*简单选择排序*/
{ int i,j,k,x;
  for(i=0;i<n-1;i++)
      { k=i;
       for(j=i+1;j<n;j++)      /*从i开始的n-i+1个记录中选关键码最小的记录 */
          { if(a[j]<a[k]) k=j; } /* k中存放关键码最小记录的下标 */
     if(k!=i){x=a[i];a[i]=a[k]; a[k]=x;} /* 关键码最小的记录与第i个记录交换 */
      }
}
void sift(int a[],int low,int high) /*堆排序*/
{    int i=low,j=2*i;     /*a[j]是a[i]的左孩子*/
     int temp=a[i];
     while (j<=high)
     { if (j<high && a[j]<a[j+1])
              j++;
                if (temp<a[j])
                {a[i]=a[j];     /*将a[j]调整到双亲结点位置上*/
                 i=j;            /*修改i和j值,以便继续向下筛选*/
                 j=2*i;
                 }
       else break;             /*筛选结束*/
      }
      a[i]=temp;              /*被筛选结点的值放入最终位置*/
}
void HeapSort(int a[],int n)
```

```
{    int i,temp;
     for (i =n/2;i > =1;i - - )      /* 循环建立初始堆 * /
     sift(a,i,n);
     for (i =n;i > =2;i - - )      /* 进行 n -1 次循环,完成推排序 * /
     { temp =a[1]; a[1] =a[i];a[i] =temp;  /* 将第一个元素同当前区间内 a[1]交换 * /
     sift(a,1,i -1);              /* 筛选 a[1]结点,得到 i -1 个结点的堆 * /
     }
}
void Shell_Sort(int a[],int n)    /* 希尔排序算法 * /
{    int i,j,d,temp;
     d =n/2;    /* d 取初值 n/2 * /
     while (d >0)
     { for (i =d;i <n;i + +)           /* 将 a[d..n -1]分别插入各组当前有序区中 * /
          {    j =i -d;
               while (j > =0 && a[j] >a[j +d])
               {temp =a[j]; a[j] =a[j +d]; a[j +d] =temp; /* a[j]与 a[j +d]交换 * /
               j =j -d;
               }
          }
        d =d/2;                     /* 递减增量 d * /
     }
}
void main()
{    int a[max],b[max];
     int x,i,j,k,m;
     printf("请输入数组的长度:");
     scanf("% d",&x);printf(" \n");
     printf("输入长度为% d 的数组:",x);
     for(i =0;i <x;i + +)
        scanf("% d",&a[i]);printf(" \n");
     printf("对数组进行排序,选择排序方法: \n");
     do
     {printf("1:快速排序 \n2:简单选择排序 \n");
      printf("3:冒泡排序 \n4:直接插入排序 \n");
      printf("5:希尔排序 \n6:堆排序 \n7:退出 \n");
      scanf("% d",&m);
      switch(m)
      { case 1:{ QSort(a,0,x -1);
                 printf("快速排序后的数组:");
                 for(i =0;i <x;i + +)
                     printf("% 3d",a[i]);
                 printf(" \n");
                 }break;
        case 2:{ Select_Sort(a,x);
                 printf("简单选择排序后的数组:");
                 for(i =0;i <x;i + +)
```

```
                printf("% 3d",a[i]);
                printf("\n");
                }break;
        case 3:{ Bubble_Sort(a,x);
                printf("冒泡排序后的数组:");
                for(i=0;i<x;i++)
                    printf("% 3d",a[i]);
                printf("\n");
              }break;
        case 4:{Insert_Sort(a,x);
                printf("插入排序后的数组:");
                for(i=0;i<x;i++)
                   printf("% 3d",a[i]);
                printf("\n");
              }break;
        case 5:{Shell_Sort(a,x);
                printf("希尔排序后的数组:");
                for(i=0;i<x;i++)
                   printf("% 3d",a[i]);
                printf("\n");
              }break;
        case 6: { b[0]=-1;
                for(i=0,k=1;i<x,k<=x;i++,k++)
                   b[k]=a[i];
                for(i=x/2;i>=1;i--)
                   sift(b,i,x);
                HeapSort(b,x);
                printf("堆排序后的数组:");
                for(i=1;i<=x;i++)
                    printf("% 3d",b[i]);
                printf("\n");
                }break;
        case 7:exit(0);
        } //switch
    }while(m>=1 && m<7);
}
```

运行结果如下:

```
请输入数组的长度:5
输入长度为5的数组:2  6  3  8  7
对数组进行排序,选择排序方法:
        1:快速排序
        2:简单选择排序
        3:冒泡排序
        4:直接插入排序
        5:希尔排序
```

```
        6:堆排序
        7:退出
2
直接选择排序后的数组:2  3  6  7  8
```

8.5 二路归并排序

归并排序是多次将两个或两个以上的有序表合并成一个新的有序表。最简单的归并是直接将两个有序的子表合并成一个有序的表。

假设初始序列含有 n 个记录，则可看成是 n 个有序的子序列，每个子序列的长度为 1，然后两两归并，得到 $n/2$ 个长度为 2 或 1 的有序子序列；再两两归并，如此重复，如图 8-11 二路归并排序所示。

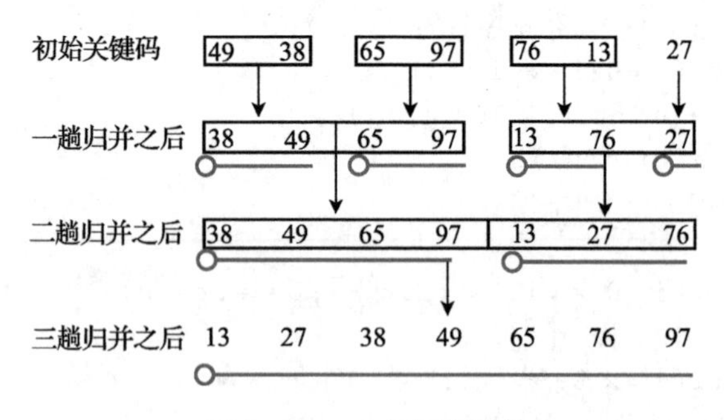

图 8-11 二路归并排序

二路归并排序的基本操作是将两个有序表合并为一个有序表。

将有序文件 a[low]，…，a[mid]和 a[mid+1]，…，a[high]归并为 b[low]，…，b[high]的算法如算法 8.7 所示。

```
void Merge(int a[], int low, int mid, int high) /* 实现一趟归并排序 */
{ int b[MaxSize],i, j, k;
  i = low, j = mid + 1, k = 0; /* 置初始值 */
  while(i < = mid && j < = high)
  {   if(a[i] < = a[j]){b[k] = a[i]; i + +; k + +;}
      else   {b[k] = a[j]; j + +; k + +;}
  }
  while(i < = mid)  {b[k] = a[i]; i + +; k + +;}
  while(j < = high) {b[k] = a[j]; j + +; k + +;}
  for(k = 0,i = low;i < = high;k + +,i + +)
      a[i] = b[k];      /* 排序完成 */
}

void Merge_Sort(int a[],int low,int high)
```

```
{ int mid;
  if(low<high) /*区间长度大于1*/
  { mid=(low+high)/2;
    Merge_Sort (a,low,mid);
    Merge_Sort (a,mid+1,high);
    Merge(a,low,mid,high);
  }
}
```

算法8.7

对 n 个元素的表，将这 n 个元素看作叶结点，若将两两归并生成的子表看作它们的父结点，则归并过程对应于由叶结点向根结点生成一棵二叉树的过程。所以归并趟数约等于二叉树的高度减1，即 $\log_2 n$，每趟归需移动记录 n 次，故时间复杂度为 $O(n\log_2 n)$。

【例8-2】 编程实现二路归并排序。

```
#include<stdio.h>
#define MaxSize 5
void Merge(int a[], int low, int mid, int high) /*实现一趟归并排序*/
{ int b[MaxSize],i,j,k;
  i=low,j=mid+1,k=0; /*置初始值*/
  while(i<=mid && j<=high)
  {
   if(a[i]<=a[j]){b[k]=a[i]; i++; k++;}
   else {b[k]=a[j]; j++; k++;}
  }
  while(i<=mid)  {b[k]=a[i]; i++; k++;}
  while(j<=high) {b[k]=a[j]; j++; k++;}
  for(k=0,i=low;i<=high;k++,i++)
  a[i]=b[k];     /*排序完成*/
}
void Merge_Sort(int a[],int low,int high)
{ int mid;
  if(low<high) /*区间长度大于1*/
  { mid=(low+high)/2;
    Merge_Sort (a,low,mid);
    Merge_Sort (a,mid+1,high);
    Merge(a,low,mid,high);
  }
}
void main()
{ int i;
  int a[MaxSize]={49,38,65,97,76,13,27};/*初始化数据表*/
        printf("待排序的数据元素\n");
        for(i=0;i<MaxSize;i++)
            printf("%d  ",a[i]);
```

```
        printf("\n");
        Merge_Sort (a,0,MaxSize -1);/* 开始排序 * /
        printf("\n 排序后的数据元素 \n");
        for(i =0;i <MaxSize;i + +)
            printf("% d  ",a[i]);
    printf("\n");
}
```

运行结果如下：

```
待排序的数据元素
49  38  65  97  76  13  27

排序后的数据元素
13  27  38  49  65  76  97
```

8.6 基数排序

基数排序是一种借助于多关键码排序的思想，它是将单关键码按基数分成“多关键码”进行排序的方法。

1. 多关键码排序

一副扑克中有52张牌，可按花色和点数分成两个字段，其大小关系如下。

花色：梅花 < 方块 < 红桃 < 黑桃；

点数：2 <3 <4 <5 <6 <7 <8 <9 <10 <J <Q <K <A。

若对扑克牌按花色、点数进行升序排序，得到如下序列：

梅花2，3，…，A；方块2，3，…，A；红桃2，3，…，A；黑桃2，3，…，A。

即两张牌，若花色不同，不论点数怎样，花色低的那张牌总是会小于花色高的，只有在同花色的情况下，大小关系才由点数的大小确定。这就是多关键码排序。为得到排序结果，我们讨论两种排序方法。

方法1：先对花色排序，将其分为4个组，即梅花组、方块组、红桃组、黑桃组；再对每个组分别按点数进行排序；最后，将4个组连接起来即可。

方法2：先按13个点数给出13个编号组（2，3，…，A），将牌按点数依次放入对应的编号组，分成13堆。再按花色给出4个编号组（梅花、方块、红桃、黑桃），将2号组中的牌取出分别放入对应的花色组，再将3号组中的牌取出分别放入对应的花色组，……，这样，4个花色组中均按点数有序排列，然后，将4个花色组依次连接起来即可。

设 n 个元素的待排序列包含 d 个关键码 $\{k^1, k^2, \cdots, k^d\}$，则称序列对关键码 $\{k^1, k^2, \cdots, k^d\}$ 有序是指：对于序列中任意两个记录 a[i] 和 a[j]（$1 \leqslant i \leqslant j \leqslant n$）都满足下列有序

关系：

$$(k_i^1, k_i^2, \cdots, k_i^d) < (k_j^1, k_j^2, \cdots, k_j^d)$$

其中，k^1称为最主位关键码，k^d称为最次位关键码。

2. 链式基数排序

基数排序是一种借助于多关键码排序的思想，将单关键码按基数分成“多关键码”进行排序的方法。它可以通过“分配”和“收集”这两种操作来实现排序。

将关键码拆分为若干项，每项作为一个“关键码”，则对单关键码的排序可按多关键码排序方法进行。比如，关键码为 4 位的整数，则可以使每位对应一项，将其拆分成 4 项；又如，关键码是由 5 个字符组成的字符串，可以将每个字符作为一个关键码。由于这样拆分后，每个关键码都在相同的范围内（对于数字是 0 ~ 9，字符是‘a’ ~ ‘z’），称这样的关键码可能出现的符号个数为“基”，上述以数字为关键码的“基”为 10；以字符为关键码的“基”为 26。

一般地，记录 a[i]的关键码是由 d 位数字组成，即 $k_{d-1}k_{d-2}\cdots k_0$，每一个数字表示关键码的一位，其中 k_{d-1}为最高位，k_0 是最低位，如$5236 = 5 \times 10^3 + 2 \times 10^2 + 3 \times 10^1 + 6 \times 10^0$，每一位的值都在 $0 \leqslant k_i < r$ 的范围内，其中 r 称为基数。

例如，对于二进制数，r 为 2；对于十进制数，r 为 10。基数排序有两种：最低位优先和最高位优先。最低位优先的过程是：先按最低位的值对记录进行排序，在此基础上，再按次低位进行排序，依此类推。由低位向高位，每趟都是根据关键码的一位并在前一趟的基础上对所有记录进行排序，直至最高位，从而完成基数排序的整个过程。

基数排序可以利用多次的分配和收集过程进行排序。

关键码的长度为 d，其每位的基数为 r。首先，按关键码最低位值的大小依次将记录分配到 r 个队列中，然后依次收集；随后按关键码次最低位的值的大小依次对记录进行分配和收集；如此反复，直到完成按关键码最高位的值对记录进行分配和收集。基数排序需要从关键码的最低位到最高位进行 d 趟分配和收集，时间复杂度为 $O(d(n+r))$，其缺点是需要占用额外的内存空间来存放队列指针。

【例 8-3】 设待排序的表有 10 个记录，其关键码为 {278，109，063，930，589，184，505，269，008，083}，说明采用基数排序方法进行排序的过程。

图 8-12a：初始记录的静态链表。

图 8-12b：第一趟按个位数分配，修改结点指针域，将链表中的记录分配到相应链队列中。图 8-12c：对第一趟按个位数分配得到的链队列（见图 8-12b）从左向右、从下向上进行第一趟收集，然后将各队列链接起来，形成单链表。图 8-12d：第二趟按十位数分配，修改结点指针域，将链表中的记录分配到相应链队列中。图 8-12e：进行第二趟收集，将各队列链接起来，形成单链表。图 8-12f：第三趟按百位数分配，修改结点指针域，将链表中的记录分配到相应链队列中。图 8-12g：进行第三趟收集，将各队列链接起来，形成单链表。此时，序列已有序。

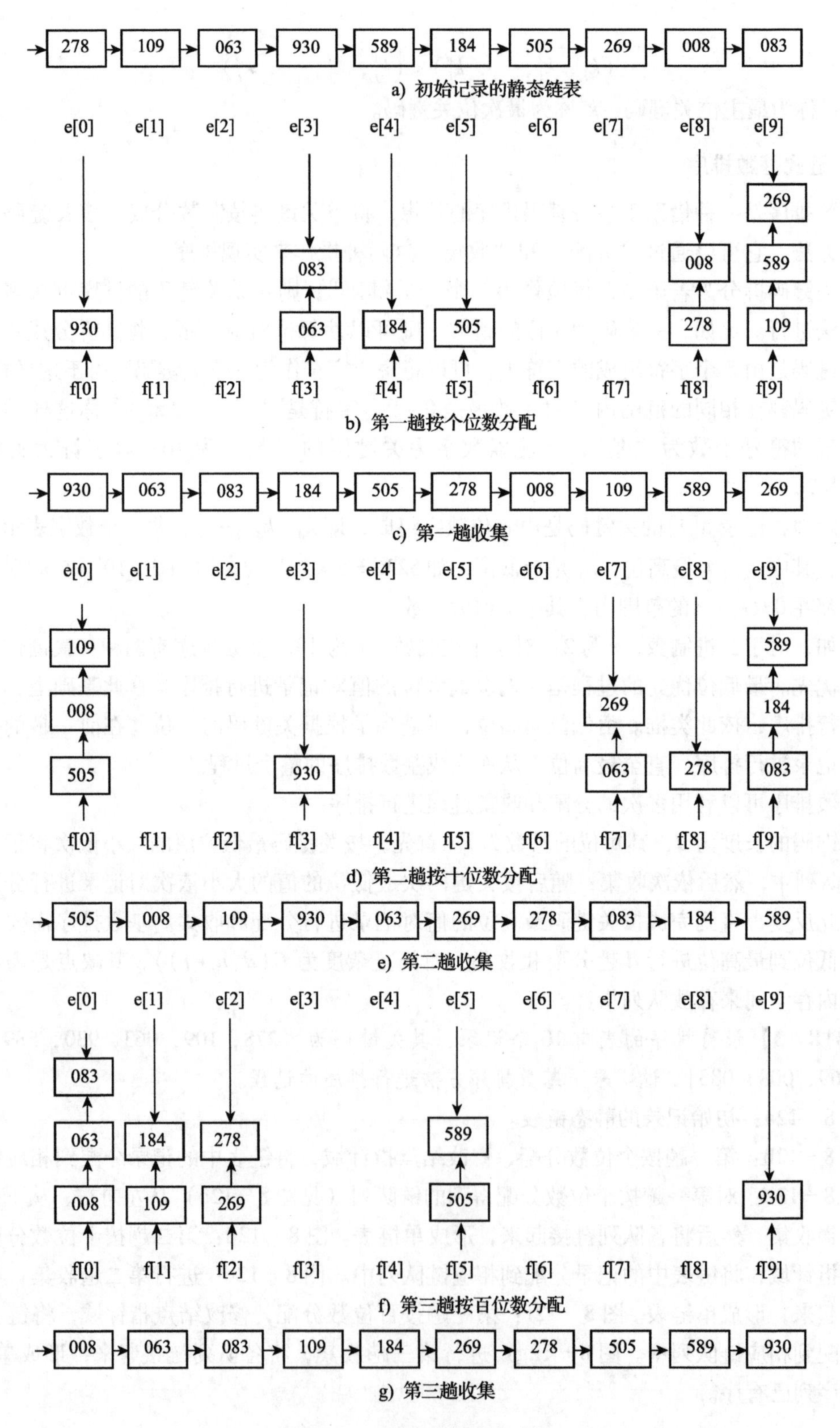

图 8-12　链式基数排序过程

具体实现方法如下：

```
#include <stdio.h>
#include <stdlib.h>
#define N 3 /* 线性表结点数 */
#define M 10 /* 基数 0 ~9 */
#define D 3 /* 关键字位数 */
typedef struct /* 静态链结点结构,3 位数 */
{  int key[D]; /* 设关键字为 D 元组 */
   int next; /* 静态链指针 */
}Node;
Node List[N];/* 定义静态链表 */
int f[M],e[M];/* 定义队列首、尾指示器 */
int head,end; /* 定义静态链表的首、尾指针为全局变量 */
void Radix_Sort(void)/* 对静态链表 List[0 ~n -1]进行基数排序 */
{ int i,j,k;
  for (i =0;i <N -1;i + +)/* 置 List 为单向静态链表 */
     List[i].next = i +1;
  List[N -1].next = -1;     /* 将静态链表 List 的终端结点指针置空 */
  head =0;                  /* 初始化静态链表的头指针 */
  for (j =D -1;j > =0;j - -)/* 进行第 j 趟分配与收集,共 D 趟 */
    { for (i =0;i <M;i + +)  f[i] = -1;   /* 初始化队列首指针 */
     while (head!= -1)              /* 按关键字第 i 位上的值进行分配 */
      {k = List[head].key[j];   /* 置队列号 */
       if (f[k] = = -1) f[k] =head;      /* 队空时,将 List 链至队首 */
        else List[e[k]].next =head;   /* 队非空时,将 List 链到队尾 */
        e[k] =head;                 /* 修改队尾指针 */
        head =List[head].next;        /* 开始下一个结点 */
      }
     i =0;                         /* 收集第 j 趟分配的结果 */
     while (f[i] = = -1) i + +;         /* 查找第一个非空队列 */
     head = f[i];                    /* 置当前链表首指针 */
     end =e[i];                    /* 初始化当前链表尾指针 */
     while (i <M -1)                /* 逐个链接非空队列 */
     { i + +;
       if (f[i]!= -1) { List[end].next = f[i];end =e[i];}
     }
     List[end].next = -1; /* 本趟收集完毕,置链表终端结点指针为空 */
  }
}
void main( )                    /* 主程序 */
{  int i,p;
   system("cls");                          /* 清屏 */
   printf("输入 % d 个关键字: \n" ,N);
   for (i =0;i <N;i + +)  /* 确定静态链表中各结点的关键码 */
      scanf("% d% d% d,",&List[i].key[0],&List[i].key[1],&List[i].key[2]);
   Radix_Sort();         /* 调用基数排序函数 */
```

```
    p = head;
    printf("排序结果为: \n");
    while (p!= -1)        /* 输出排序后静态链表中的关键码 */
    { printf("% d % d % d\n",List[p].key[0],List[p].key[1],List[p].key[2]);
        p = List[p].next;    /* 取静态链表中的下一结点 */
    }
}
```

运行结果如下：

```
输入3个关键码:
1 2 3,0 9 5,2 5 8
排序结果为:
0 9 5
1 2 3
2 5 8
```

输入数据时，数据间要用“，”间隔开，同一数据如123，位之间要用空格间隔开，如：
123, 095, 258
这是程序设计要求的。读者也可修改程序。

分析：时间效率——设待排序列有 n 个记录，d 个关键码，关键码的取值范围为 radix，则进行链式基数排序的时间复杂度为 $O(d(n+\mathrm{radix}))$，其中，一趟分配时间复杂度为 $O(n)$，一趟收集时间复杂度为 $O(\mathrm{radix})$，共进行 d 趟分配和收集。

空间效率——需要 2 * radix 个指向队列的辅助空间，以及用于静态链表的 n 个指针。

总结上述内部排序方法，可以分为五类：插入排序、选择排序、交换排序、归并排序和分配排序，如表 8-1 所示。

表 8-1　内部排序方法

名称	分类	时间复杂度			复杂性	空间复杂度	稳定性
		最坏	最好	平均			
插入排序	直接插入排序	$O(n^2)$	$O(n)$	$O(n^2)$	简单	$O(1)$	稳定
	希尔排序	$O(n^{1.3})$			较复杂	$O(1)$	不稳定
交换排序	冒泡排序	$O(n^2)$	$O(n)$	$O(n^2)$	简单	$O(1)$	稳定
	快速排序	$O(n^2)$	$O(n\log_2 n)$	$O(n\log_2 n)$	较复杂	$O(1)$	不稳定
选择排序	简单选择排序	$O(n^2)$	$O(n^2)$	$O(n^2)$	简单	$O(1)$	不稳定
	堆排序	$O(n\log_2 n)$	$O(n\log_2 n)$	$O(n\log_2 n)$	较复杂	$O(1)$	不稳定
归并排序	二路归并排序	$O(n\log_2 n)$	$O(n\log_2 n)$	$O(n\log_2 n)$	较复杂	$O(n)$	稳定
分配排序	基数排序	$O(d(n+r))$	$O(d(n+r))$	$O(d(n+r))$	较复杂	$O(r+n)$	稳定

8.7　应用举例

【例 8-4】 学生管理系统中的学生总成绩排序模块设计。

要求：学生信息包括学号、数学成绩、英语成绩和总成绩内容，输入学生信息后，要求按照总成绩从高到低的顺序输出。

实现：利用冒泡排序实现学生成绩排序功能。

知识点：冒泡排序的算法。

```
#include "stdio.h"
typedef struct
{ int id;//学号
  int math;//数学成绩
  int english;//英语成绩
  int sumscore;//总成绩
}stu;
void Bubble_Sort(stu a[],int n) //冒泡排序函数
{  int i,j;
   stu temp;
   for(i=0;i<n-1;i++)
       for(j=n-1;j>i;j--)
       {   if(a[j].sumscore<a[j-1].sumscore)
           {   temp=a[j];
               a[j]=a[j-1];
               a[j-1]=temp;
           }
       }
}
main()
{ stu a[5];
  int i;
  printf("请输入学号,数学成绩,英语成绩(用,隔开):\n");
  for(i=0;i<5;i++)
  {   scanf("%ld,%d,%d",&a[i].id,&a[i].math,&a[i].english);
      a[i].sumscore=a[i].math+a[i].english;
  }
  Bubble_Sort(a,5);//调用冒泡排序函数
  printf("冒泡排序后的结果:\n");
  printf("学号,数学,英语,总成绩:\n");
   for(i=0;i<5;i++)
   { printf("%ld,  %d,  %d,  %d\n",a[i].id,a[i].math,a[i].english,a[i].sumscore);
   }
}
```

```
请输入学号,数学成绩,英语成绩<用,隔开>:
101,85,96
102,75,68
103,80,75
104,98,65
105,87,92
冒泡排序后的结果:
```

```
学号,数学,英语,总成绩:
102, 75, 68, 143
103, 80, 75, 155
104, 98, 65, 163
105, 87, 92, 179
101, 85, 96, 181
```

8.8 习题

1. 名词解释

(1) 排序

(2) 稳定排序

(3) 不稳定排序

(4) 内部排序

(5) 外部排序

2. 判断题

(1) 堆排序是一种稳定的排序算法。 ( )

(2) 当输入序列已经有序时，冒泡排序需要的排序码比较次数比快速排序要少。( )

(3) 若将一批杂乱无章的数据按堆结构组织起来，则堆中各数据必然会按自小到大的顺序排列起来。 ( )

(4) 任何基于排序码比较的算法，对 n 个数据对象进行排序时，最坏情况下的时间复杂度不会低于 $O(n\log_2 n)$。 ( )

(5) 简单选择排序是一种稳定的排序方法。 ( )

3. 填空题

(1) 大多数排序算法都有两个基本的操作：________和________。

(2) 在对一组记录 {54, 38, 96, 23, 15, 72, 60, 45, 83} 进行直接插入排序时，当把第 7 个记录 60 插入到有序表时，为寻找插入位置至少需比较________次。

(3) 在插入和选择排序中，若初始数据基本正序，则选用________；若初始数据基本反序，则选用________。

(4) 在堆排序和快速排序中，若初始记录接近正序或反序，则选用________；若初始记录基本无序，则最好选用________。

(5) 对于 n 个记录的集合进行冒泡排序，在最坏的情况下所需要的时间是________；若对其进行快速排序，在最坏的情况下所需要的时间是________。

(6) 对于 n 个记录的集合进行归并排序，所需要的平均时间是________，所需要的附加空间是________。

(7) 对于 n 个记录的表进行二路归并排序，整个归并排序需进行________趟（遍）。

(8) 设要将序列 {Q, H, C, Y, P, A, M, S, R, D, F, X} 中的关键码按字母序的升序

重新排列，则冒泡排序一趟扫描的结果是________；初始步长为4的希尔排序一趟的结果是________；二路归并排序一趟扫描的结果是________；快速排序一趟扫描的结果是________；堆排序初始建堆的结果是________。

(9) 在堆排序、快速排序和归并排序中，若只从排序结果的稳定性考虑，则应选取________方法；若只考虑平均情况下最快，则应选取________方法；若只考虑最坏情况下最快并且要求节省内存，则应选取________方法。

4. 选择题

(1) 对5个不同的数据进行排序，至多需要比较（　　）次。

A. 8　　B. 9　　C. 10　　D. 25

(2) 从未排序序列中依次取出元素与已排序序列（初始时为空）中的元素进行比较，将其放入已排序序列的正确位置上的方法，称为（　　）。

A. 希尔排序　　B. 冒泡排序　　C. 插入排序　　D. 选择排序

(3) 从未排序序列中挑选元素，并将其依次插入已排序序列（初始时为空）的一端的方法，称为（　　）。

A. 希尔排序　　B. 归并排序　　C. 插入排序　　D. 选择排序

(4) 对 n 个不同的排序码进行冒泡排序，在下列哪种情况下比较的次数最多？（　　）

A. 从小到大排列好的　　B. 从大到小排列好的

C. 元素无序　　D. 元素基本有序

(5) 对 n 个不同的排序码进行冒泡排序，在元素无序的情况下比较的次数为（　　）。

A. $n+1$　　B. n　　C. $n-1$　　D. $n(n-1)/2$

(6) 快速排序在下列哪种情况下最易发挥其长处？（　　）

A. 被排序的数据已基本有序

B. 被排序的数据中含有多个相同排序码

C. 被排序的数据完全无序

D. 被排序的数据中的最大值和最小值相差悬殊

(7) 对有 n 个记录的表进行快速排序，在最坏情况下，算法的时间复杂度是（　　）。

A. $O(n)$　　B. $O(n_2)$　　C. $O(n\log_2 n)$　　D. $O(n_3)$

(8) 若一组记录的排序码为 {46, 79, 56, 38, 40, 84}，则利用快速排序的方法，以第一个记录为基准得到的一次划分结果为（　　）。

A. 38, 40, 46, 56, 79, 84

B. 40, 38, 46 , 79, 56, 84

C. 40, 38, 46, 56, 79, 84

D. 40, 38, 46, 84, 56, 79

(9) 下列关键码序列中，（　　）是堆。

A. 16, 72, 31, 23, 94, 53　　B. 94, 23, 31, 72, 16, 53

C. 16, 53, 23, 94, 31, 72　　D. 16, 23, 53, 31, 94, 72

(10) 堆是一种（　　）排序。

A. 插入　　B. 选择　　C. 交换　　D. 归并

（11）堆的形状是一棵（　　）。

A. 二叉排序树　B. 满二叉树　C. 完全二叉树　D. 平衡二叉树

（12）若一组记录的排序码为{46, 79, 56, 38, 40, 84}，则利用堆排序的方法建立的初始堆为（　　）。

A. 79, 46, 56, 38, 40, 84　　B. 84, 79, 56, 38, 40, 46

C. 84, 79, 56, 46, 40, 38　　D. 84, 56, 79, 40, 46, 38

（13）下述几种排序方法中，要求内存最大的是（　　）。

A. 插入排序　B. 快速排序　C. 归并排序　D. 选择排序

5. 编程

（1）编写程序，实现直接插入排序。

（2）编写程序，实现冒泡排序。

（3）编写程序，实现简单选择排序。

（4）编写程序，实现快速排序。

（5）编写程序，实现堆排序。

（6）编写程序，实现二路归并排序。

（7）编写程序，将上面的各种排序算法合并在一个综合程序中。

第9章

综合实例——旅游景区信息管理系统

本章要点

- 掌握数据结构的思想
- 体会数据结构与算法、程序之间的关系
- 掌握数据结构的实际应用的方法

只使用已有的数据结构来编写简单的程序并不利于读者对数据结构与算法的深入理解，以及研究新数据结构与算法的能力。因此，为了进一步提高读者运用数据结构与算法的水平，本章结合“旅游景区信息管理系统”的开发过程，仿照书中数据结构构造新数据结构的方法，或改造已有算法的过程，使读者具备构造新结构及改造或改进算法的能力。

9.1 项目需求

在旅游景区，经常会遇到游客打听从一个景点到另一个景点的最短路径和最短距离，这类游客不喜欢按照导游图的线路来游览，而是挑选自己感兴趣的景点游览。为了帮助这类游客查询信息，就需要计算出所有景点之间的最短路径和最短距离。采用 Dijkstra 算法或 Floyd 算法均可。建立一个景区旅游信息管理系统，实现开发旅游交通图最优查询系统设计，此案例利用数据结构中最短路径算法，采用C 语言实现系统设计。为了达到较好的教学效果，部分功能简化，只考虑节省时间，不考虑费用。假如存在如图 9－1 所示的旅游交通图，城市间的路线表示需要花费的时间（单位：分钟）。

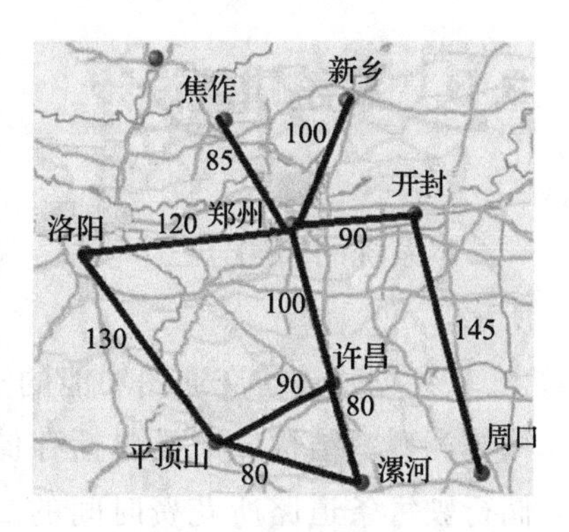

图 9－1　旅游交通图

本系统实现的功能及具体描述如下：

1）旅游交通图的创建，将各城市的名称和城市之间路线所花费的时间作为图的信息存储。

2）旅游交通图信息显示功能，利用表格的形式显示城市名称和城市之间路线所花费的时间信息，达到清晰可辨的效果。

3）城市间最短时间旅游路线查询功能。通过输入两个城市的名称，求出两个城市间最短时间旅游路线。

程序实现的旅游景区信息管理系统主界面如下所示。

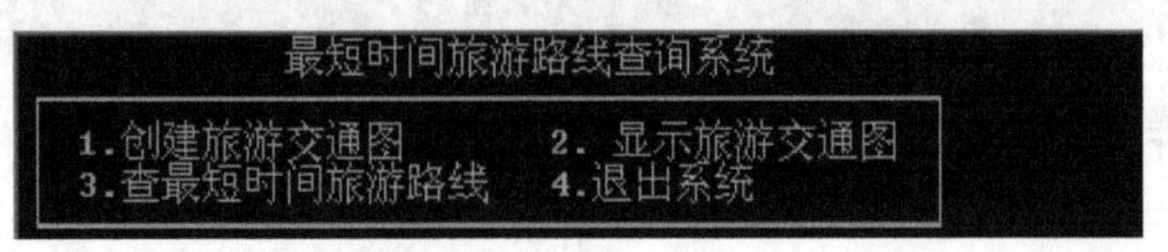

9.2 知识目标

该案例设计过程中涉及C语言程序设计课程的相关知识点，并涉及数据结构课程相关知识点，各知识点的具体应用如下：

1）掌握图的存储结构。图的存储结构包括邻接矩阵和邻接表表示方法，考虑到功能易于实现，该案例利用邻接矩阵表示法创建旅游交通图。

2）掌握最短路径算法。最短路径算法包括 Dijkstra 算法和 Floyd 算法，由于系统中将实现求每对城市间花费最短时间的功能，该案例利用 Floyd 算法，求出旅游交通图中每对城市间花费的最短时间，同时用户可以输入两个城市名称，可以查询两个城市间道路行驶花费的最短时间。

3）通过该案例可以巩固C语言程序设计中三大结构的使用，包括顺序结构、选择结构和循环结构，同时涉及函数的递归调用知识，例如城市的遍历输出。

4）掌握结构体的定义方法，该案例应用到结构体的知识，图的结构体成员包括存储城市名称的二维数组，存储行驶每条道路所花费时间的二维数组、城市数量和道路数量。

9.3 系统功能设计

本系统的实现分三个模块，系统具体功能模块如图9-2所示。

1）创建旅游交通图功能的实现。首先，定义交通图结构体类型，结构体成员包括存储城市名称的二维数组，存储行驶每条道路所花费时间的二维数组、城市数量和道路数量，数组大小满足旅游交通图要求即可；然后，利用图的邻接矩阵表示法依次输入城市数量和道路数量；最后，输入城市名称和每条道路行驶所花费的时间，交通图的创建结果如下所示。

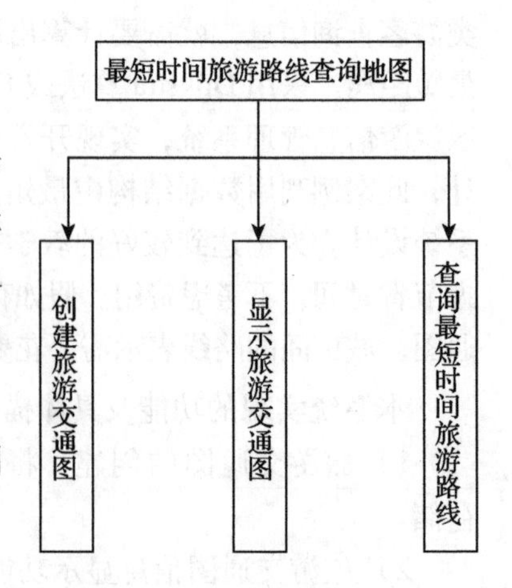

图9-2　系统具体功能模块图

```
请输入选项:1
输入城市数量:9
输入道路数量:10
第 1 个城市名称:郑州
第 2 个城市名称:洛阳
第 3 个城市名称:焦作
第 4 个城市名称:新乡
第 5 个城市名称:开封
第 6 个城市名称:平顶山
第 7 个城市名称:许昌
第 8 个城市名称:漯河
第 9 个城市名称:周口
输入第 1 条路起点和终点的编号(用,隔开):1,2
输入道路 <1,2 >行驶花费的时间:120
输入第 2 条路起点和终点的编号(用,隔开):1,3
输入道路 <1,3 >行驶花费的时间:85
输入第 3 条路起点和终点的编号(用,隔开):1,4
输入道路 <1,4 >行驶花费的时间:100
输入第 4 条路起点和终点的编号(用,隔开):1,5
输入道路 <1,5 >行驶花费的时间:90
输入第 5 条路起点和终点的编号(用,隔开):1,7
输入道路 <1,7 >行驶花费的时间:100
输入第 6 条路起点和终点的编号(用,隔开):2,6
输入道路 <2,6 >行驶花费的时间:130
输入第 7 条路起点和终点的编号(用,隔开):6,8
输入道路 <6,8 >行驶花费的时间:80
输入第 8 条路起点和终点的编号(用,隔开):7,8
输入道路 <7,8 >行驶花费的时间:80
输入第 9 条路起点和终点的编号(用,隔开):5,9
输入道路 <5,9 >行驶花费的时间:145
输入第 10 条路起点和终点的编号(用,隔开):6,7
输入道路 <6,7 >行驶花费的时间:90
```

2）旅游交通图信息显示功能。旅游交通图信息如下所示。

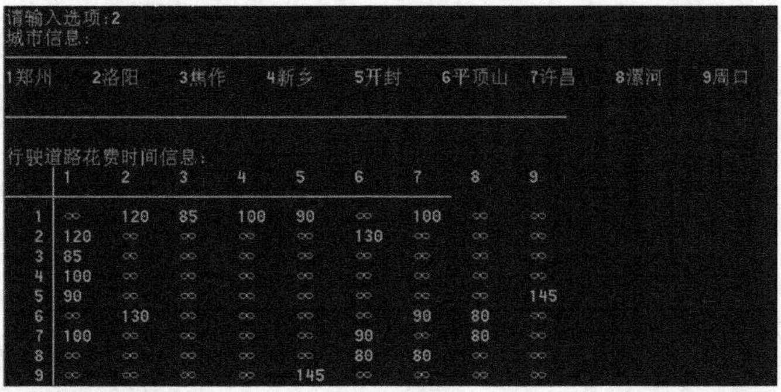

```
请输入选项:2
城市信息:
----------------------------------------------------------------------
1郑州    2洛阳    3焦作    4新乡    5开封    6平顶山  7许昌    8漯河    9周口

----------------------------------------------------------------------

行驶道路花费时间信息:
   |  1      2      3      4      5      6      7      8      9
----------------------------------------------------------------
 1 |  ∞      120    85     100    90     ∞      100    ∞      ∞
 2 |  120    ∞      ∞      ∞      ∞      130    ∞      ∞      ∞
 3 |  85     ∞      ∞      ∞      ∞      ∞      ∞      ∞      ∞
 4 |  100    ∞      ∞      ∞      ∞      ∞      ∞      ∞      ∞
 5 |  90     ∞      ∞      ∞      ∞      ∞      ∞      ∞      145
 6 |  ∞      130    ∞      ∞      ∞      ∞      90     80     ∞
 7 |  100    ∞      ∞      ∞      ∞      90     ∞      80     ∞
 8 |  ∞      ∞      ∞      ∞      ∞      80     80     ∞      ∞
 9 |  ∞      ∞      ∞      ∞      145    ∞      ∞      ∞      ∞
```

3）最短时间旅游路线求解和任意两个城市间最短时间旅游路线查询功能的实现。首先，利用 Floyd 算法，求出旅游交通图中每对城市间花费的最短时间，同时用户可以输入两个城市名称，如果城市存在，就可以查询两个城市间道路行驶花费的最短时间，否则，查询失败。最短时间旅游路线的求解结果如下。

```
输入两个城市名称:
郑州
平顶山
1,6
旅游最优路线为:郑州 - >许昌 - >平顶山
行驶花费最短时间为:190.0 分钟
```

9.4 数据结构

旅游城市的信息包括城市名称和近邻城市之间的通路和距离。用邻接链表存储城市分布图的信息。(带权无向) 图的邻接链表如下:

```
#include "stdio.h"
#include "string.h"
#define Num 10
typedef struct/* 旅游交通图结构体 * /
{  char citys[Num][8]; /* 存储城市名称,Num 为交通图中所包含的最多城市数量 * /
   int time[Num][Num];/* 利用矩阵存储行驶每条道路所花费的时间 * /
   int citynum,roadnum;/* 城市数量和城市间道路的数量 * /
}mgraph;
```

9.5 程序清单

```
#include "stdio.h"
#include "string.h"
#define Num 10
typedef struct/* 旅游交通图结构体 * /
{  char citys[Num][8]; /* 存储城市名称,Num 为交通图中所包含的最多城市数量 * /
   int time[Num][Num];/* 利用矩阵存储行驶每条道路所花费的时间 * /
   int citynum,roadnum;/* 城市数量和城市间道路的数量 * /
}mgraph;
int path[Num][Num];
void Create_Net(mgraph *g)/* 利用邻接矩阵创建旅游交通图 * /
{  int i,j,k;
   int t;
   printf("输入城市数量:"); scanf("% d",&g - >citynum);
```

```
    printf("输入道路数量:"); scanf("% d",&g - >roadnum);
    getchar();
    for(i =1;i < =g - >citynum;i + +)/* 输入城市信息 * /
    { printf("第% d个城市名称:",i); gets(g - >citys[i]); }
     for(i =1;i < =g - >citynum;i + +)/* 初始化矩阵 * /
          for(j =1;j < =g - >citynum;j + +)
          g - >time[i][j] =999; /* 假设999 就是矩阵中的∞ * /
     for(k =1;k < =g - >roadnum;k + +)/* 输入边的信息和每条道路花费的时间 * /
     {  printf("输入第% d条路起点和终点的编号(用,隔开):",k);
        scanf("% d,% d",&i,&j);
        printf("输入道路 < % d,% d >行驶花费的时间:",i,j);
        scanf("% d",&t);
        g - >time[i][j] =t;
        g - >time[j][i] =t;
     }
}
void Pri_Net(mgraph * g)/* 打印旅游交通图信息 * /
{  int i,j;
   printf("城市信息:");
   printf("\n————————————————\n");
   for(i =1;i < =g - >citynum;i + +)printf("% d% -6s",i,g - >citys[i]);
   printf("\n————————————————\n");
   printf("\n行驶道路花费时间信息:\n");
   printf("     |");
   for(i =1;i < =g - >citynum;i + +)printf("% -6d",i);
   printf("\n————┼———————————\n");
   for(i =1;i < =g - >citynum;i + +)
   {  printf("% 4d|",i);
      for(j =1;j < =g - >citynum;j + +)
         if(g - >time[i][j] = =999)
            printf("∞     ");
         else printf("% -6d",g - >time[i][j]);
      printf("\n");
   }
}
void Put_Path(int i,int j,mgraph * g)/* 用递归实现遍历路径 * /
{    int k;
     k =path[i][j];
     if(k = = -1)return;/* 没有中间点 * /
     Put_Path(i,k,g);
     printf("% s - >",g - >citys[k]);
     Put_Path(k,j,g);
}
void Min_Path(mgraph * g)/* 求最短路径 * /
{
    int i,j,k,c1 =0,c2 =0;
    float d[Num][Num];
    char city1[8],city2[8];
    for(i =1;i < =g - >citynum;i + +)
       for(j =1;j < =g - >citynum;j + +)
```

```
        { d[i][j]=g->time[i][j];
          path[i][j]=-1;
        }
    for(k=1;k<=g->citynum;k++)//以1,2….为中间点
    { for(i=1;i<=g->citynum;i++)
        for(j=1;j<=g->citynum;j++)
         if((d[i][k]+d[k][j]<d[i][j])&&(i!=j)&&(i!=k)&&(j!=k))//递推
         { d[i][j]=d[i][k]+d[k][j];
           path[i][j]=k;//记录最短路径经过的结点
         }
    }
    printf("输入两个城市名称:\n");
    gets(city1);
    gets(city2);
    for(i=1;i<=g->citynum;i++)//按照城市名称查找对应的下标
    { if(strcmp(g->citys[i],city1)==0)  c1=i;
      if(strcmp(g->citys[i],city2)==0)  c2=i;
    }
    printf("%d,%d\n",c1,c2);
    if(c1==0||c2==0)
       printf("其中一个城市不存在! \n");
    else
    { printf("旅游最优路线为:");
      printf("%s->",g->citys[c1]);
      Put_Path(c1,c2,g);
      printf("%s\n",g->citys[c2]);
      printf("行驶花费最短时间为:%-6.1f分钟\n",d[c1][c2]);
    }
}

main()
{
    int choice;
    mgraph net,*g;
    g=&net;
    printf("                最短时间旅游路线查询系统\n");
    printf("┌──────────────────────────────────┐\n");
    printf("│ 1.创建旅游交通图        2.显示旅游交通图  │\n");
    printf("│ 3.查最短时间旅游路线    4.退出系统        │\n");
    printf("└──────────────────────────────────┘\n");
    while(1)
    { printf("请输入选项:");
      scanf("%d",&choice);
      getchar();
      switch(choice)
      { case 1:Create_Net(g);break;
        case 2:Pri_Net(g);break;
        case 3:Min_Path(g);break;
      }
      if(choice==4) break;
    }
}
```

第10章 实验

实验教学基本要求

读者可以通过实验及生动完整的实例掌握线性表（栈、队列）的存储结构（顺序和链式存储）、算法描述及应用；掌握数组的顺序存储和特殊矩阵的压缩存储；了解广义表和串的应用；掌握树的基本概念和术语，掌握二叉树的基本性质和特点，存储结构及算法描述，二叉树的遍历，树、森林与二叉树的转换；掌握最优二叉树（赫夫曼树）的特点及应用；掌握图的基本概念和术语、存储结构（邻接矩阵、邻接表）、图的遍历、图的连通性（最小生成树）；了解拓扑排序及关键路径和最短路径的应用及意义；掌握查找的基本概念、基于线性表的查找方法（顺序、折半）；了解基于树的查找方法（二叉排序树）；掌握插入类排序（直接插入排序、希尔排序）、交换类排序（冒泡排序、快速排序）；了解选择类排序、归并类排序和分配类排序；了解外部排序。使读者深刻理解信息在计算机中的组织和表示方法，为后续课打下良好的基础。

实验一　单链表操作

1. 实验目的

（1）了解单链表的结构特点。

（2）熟悉单链表的逻辑结构和链式存储结构。

（3）掌握单链表的基本算法及相关的时间性能分析。

2. 实验要求

链表的应用：约瑟夫环。

3. 实验内容

约瑟夫环：已知 n 个人（分别以编号1，2，3，…，n 表示）围坐在一张圆桌周围。从编号为 m 的人开始报数，数到 k 的那个人出列；他的下一个人又从1开始报数，数到 m 的那个人又出列；依此规律重复下去，直到圆桌周围的人全部出列。

例如：$n = 11$，$m = 3$，$k = 5$。

解答：出局人的顺序为7，1，6，2，9，5，4，8，11，3，10

操作步骤

以上就是约瑟夫环问题的实际场景，这个问题采用的是典型的循环链表的数据结构，要求在线性表上频繁地执行删除元素操作，所以采用链表来处理比较合适。

1）建立一个具有 n 个链结点、无头结点的循环链表。

2）确定第一个报数人的位置。

3）不断地从链表中删除链结点，直到链表为空。

实验程序如下：

```
#include <stdio.h>
#include <stdlib.h>
#include <conio.h>
#define null 0
#define OK 1
#define ERROR 0
#define OVERFLOW -2
typedef int DataType;
typedef struct Cnode
{   DataType data;
    struct Cnode *next;
}Lnode;
Lnode *LinkList;
int Create_List(Lnode *clist,int n) //建立循环链表
{   Lnode *p,*q;
    int i;
    clist=null;
    for(i=n;i>=1;i--)
        { p=(Lnode *)malloc(sizeof(Lnode));
          if(p==null)return OVERFLOW;
          p->data=i;
          p->next=clist;
          clist=p;
          if(i==n) q=p;
        }
    q->next=clist;
    LinkList=clist;
    return OK;
}
int Joseph(Lnode *clist,int m,int n,int k)
{   int i; //n为总人数,m为第一个开始报数的人,k为出列者喊到的数
    Lnode *p,*q;
    if(m>n)return ERROR;
    p=LinkList;
    for(i=1;i<m;i++)
          p=p->next;
```

```
    while(p)
      { for(i =1;i <k -1;i + +)
          p =p - >next;
        q =p - >next;
        printf("% 4d",q - >data);
        if(p - >next = =p)
           p =null;
        else
          { p - >next =q - >next;
            p =p - >next;
            free(q);
          }
      }
    clist =null; return OK;
}
void main()
{   int m,n,k;
    Lnode *clist;
    clist =null;
    printf(" \n 请输入围坐在一张圆桌周围的人数 n:");
    scanf("% d",&n);
    printf(" \n 请输入第一次报数人的位号 m:");
    scanf("% d",&m);
    printf(" \n 输入出列者所报的数 k:");
    scanf("% d",&k);
    Create_List(clist,n);
    printf("出列数如下: \n");
    Joseph(clist,m,n,k);
    getch();
}
```

4. 实验结果

单链表实验程序运行结果如下：

```
请输入围坐在一张圆桌周围的人数 n:11
请输入第一次报数人的位号 m:3
输入出列者所报的数 k:5
出列数如下:
7  1  6  2  9  5  4  8  11  3  10
```

实验二　栈

1. 实验目的

（1）了解栈的结构特点及有关概念。

(2) 熟练掌握栈的基本操作。

(3) 能够在两种存储结构上实现栈的基本运算，特别注意栈满和栈空的判断条件及描述方法。

2. 实验要求

表达式求值（后缀表达式）的数据描述如下：

```
#define add 43 /*运算符加号'+'的ASCII码*/
#define subs 45 /*运算符减号'-'的ASCII码*/
#define mult 42 /*运算符乘号'*'的ASCII码*/
#define div 47   /*运算符除号'/'的ASCII码*/
typedef struct
{ int stkdata[MaxSize];/*用数组来表示栈空间,定义长度为MaxSize的堆栈*/
  int top; /*栈顶*/
}StackNode;
typedef StackNode *STK;
typedef enum{True =1,False =0} Bool;
typedef enum{ok,error} status;
```

3. 实验内容

实验程序如下：

```
#include <stdio.h>
#include <stdlib.h>
#define add 43
#define subs 45
#define mult 42
#define div 47
#define MaxSize 100
typedef struct
{ int stkdata[MaxSize];/*用数组来表示栈空间,定义长度为MaxSize的堆栈*/
  int top; /*栈顶*/
}StackNode;
typedef StackNode *STK;
typedef enum{ok,error} status;
StackNode expStackNode;
STK expSTK;
STK Init_LinkStack(StackNode *stack_zone)/*执行栈初始化,建栈指针*/
{ STK p;
  p=stack_zone;
  p->top=0;
  return p;
}
status Push_LinkStack(int *term,STK pstk)/*将一结构型数据送入栈中*/
{ if(pstk->top==MaxSize)
```

```
  return error; /* 栈满,进栈失败 */
  pstk->stkdata[pstk->top] = *term;
  (pstk->top)++;/* 栈顶指针移动 */
  return ok;
}
bool Empty_LinkStack(STK pstk) /* 判断栈是否为空栈 */
{ return(pstk->top==0);
}
status Pop_LinkStack(int *pdata, STK pstk)
{
/* 从栈中取出一结构型数据 */
if(Empty_LinkStack(pstk))
return error;
(pstk->top)--;/* 退栈 */
*pdata =pstk->stkdata[pstk->top];
return ok;
}
int Eval(char tag,int a1,int a2)
{ switch(tag)
      { case add:return(a1+a2); break;
        case subs:return(a1-a2); break;
        case mult:return(a1*a2); break;
        case div:return(a1/a2); break;
      }
}
void main()
{ char c;
  int opd1,opd2,temp,c1;
  expSTK=Init_LinkStack(&expStackNode);
  printf("\n 后置表达式: ");
  while((c=getchar())!='\n')
{if(c=='') continue;
    if((c>47)&&(c<58)) /* 判断是否是0~9的字符 */
    { putchar(c);
      c1=c-48; /* 把输入的字符型数字转换成数字 */
      if(Push_LinkStack(&c1,expSTK)==error) /* 运算分量进栈 */
        { printf("\n 表达式太长 \n"); exit(0);}
    }
  else if((c==add)||(c==subs)||(c==mult)||(c==div))
  { putchar(c);
      if(Pop_LinkStack(&opd1,expSTK)==error) /* 将运算量1出栈 */
          printf(" \n 表达式语法错! ");
      if(Pop_LinkStack(&opd2,expSTK)==error) /* 将运算量2出栈 */
          printf(" \n 表达式语法错! ");
          temp=Eval(c,opd2,opd1);/* 计算得到结果 */
          Push_LinkStack(&temp,expSTK);/* 将运算结果进栈 */
  }
```

```
    else printf( " \n 表达式语法错! " );/* 出现非法字符 * /
    } /* while * /
  if(Pop_LinkStack(&opd1,expSTK) = = error) printf( " \n 表达式语法错! " );
  if(! (Empty_LinkStack(expSTK))) printf( " \n 表达式语法错! " );
  printf(" = % -3d \n",opd1);
}
```

4. 实验结果

输入：23 + ↙

输出：=5（即求 2 +3 的结果）

栈的实验程序运行结果如下：

```
后置表达式:23 +
23 + =5
```

输入：145 * +3/3 - ↙

输出：4［即求（1 +4 *5）/3 –3 的结果］

栈的实验程序运行结果如下：

```
后置表达式:145 * +3 /3 -
145 * +3 /3 - =4
```

实验三　队列

1. 实验目的

（1）了解队列的特点及存储结构。

（2）熟悉队列存储结构实现的基本算法。

（3）掌握队列基本操作的实现算法。

2. 实验要求

利用队列的性质，写出杨辉三角的算法，要求输出杨辉三角的图形。

3. 实验内容

将二项式$(a+b)^n$展开，其系数构成杨辉三角，表中的第 k 行（$k=0$，1，…，n）有 $k+1$ 个数，除了第一个数和最后一个数为 1 之外，其余的数则为上一行中位于其左、右的两数之和。按行将展开式系数的前 n 行显示结果如下：

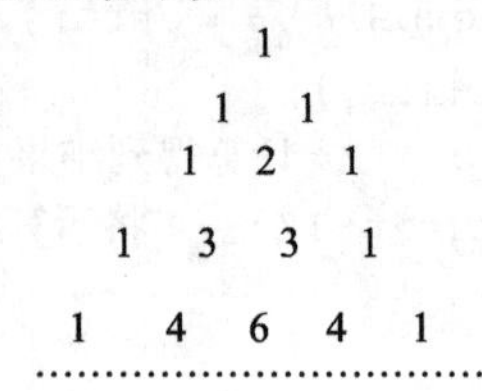

利用循环队列实现杨辉三角的程序如下：

```
#include <malloc.h>
#include <stdio.h>
#define MaxSize 20
int N;
typedef struct {
    int *base;
    int front;
    int rear;
}SqQueue;//定义队列

bool InitQueue(SqQueue &Q)//初始化队
{
    Q.base=(int *)malloc(MaxSize *sizeof(int));
    if (! Q.base)
    {
        printf("OVERFLOW\n");
        return false;
    }
    Q.front=0;
    Q.rear=0;
    return true;
}

bool QueueEmpty(SqQueue Q)//判断队是否空
{
    if (Q.front==Q.rear)
    {
        return true;
    }
    else
        return false;
}

int GetHead(SqQueue Q,int &e)//取队头元素
{
    if (QueueEmpty(Q))
    {
        return -1;
    }
    else
    {
        e=Q.base[Q.front];
        return 0;
    }
}
```

```
int QueueLength(SqQueue Q) //求队长
{
    return (Q.rear - Q.front + MaxSize)% MaxSize;
}

bool EnQueue(SqQueue &Q,int e) //入队
{
    if (Q.front = =(Q.rear +1)% MaxSize)
    {
        printf("Queue full \n");
        return false;
    }
    Q.base[Q.rear] =e;
    Q.rear =(Q.rear +1)% MaxSize;
    return true;
}

bool DeQueue(SqQueue &Q,int &e) //出队
{
    if (Q.front = =Q.rear)
    {
        printf("Queue empty \n");
        return false;
    }
    e =Q.base[Q.front];
    Q.front =(Q.front +1)% MaxSize;
    return true;
}

void print_n(int n) //打印 N*3 个空格
{
    int i;
    for(i =0;i <n;i + +)
    {
        printf("   ");
    }
}

void C_Queue(SqQueue &Q,int e) //产生杨辉三角并输出
{
    int m =0;
    int pre;
    int i;
    printf("% d:",e);
    print_n(N - e);
    for(i =0;i < =e;i + +)
```

```
    {  pre = m;
       DeQueue(Q,m);
       printf("%3d   ",m);
       EnQueue(Q,m + pre);
    }
    EnQueue(Q,m);
    printf("\n");
}

int main(int argc, char * argv[])
{
    SqQueue Q;
    InitQueue(Q);
    int i;
    int n;
    printf("请输入杨辉三角的阶数(0 -12):");
    scanf("%d",&n);
    N = n;
    if (n >12 || n <0)
    {
        printf("输入不合法\n");
        return -1;
    }
    EnQueue(Q,1);
    for(i = 0;i < = N;i + +)
    {
        C_Queue(Q,i);
    }
    return 0;
}
```

4. 实验结果

程序运行后输出的杨辉三角如下：

```
请输入杨辉三角的阶数(0 -12):5
0:              1
1:           1     1
2:         1    2     1
3:       1    3    3    1
4:    1    4    6    4    1
5:  1   5   10   10   5    1
Press any key to continue
```

实验四　二叉树

1. 实验目的

(1) 理解二叉树的定义、性质及存储方式。

(2) 掌握创建二叉树和实现二叉树的三种遍历。

2. 实验要求

(1) 采用二叉链表结构创建二叉树。

(2) 实现二叉树的三种遍历以及层次遍历。

(3) 统计叶子结点数。

(4) 统计树的结点总数。

3. 实验内容

实验程序如下：

```
#include "stdio.h"
#include "string.h"
#include "stdlib.h"
#define Max 20 //结点的最大个数
typedef struct tnode
{   char data;
    struct tnode *lchild, *rchild;
}tnode; //自定义二叉树的结点类型
typedef tnode *tree; //定义二叉树的指针
int NodeNum,leaf; //NodeNum 为结点数,leaf 为叶子数
tree Create_Tree(void) /*基于先序遍历算法创建二叉树*/
{   tree T;
    char ch;
    if((ch=getchar())=='#') return(NULL); //读入#,返回空指针
    else{    T=(tnode*)malloc(sizeof(tnode));   //生成结点
             T->data=ch;
             T->lchild=Create_Tree();         //构造左子树
             T->rchild=Create_Tree();         //构造右子树
             return(T);
         }
}
void Preorder(tree T)/*先序遍历*/
{ if(T) {  printf("%c",T->data);  //访问结点
           Preorder(T->lchild);    //先序遍历左子树
           Preorder(T->rchild);    //先序遍历右子树
        }
}
void Inorder(tree T)/*中序遍历*/
{ if(T)
```

```
    { Inorder(T->lchild);          //中序遍历左子树
     printf("%c",T->data);     //访问结点
     Inorder(T->rchild);        //中序遍历右子树
     }
}
void Postorder(tree T)/*后序遍历*/
{  if(T){  Postorder(T->lchild);     //后序遍历左子树
           Postorder(T->rchild);     //后序遍历右子树
           printf("%c",T->data);     //访问结点
        }
}
int TreeDepth(tree T)/*采用后序遍历求二叉树的深度、结点数及叶子数的递归算法*/
{   int hl,hr,max;
    if(T){ hl=TreeDepth(T->lchild);     //求左深度
           hr=TreeDepth(T->rchild);     //求右深度
           max=hl>hr? hl:hr;              //取左、右深度的最大值
           NodeNum=NodeNum+1;              //求结点数
           if(hl==0 && hr==0) leaf=leaf+1;  //若左、右深度为0,即为叶子
           return(max+1);
         }
    else return(0);
}
void Levelorder(tree T)/*利用队列的先进先出性质,按层次遍历二叉树*/
{   int front=0,rear=1;
    tnode *cq[Max],*p;   //定义结点的指针数组cq
    cq[1]=T;              //根入队
    while(front!=rear)
    {   front=(front+1)%NodeNum;
        p=cq[front];                   //出队
        printf("%c",p->data);      //出队,输出结点的值
    if(p->lchild!=NULL)
       { rear=(rear+1)%NodeNum;  cq[rear]=p->lchild; }      //左子树入队
    if(p->rchild!=NULL)
       { rear=(rear+1)%NodeNum; cq[rear]=p->rchild; }     //右子树入队
    }
}
void main()
{  tree root;
   int i,depth;
   printf("\n");
   printf("先序输入二叉树结点值,构造二叉树:"); /*输入完全二叉树的先序序列*/
   root=Create_Tree();         //创建二叉树,返回根结点
   printf("\t************************\n");
   printf("\t1:先序遍历\n");
   printf("\t2:中序遍历\n");
   printf("\t3:后序遍历\n");
   printf("\t4:树的深度、结点数、叶子数\n");
```

```
    printf("\t5: 层次遍历\n"); //按层次遍历之前,先选择4,求出该树的结点数
    printf("\t0: 退出\n");
    printf("\t*****************************\n");
    do { scanf("%d",&i);       //输入菜单序号(0-5)
        switch (i)
          { case 1: printf("先序遍历: ");Preorder(root); break;
            case 2: printf("中序遍历: ");Inorder(root); break;
            case 3: printf("后序遍历: ");Postorder(root); break;
            case 4: depth = TreeDepth(root);
                    printf("树的深度 = %d  结点数 = %d",depth,NodeNum);
                    printf("  叶子数 = %d",leaf);
                    break;
            case 5: printf("按层次遍历: ");Levelorder(root);break;
            default: exit(1);
            }
            printf("\n");
      } while(i! =0);
}
```

4. 实验结果

输入二叉树的先序序列并以“#”结束，例如 {ABD###CE##F##}，建立二叉树，遍历结果如下：

```
先序输入二叉树结点值,构造二叉树:ABD###CE##F##
********************
1:先序遍历
2:中序遍历
3:后序遍历
4:树的深度、结点数、叶子数
5:层次遍历
0:退出
********************
1
先序遍历:ABDCEF
2
中序遍历:DBAECF
3
后序遍历:DBEFCA
4
树的深度 =3   结点数 =6   叶子数 =3
5
按层次遍历:ABCDEF
6
Press any key to continue
```

实验五　图的遍历操作

1. 实验目的

（1）了解图的邻接矩阵存储方式，掌握构造图的邻接矩阵算法及在此结构上遍历图的操作。

（2）掌握图的邻接表表示方法及实现技术，掌握在图的邻接表表示方式下的图的遍历操作。

（3）完成对图的创建，并实现图的深度优先遍历和广度优先遍历。

2. 实验要求

（1）分别采用邻接矩阵和邻接表作为图的存储结构。

（2）完成图的深度优先遍历及广度优先遍历的操作，输入的数据要为整型数据。

3. 实验内容

（1）邻接表的实验程序如下：

```
#include "stdio.h"
#include "stdlib.h"
#define MaxSize 50
typedef struct node
{ int adjvex;
  struct node *next;
}ENode;
typedef struct vnode
{ char vertex;
  ENode *firstedge;
}VNode;
typedef VNode AdjList[MaxSize];
typedef struct
{ AdjList adjlist;
  int n,e;
}ALGraph;
void Create_ALGraph(ALGraph *G)
{ int i,j,k;
  char a;
  ENode *s;
  printf("输入结点和边数(用,隔开):");
  scanf("%d,%d",&G->n,&G->e);
  scanf("%c",&a); /*接收回车符*/
  printf("输入结点字符串:");
  for(i=0;i<G->n;i++)
  { scanf("%c",&a);
```

```
    G->adjlist[i].vertex=a;
    G->adjlist[i].firstedge=NULL;
  }
  printf("输入边(结点,结点)的形式,创建邻接表\n");
  for(k=0;k<G->e;k++)
  { scanf("%d,%d",&i,&j);
    s=(ENode *)malloc(sizeof(ENode));
    s->adjvex=j;
    s->next=G->adjlist[i].firstedge;
    G->adjlist[i].firstedge=s;
    s=(ENode *)malloc(sizeof(ENode));
    s->adjvex=i;
    s->next=G->adjlist[j].firstedge;
    G->adjlist[j].firstedge=s;
    }
}
typedef enum{True,False} Bool;
Bool visited[MaxSize];
void DFSM(ALGraph *G,int i)
{   ENode *p;
    printf("%c",G->adjlist[i].vertex);
    visited[i]=False;
    p=G->adjlist[i].firstedge;
    while(p)
        { if(!visited[p->adjvex])
            DFSM(G,p->adjvex);
          p=p->next;
        }
}
void DFS(ALGraph *G)
{ int i;
  for(i=0;i<G->n;i++)
  visited[i]=True;
  for(i=0;i<G->n;i++)
  if(!visited[i])
  DFSM(G,i);
}
void BFS(ALGraph *G,int k)
{ int i,f=0,r=0;
  ENode *p;
  int cq[MaxSize];
  for(i=0;i<G->n;i++)
  visited[i]=True;
  for(i=0;i<=G->n;i++)
  cq[i]=-1;
  printf("%c",G->adjlist[k].vertex);
  visited[k]=False;
```

```
  cq[r] = k;
  while(cq[f]!= -1)
  { i = cq[f]; f = f +1;
   p = G - > adjlist[i].firstedge;
   while(p)
   {if(! visited[p - > adjvex])
      { printf("% c",G - > adjlist[p - > adjvex].vertex);
       visited[p - > adjvex] = False;
       r = r +1; cq[r] = p - > adjvex;
      }
     p = p - > next;
   }
  }
}
void main()
{ ALGraph * G;
  G = (ALGraph * )malloc(sizeof(ALGraph));
  Create_ALGraph(G);
  printf("深度优先遍历: "); DFS(G); printf(" \n");
  printf("广度优先遍历: "); BFS(G,3); printf(" \n");
}
```

（2）邻接矩阵的实验程序如下：

```
#include "stdio.h"
#include "stdlib.h"
#define MaxSize 100
typedef struct
{ char vexs[MaxSize];
  int edges[MaxSize][MaxSize];
  int n,e;
}MGraph;
void Create_MGraph(MGraph * G)
{ int i,j,k;
  char a;
  printf("输入结点和边数(用,隔开): ");
  scanf("% d,% d",&G - > n,&G - > e);
  scanf("% c",&a); /* 接收回车符 * /
  printf("输入字符串序列:");
  for(i = 0;i < G - > n;i + + ) { scanf("% c",&a); G - > vexs[i] = a; }
  for(i = 0;i < G - > n;i + + )
  for(j = 0;j < G - > n;j + + )
     G - > edges[i][j] = 0;
  printf("输入边(结点,结点)的形式,创建邻接阵 \n");
  for(k = 0;k < G - > e;k + + )
  { scanf("% d,% d",&i,&j); G - > edges[i][j] =1; G - > edges[j][i] =1; }
}
```

```
typedef enum{True,False} Bool;
Bool visited[MaxSize];
void DFSM(MGraph *G,int i)
{int j;
 printf("%c",G->vexs[i]);
 visited[i]=False;
 for(j=0;j<G->n;j++)
 if(G->edges[i][j]==1 && !visited[j])
     DFSM(G,j);
}
void DFS(MGraph *G)
{int i;
 for(i=0;i<G->n;i++)
     visited[i]=True;
 for(i=0;i<G->n;i++)
     if(!visited[i])
        DFSM(G,i);
}
void BFS(MGraph *G,int k)
{int i,j,f=0,r=0;
 int cq[MaxSize];
 for(i=0;i<G->n;i++)
     visited[i]=True;
 for(i=0;i<G->n;i++)
     cq[i]=-1;
 printf("%c",G->vexs[k]);
 visited[k]=False;
 cq[r]=k;
 while(cq[f]!=-1)
     { i=cq[f]; f=f+1;
       for(j=0;j<G->n;j++)
         if(G->edges[i][j]==1 && !visited[j])
         { printf("%c",G->vexs[j]);
           visited[j]=False;
           r=r+1; cq[r]=j;
         }
     }
}
void main()
{ MGraph *G;
  G=(MGraph *)malloc(sizeof(MGraph));
  Create_MGraph(G);
  printf("深度优先遍历: "); DFS(G); printf("\n");
  printf("广度优先遍历: "); BFS(G,3); printf("\n");
}
```

4. 实验结果

输入结点和边数：4，3↙

输入字符串序列：0123↙

图的遍历实验程序运行结果如下：

```
输入结点和边数(用,隔开):4,3
输入结点字符串:0123
输入边(结点,结点)的形式,创建邻接表
0,1
1,2
2,3
深度优先遍历:0123
广度优先遍历:3210
Press any key to continue
```

实验六 查找

1. 实验目的

（1）理解各种查找的思想。

（2）熟悉并掌握查找的算法。

（3）了解怎样对查找方法进行时间性能分析。

2. 实验要求

任意输入10个整型数据，然后再输入一个数据进行查找。

该程序能对输入的数据进行查找，然后再输出数据所在的位置。

3. 实验内容

查找的实验程序如下：

```
#include <stdio.h> /* 引入头文件 */
#include "conio.h"
#include <stdlib.h>
void menu()
{ printf("1.直接查找\n");
  printf("2.折半查找\n");
  printf("3.退出\n");
  printf("选择功能:");
}
void Seq_Search(int *r,int n) /* 直接查找函数 */
{int i=0,data;
 printf("输入查找数据:"); scanf("%d",&data);
 while(r[i]!=data)  i++;/* 循环查找 */
```

```
  if(i >n) printf("数据没有找到");
  else printf("查找% d的位置是% d",data,i +1); /* 如果找到,则输出位置 */
  getch();
 }
 void Bubble_Sort(int *r,int n) /* 冒泡排序函数 */
 {int i,j,k,temp;
  k=n-1;
  for(j=0;j<n-1;j++)
  {for(i=0;i<k;i++)
      {if(r[i]>r[i+1]) /* 比较大小 */
         {temp=r[i];r[i]=r[i+1];r[i+1]=temp;}  /* 交换数据的位置 */
      }
   k=k-1;
  }
 }
void Bin_Search(int *r,int n) /* 折半查找函数 */
{int j,data,low=0,high=n,mid,find=0;
 Bubble_Sort(r,n); /* 冒泡法排序 */
 for(j=0;j<n;j++) printf("% d ",r[j]); /* 排序后输出 */
 printf("\n输入查找数据:");  scanf("% d",&data);
 while(low<=high && ! find) /* 循环查找 */
 {mid=(low+high)/2; /* 置mid指针 */
  if(data<r[mid]) high=mid-1;/* 判断数据大小,移动指针 */
  else if(data>r[mid]) low=mid+1;
      else find=1;
  }
  if(! find) printf("数据没有找到\n");
  else printf("数据位置 % d",mid+1); /* 输出数据位置 */
  getch();
}
void main()
{int i,ch,j=1;
 int ch,a[10];
 system("cls");
 printf("输入10个数据:");
 for(i=0;i<10;i++) scanf("% d",&(a[i])); /* 接收输入 */
 menu(); /* 显示菜单 */
 while(j) /* 循环一次 */
 {scanf("% d",&ch);
  switch(ch) /* 选择执行程序 */
      {case 1:Seq_Search(a,10);break;
       case 2:Bin_Search(a,10);break;
       case 3:j=0;break;
       default:break;
      }
  printf("\n");
  menu();
  }
}
```

4. 实验结果

查找实验程序的运行结果如下：

```
输入10个数据:2  5  8  0  1  4  7  3  6  9
        1.直接查找
        2.折半查找
        3.退出
选择功能:1
输入查找数据:1
查找1的位置是5
        1.直接查找
        2.折半查找
        3.退出
选择功能:2
0  1  2  3  4  5  6  7  8  9
输入查找数据:2
数据位置3
```

实验七　排序

1. 实验目的

（1）了解各种排序方法的排序过程及其依据的原则。

（2）理解各种排序方法的“稳定”或“不稳定”的含义，弄清楚在什么情况下所应用的排序方法是稳定的。

（3）掌握各种排序方法的基本思想、排序过程、算法实现。

（4）掌握各种排序方法的时间复杂度的分析方法。

2. 实验要求

实现各种排序算法，并比较其速度。

3. 实验内容

（1）按提示输入8个整形数据。

（2）每个数据中间输出一空格。

（3）程序能够实现对输入的8个数据进行排序的功能。

```
#include<stdio.h>
#include<stdlib.h>
void menu()
{printf("1.冒泡排序\n");
 printf("2.插入排序\n");
 printf("选择功能:");
}
```

```
void Insert_Sort(int r[],int n) /* 插入排序函数定义 */
{int i,j,temp1,temp2; /* 定义控制循环及中间变量 */
 for(i=1;i<n;i++)
 {temp1=r[i];j=i-1;
  while(temp1<r[j]&&j>=0)
    {temp2=r[j+1];
     r[j+1]=r[j];
     r[j]=temp2;j--;
    }
   r[j+1]=temp1; /* 数据交换位置 */
 }
}
void Bubble_Sort(int r[],int n) /* 冒泡排序法函数定义 */
{int i,j,change,temp;
 for(i=n-1,change=1;i>=0&&change;--i)
 {change=0;
  for(j=0;j<i;++j)
    {if(r[j]>r[j+1]) /* 数据交换位置 */
       {temp=r[j+1];
        r[j+1]=r[j];
        r[j]=temp;
        change=1;
       }
    }
 }
}
void main()
{int i,ch,a[8],j=1;
 system("cls");
 printf("输入8个数据:"); /* 提示输入10个数据 */
 for(i=0;i<8;i++)
 scanf("%d",&a[i]);
 menu(); /* 显示菜单 */
 while(j--)
 {ch=getchar();
  ch=getchar();
  switch(ch) /* 选择排序方法 */
    {case'1':Bubble_Sort(a,8);break;
     case'2':Insert_Sort(a,8);break;
    }
 }
 for(i=0;i<8;i++)
 printf("%d ",a[i]); /* 输出排序结果 */
 printf("\n");
}
```

4. 实验结果

冒泡排序的实验程序运行结果如下：

```
输入8 个数据:1  4  7  2  5  8  3  6
    1.冒泡排序
    2.插入排序
选择功能:1
1  2  3  4  5  6  7  8
Press any key to continue
```

插入排序的实验程序运行结果如下：

```
输入8 个数据:1  4  7  2  5  8  3  6
    1.冒泡排序
    2.插入排序
选择功能:2
1  2  3  4  5  6  7  8
Press any key to continue
```

参考文献

[1] 殷人昆. 数据结构：C语言描述 [M]. 北京：清华大学出版社，2012.
[2] 严蔚敏. 数据结构：C语言版 [M]. 北京：清华大学出版社，2007.
[3] 魏振钢. 数据结构 [M]. 北京：高等教育出版社，2011.
[4] 谭浩强. C程序设计 [M]. 4版. 北京：清华大学出版社，2010.
[5] 辛运帏，刘璟，陈有祺. 数据结构 [M]. 北京：高等教育出版社，2006.
[6] 林小茶. 实用数据结构 [M]. 北京：清华大学出版社，2013.
[7] 李筠，姜学军，孙承福，等. 数据结构 [M]. 2版. 北京：清华大学出版社，2012.
[8] 王立柱. 数据结构与算法 [M]. 北京：机械工业出版社，2013.
[9] 李春葆. 数据结构简明教程 [M]. 北京：清华大学出版社，2013.
[10] 张居晓，葛武滇，乔正洪，等. 数据结构实用教程 [M]. 北京：清华大学出版社，2012.
[11] 程杰. 大话数据结构 [M]. 北京：清华大学出版社，2013.
[12] 宗大华，陈吉人. 数据结构 [M]. 2版. 北京：人民邮电出版社，2013.
[13] 李刚，冯卫刚. 数据结构实例教程：C语言版 [M]. 北京：人民邮电出版社，2013.
[14] 耿国华，等. 数据结构：C语言描述 [M]. 西安：西安电子科技大学出版社，2002.
[15] 徐孝凯. 数据结构实用教程 [M]. 2版. 北京：清华大学出版社，2006.